普通高等院校“十四五”规划教材

Web 前端设计与开发技术（HTML+CSS+JavaScript）

杨 乐 彭 军◎主 编
包 琳 张美华◎副主编

中国铁道出版社有限公司
CHINA RAILWAY PUBLISHING HOUSE CO., LTD.

内 容 简 介

本书从实用角度出发，分为基础篇和进阶篇两部分，详细讲解了 HTML、CSS 和 JavaScript 的基本语法和设计技巧，通过一个实用的花卉协会网站的规划、设计、实现到发布过程，将各章的知识点贯穿起来。主要内容包括：网页设计基础知识、规划网站结构创建站点、首页设计与网页布局、图文设计、精美内容网页的制作、超链接的创建与管理、制作表单页面、使用行为制作网页特效、使用模板、CSS 基础、JavaScript 基础和综合网站制作实例，各章均配有上机练习和习题，力求达到理论知识与实践操作完美结合的效果。

本书内容翔实，行文流畅，讲解清晰，适合作为普通高等院校计算机及相关专业的教材，也可供从事网页设计与制作、网站开发、网页编程等行业人员参考。

图书在版编目（CIP）数据

Web 前端设计与开发技术：HTML+CSS+JavaScript/杨乐，彭军主编．—北京：中国铁道出版社有限公司，2021.1（2023.7 重印）
普通高等院校“十四五”规划教材
ISBN 978-7-113-27511-2

Ⅰ．①W… Ⅱ．①杨…②彭… Ⅲ．①超文本标记语言-程序设计-高等学校-教材②网页制作工具-高等学校-教材③JAVA 语言-程序设计-高等学校-教材 Ⅳ．①TP312②TP393.092.2

中国版本图书馆 CIP 数据核字（2021）第 017835 号

书　　名： Web 前端设计与开发技术（HTML+CSS+JavaScript）
作　　者： 杨　乐　彭　军

策　　划： 曹莉群　　　　**编辑部电话：**（010）63549501
责任编辑： 贾　星　彭立辉
封面设计： 郑春鹏
责任校对： 苗　丹
责任印制： 樊启鹏

出版发行： 中国铁道出版社有限公司（100054，北京市西城区右安门西街 8 号）
网　　址： http://www.tdpress.com/51eds/
印　　刷： 国铁印务有限公司
版　　次： 2021 年 1 月第 1 版　2023 年 7 月第 4 次印刷
开　　本： 787 mm×1 092 mm　1/16　**印张：** 17.5　**字数：** 483 千
书　　号： ISBN 978-7-113-27511-2
定　　价： 47.50 元

前　言

随着“互联网+”时代的到来，越来越多的企业、组织和个人需要建立自己的网站。网页设计与制作是网站开发的基础，主要涉及网站的站点规划、页面布局、网页设计、网页程序设计、CSS和JavaScript等技术。

Dreamweaver CC 2018是Adobe公司目前推出的较新版本，其强大的网页制作功能和简单易用的特性，受到广大用户的喜爱。它具有更直观的用户界面，以及可选择的背景主题和几个增强功能；支持新的工作流，并加强了对CSS3和HTML5的支持等。本书通过一个网站的制作过程逐步进行讲解，可使读者掌握网页制作的关键技术及全部过程。

本书分为基础篇和进阶篇两部分：基础篇以Dreamweaver CC 2018为基础，系统、全面地讲解了网页开发HTML代码、布局、模板、超链接、行为、表单等内容；进阶篇全面系统地介绍了CSS和JavaScript等Web前端开发技术，最后通过一个网站的建设过程描述了如何将本书所介绍的创建网页的知识应用于实际项目中。

党的二十大报告明确指出“人才是第一资源”，要“全面提高人才自主培养质量”，“深入实施人才强国战略。培养造就大批德才兼备的高素质人才，是国家和民族长远发展大计”。随着信息技术的飞速发展，IT领域的人才日益紧缺，高等院校作为高素质技术技能人才培养的主力军，需要重点强化知识可迁移技能和实践能力的培育。本书取材于编者长期从事网页制作的实践经验总结，注重实用性和应用性，具体特色如下：

（1）按照“理论实践一体化”的教学方式组织编写，理论与实践紧密联系，学练结合。

（2）结合SPOC混合教学模式，采取分层准入的教学理念进行教学设计。初学者可以从基础篇开始学习，有一定基础的读者可以从进阶篇开始学习。

（3）以“创新创业”教育为导向，以培养“创新创业”技能为抓手，突出“创新创业”实际需求，在内容上，紧扣创新创业技能特色，实用性强。

（4）文字简练，通俗易懂，图文并茂，适合普通高等院校及网页设计制作行业使用。

本书由江西农业大学杨乐、彭军任主编，大连海洋大学包琳、吉首大学张美华任副主编。具体编写分工如下：第1~7章由彭军编写，第8~9章由包琳编写，第10~11章由杨乐编写，第12章由张美华编写，全书实例由包琳、张美华上机验证。全书由杨乐、彭军设计框架，负责统稿。本书在编写过程中获得深圳麟安科技有限公司、深圳肆专科技有限公司的多位网页工程师的大力支持，并得到江西农业大学、上海第二工业大学、广州华立科技职业学院等许多老师的帮助，在此表示衷心感谢；同时，还要感谢提供网络资源的网友。

本书是中华农业科教基金课程教材建设研究2021年项目《基于计算思维的地方农业院校计算机类专业MOOC课程模式构建研究与实践》（NKJ202103032）、江西省教育科学"十四五"规划重点课题《MOOC学习者学习行为模式及其对学习成效影响的实证研究》（22ZD014）、江西省高等学校教学改革研究重点课题《"互联网+教育"背景下与区域经济发展相衔接的知识可迁移技能体系的构建——以江西农业大学大数据专业为例》（JXJG-21-3-1）、江西省社会科学基金项目《基于社会认知理论的MOOC学习行为建模及学习效果预测研究》（22JY27D）、江西省高校人文社会科学研究项目《基于卷积神经网络的MOOC数据分析与辍学预测方法研究》（JC22114）的研究成果之一。

由于时间仓促，编者水平有限，书中疏漏和不妥之处在所难免，敬请同行及广大读者批评指正。

编者

2023年7月

目录

基础篇

进阶篇

基础篇

第1章

网页设计基础知识

本章重点

Dreamweaver 系列是专业的网页制作软件，Dreamweaver CC 2018 是目前的最新版本，其强大的网页制作功能和简单易用的特性，深受广大用户的喜爱。要制作精美的网页，除了要熟练使用 Dreamweaver CC 2018 外，在动手设计网页之前，还要了解一些有关的概念和知识。

本章主要介绍设计网页之前要做的一些准备、网页设计流程，并认识 Dreamweaver CC 2018。

学习目标

- 网站和网页的基础知识；
- 选定网站主题和名称；
- 设计网站 CI 形象；
- 认识 Dreamweaver CC 2018。

1.1 网站和网页的基础知识

在当今“互联网+”时代，人们学习、生活、交流已离不开网络。网络上的信息和服务由谁来提供呢？那就是网站。一个好的网站其实是由多个精美的网页组成的一个整体，网页上又展现了各种图文并茂的信息。在学习制作网页之前，有必要先了解网站和网页的基础知识。

1.1.1 认识互联网

互联网是一个全球性的计算机网络，它集现代通信技术和现代计算机技术于一体，是计算机之间进行信息交流和实现资源共享的良好手段。

互联网将各种各样的物理网络连接起来，构成一个整体，而不考虑这些网络的类型、规模、和地理位置的差异。互联网是全球最大的信息资源库，几乎包括了人类生活的方方面面的信息，在社会的各个方面为全人类提供便利。

1.1.2 域名与空间

域名是由一串用点分隔的字符组成的互联网上某一台计算机或计算机组的名称，用于在数据传输时标识计算机的方位（有时也指地理位置、地理上的域名）。

域名是企业或事业单位在互联网上进行相互联络的网络地址。域名是企业和事业单位进入互联网必不可少的身份证明。

制作好的网站，上传到网络上某个服务器的空间提供给人们访问时，需要占据这个服务器一定的硬盘空间，也就是一个网站所需的网站空间。要使这个网络空间能给所有人提供访问服务，就需要一个域名。可以自己向域名服务供应商申请独立的域名，也可以向已有域名的企业或组织的网络管理员申请一个子域名。

1.1.3　网页与网站

网页是一种可以在互联网上传输，能被浏览器识别并翻译成页面并显示出来的文件。网页是网站的基本构成元素。

网站也称为站点，是提供各种信息和服务的基地。一般来说，互联网上的网站是有独立域名、独立存放空间的内容的集合，这些内容可能是网页，也可能是程序或其他文件。一个网站由很多网页链接在一起所组成。

1.1.4　静态网页与动态网页

一般来说，网页可以分为静态网页与动态网页两种：静态网页通常以.html、.shtml、.xml 等形式为扩展名；动态网页一般以 .asp、.aspx、.jsp、.php、.perl、.cgi 等形式为扩展名。

1. 静态网页

网页又称 HTML 文件，在网站建设初期经常采用静态网页的形式。网站建设者把内容设计成静态网页，访问者只能被动地浏览网站建设者提供的网页内容。

静态网页是基于 HTML 和 HTTP 技术的，在没有网页制作软件之前，制作网页时需要专门的程序员来逐行编写代码，编写的文档称为 HTML 文档。现在可以利用诸如 Dreamweaver 这样的图形化网页制作软件，方便快捷地“画”出想要的网页文件。图 1.1 所示为一个典型的静态网页，扩展名为.html。

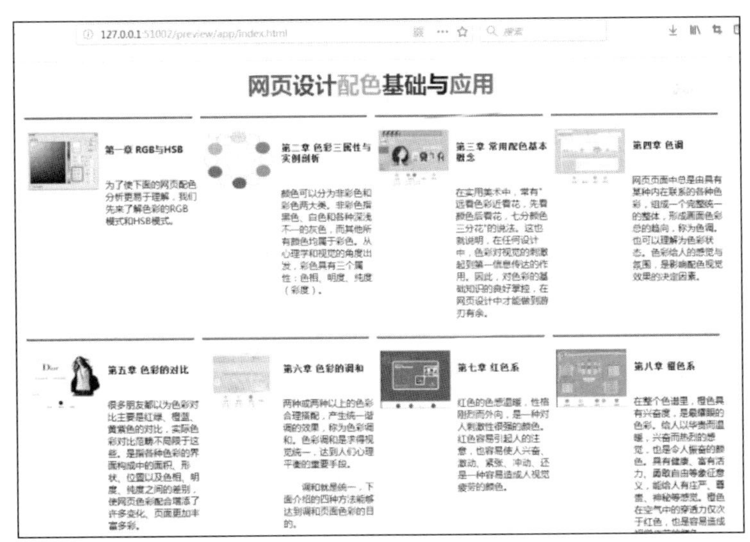

图1.1　静态网页

静态网页完全由 HTML 标签构成，可以直接响应浏览器的请求，其特点如下：

（1）制作速度快、成本低。

（2）模板一旦确定，不易修改，更新开销大，常用于固定版式的网页。

（3）除非网页设计者修改了网页的内容，否则网页的内容不会发生变化。

（4）不能实现与浏览网页的用户之间的交互。

（5）通常由文本、图像、动画、音频和视频等元素组成。

（6）网页的 URL 是固定的。

本书的主要内容为静态网页的设计。

2. 动态网页

动态网页是区别于静态网页而言的。与传统的静态网页相比，动态网页有了明显的交互性、自动更新性，以及因时因人而变的灵活性。动态网页里包含了程序代码，通过后台数据库与 Web 服务器的信息交互，由后台数据库提供实时数据更新和数据查询服务。图 1.2 所示为一个扩展名为.aspx 的动态网页。

图1.2　动态网页

动态网页以数据库技术为基础，网站维护的工作量较小；可以实现如用户注册、用户登录、搜索查询等更多的功能。动态网页并不是独立存在于服务器上的网页文件，只有当用户请求时服务器才返回一个完整的网页。动态网页需要做一定的技术处理才能满足搜索引擎的要求。

动态网页技术有以下几个特点：

（1）交互性：即网页会根据用户的要求和选择而动态改变和响应，将浏览器作为客户端界面，这将是今后 Web 发展的趋势。

（2）自动更新：即无须手动更新 HTML 文档，便会自动生成新的页面，可以大大节省工作量。

（3）因时因人而变：即当不同的时间、不同的人访问同一网址时会产生不同的页面。

除了早期的 CGI 外，目前主流的动态网页技术有 JSP、ASP、PHP、.NET 等。

1.1.5　网站的类型

网站是多个网页的集合，目前还没有一个严谨的网站分类方式。按照主体性质划分，网站可以划分为门户网站、电子商务网站、娱乐网站、教育文化网站及个人网站等。

1. 门户网站

门户网站是指通向某类综合性互联网信息资源并提供有关信息服务的应用系统。

在全球范围，最为著名的门户网站是雅虎等；在我国，著名的门户网站有新浪、网易、搜狐、腾讯、百度、新华网、人民网等。门户网站又可分为综合性门户网站和地方性门户网站。

综合性门户网站以新闻信息、娱乐资讯为主，主要内容以新闻、供求、产品、展会、行业导航等信息为主，如图 1.3 所示。地方性门户网站则以本地资讯为主，一般包括：本地资讯、同城网购、分类信息、征婚交友、求职招聘、团购集采、口碑商家、上网导航、生活社区等频道，还包含电子图册、万年历、地图频道、音乐盒、在线影视、优惠券、打折信息、旅游信息、酒店信息等非常实用的功能。

图1.3　人民网页面

2. 电子商务网站

电子商务网站就是企业、机构或者个人在互联网上建立的一个站点，是企业、机构或者个人开展电子商务的基础设施和信息平台，是实施电子商务的交互窗口，是从事电子商务的一种手段。我国著名的电子商务网站有淘宝网、京东商城、苏宁易购等。图 1.4 所示为淘宝网页面。

图1.4　淘宝网页面

3. 娱乐网站

娱乐网站和众多内容型网站一样，以内容为重点，用内容吸引用户。娱乐网站的内容主要为休闲娱乐的内容，我国比较有名的娱乐网站有爱奇艺、搜狐视频、腾讯视频、起点中文网等。图 1.5 所示为爱奇艺网页面。

4. 教育文化网站

教育文化网站主要是教育和文化从业机构或者个人在互联网上建立的一个站点，是交流学习方法、提供教育信息、进行知识管理、传播文化的一些信息平台。我国著名的教育文化网站包括各大高等院校网站、各大 MOOC 网站等，如图 1.6 所示。

图1.5　爱奇艺网页面

图1.6　江西农业大学网站

5. 个人网站

个人网站是指个人或团体因某种兴趣、拥有某种专业技术、提供某种服务或把自己的作品、商品展示销售而制作的具有独立空间域名的网站。个人网站是万维网由个人创建的网页包含的内容，而不是个人性质的公司、组织或机构的代表。读者在学习完本书之后，如果有条件，可以尝试建立自己的个人网站。

1.1.6　网页元素

网页是一个由多种元素组成的页面，主要包括文本、图像、超链接、声音、动画、视频、表格、表单等。

后续章节将逐一介绍如何在网页中加入这些元素。

1.2　网页设计的思考

目前，有关网页制作的各种教材已经相当多，可以方便地学习到最新的技术和技巧。但是，有关网页的设计，比如设计灵感的实现、风格的确定、发展策略、技术的筛选等却比较少，许多读者往往有好的材料，却苦恼没有好的具有表现力的设计。在此，笔者整理了十几年来网页设计的些许心得和大家分享，期待抛砖引玉，对读者提高网页设计能力有所帮助。

网站设计包含的内容非常多。大体分为两个方面：

（1）纯网站本身的设计：如文字排版、图片制作、平面设计、三维立体设计、静态无声图文、动态有声影像等。

（2）网站的延伸设计：包括网站的主题定位和浏览群的定位、智能交互、制作策划、形象包装、宣传营销等。

这两方面相辅相成，加之网络技术的飞速发展，要提出一个绝对正确和权威的设计思路是不可能的。所以，笔者根据建设一个网站的思路，将多年的心得整理如下，希望读者在真正动手之前理清思路，为后续的学习带来帮助。

1.2.1　选定网站主题和名称

在制作网页、设计一个站点之前，首先遇到的问题就是网站主题的选择。网站题材千奇百怪、琳琅满目。比较流行的一些主题大致包括休闲娱乐、综合门户、生活服务、教育文化、网络科技、政府组织、购物网站、新闻媒体、交通旅游、医疗健康、体育健身等。

每个大类又可以继续细分，例如，休闲娱乐可以再分为电影、音乐、游戏几类；音乐又可以按格式分为 MP3、VQF、Ra，按表现形式还可以分为古典、现代、摇滚等。

对于主题的选择，给读者的建议如下：

（1）主题要小而精。定位要小，内容要精。最新的调查结果也显示，“主题站”比“综合站”更受人们喜爱。

（2）主题最好是喜爱或者拿手的内容。所谓“知之者不如好之者，好之者不如乐之者。”兴趣爱好是收集网站素材的动力，有兴趣才能制作出较好的网站作品。

（3）主题不要太滥。读者要避免选择到处可见、人人都有的主题；也要避免已经有非常优秀、很知名站点的主题。

主题确定了，接下来需要对网站命名。与现实生活中一样，网站名称是否正气、易记、响亮，对网站的形象和宣传推广影响很大。给读者的建议如下：

（1）名正。名正则言顺，网站的命名要弘扬时代主旋律，要合法、合理、合情，不能用反动、低俗、迷信、危害社会安全的名词命名。

（2）简短易记。根据中文网站浏览者的特点，网站名称最好使用中文名称，不建议用英文。网站名称字数建议在 6 个汉字以内，同样为了好记；同时，站点 logo 也方便排版。

（3）出色。如果能体现一定的内涵，给浏览者更多的视觉冲击和空间想象力，就很出色了。当然实在做不到出色，名称也可以接受。

1.2.2　设计网站CI形象

CI（Corporate Identity）指通过视觉来统一企业的形象。例如，可口可乐、百事可乐、肯德基、麦当劳等，全球统一的色彩、标志和产品包装，带给大家深刻的印象。

一个网站，和实体公司一样，也需要整体的形象包装和设计。CI 设计，对网站的宣传推广有事半功倍的效果。在网站主题和名称定下来之后，需要思考的就是网站的 CI 形象。

1. 设计网站的标志

首先需要设计制作一个网站的标志(logo)。就如同商标一样，logo 是站点特色和内涵的集中体现，看见 logo 就让大家联想起站点。注意：这里的 logo 不是指 88 × 31 像素的小图标 banner，而是网站的标志。

标志可以是中文、英文字母，可以是符号、图案，也可以是动物或者人物等。例如，新浪用字母 sina+眼睛作为标志。标志的设计创意来自网站的名称和内容。

（1）网站有代表性的人物、动物、花草，可以用它们作为设计的蓝本，加以卡通化和艺术化，例如，迪士尼的米老鼠、搜狐的卡通狐狸等。

（2）网站有专业性的，可以以本专业有代表的物品作为标志。例如，中国银行的铜板标志、奔驰汽车的转向盘标志。

（3）最常用和最简单的方式是用自己网站的英文名称作标志。采用不同的字体、变形字母、字母的组合可以很容易地制做好自己的标志。

2. 网站色彩的搭配

网站给人的第一印象来自视觉冲击，网站的色彩搭配是网站是否成功的重要因素。不同的色彩搭配产生不同的效果，并可能影响到访问者的情绪。

一个网站的标准颜色最好不要超过 3 种，太多则让人眼花缭乱。标准颜色用于网站的标志、标题、主菜单和主色块，给人以整体统一的感觉。其他色彩也可以使用，只是作为点缀和衬托，绝不能喧宾夺主。

一般来说，适合于网页标准色的颜色有蓝色、黄/橙色、黑/灰/白色三大系列色。

3. 设计网站的标准字体

同标准颜色一样，标准字体是指用于标志、标题，主菜单的特有字体，一般网页默认的字体是宋体。为了体现站点的“与众不同”和特有风格，可以根据需要选择一些特别字体。例如，为了体现专业可以使用粗仿宋体，体现设计精美可以用广告体，体现亲切随意可以用手写体，等等。应该根据网站所表达的内涵，选择更贴切的字体。目前常见的中文字体有二三十种，常见的英文字体有近百种，网络上还有许多专用艺术字体。需要说明的是：使用非默认字体最好采用图片的形式。倘若浏览者的计算机里没有所用的特别字体，设计制作的效果便无法体现出来。

以上三个方面：标志、色彩、字体，是一个网站树立 CI 形象的关键，确切地说是网站的表面文章，设计并完成这几步，网站将脱胎换骨，整体形象有所提高。

1.2.3 网页设计的一般流程

在完成上述主题、名称和 CI 形象的构思后，接下来的工作如下：

（1）规划网站结构。规划好整个站点需要有哪些栏目，有哪些页面，此部分内容将在第 2 章进行介绍。

（2）规划网页布局。合理美观的布局决定网页是否有吸引力，此部分内容将在第 3 章进行介绍。

（3）收集网站素材。收集、制作网页上的各种元素，是网页展示的主要内容。

（4）编辑网页内容。具体实施设计的效果，按照设计方案，利用 Dreamweaver 等网页制作软件完成具体的工作。

（5）测试发布网页。完成网页制作的每一步，都要对网页效果进行充分的测试，保证页面能完美地展示在浏览者面前。

1.3 认识Dreamweaver CC 2018

Adobe Dreamweaver 是一款专业的网页设计软件，是集网页制作和网站管理于一身的即时检索的网页代码编辑器。利用对 HTML、CSS、JavaScript 等内容的支持，设计人员和开发人员可以很容易地制作并发布网页；借助经过简化的智能编码引擎，轻松地创建、编码和管理动态网站。访问代码提示，即可快速了解 HTML、CSS 和其他 Web 标准；使用视觉辅助功能减少错误并提高网站开发速度。

Dreamweaver 提供直觉式的视觉效果界面，可用于建立及编辑网站，并与最新的网络标准相兼容。本节将主要介绍 Dreamweaver CC 2018 的工作界面和与界面相关的基本操作，帮助读者初步了解该软件的使用方法。

1.3.1 Dreamweaver CC 2018新功能

Dreamweaver CC 2018 引入了多种新增功能和增强功能，包括 HiDPI 分辨率支持、多显示器支持、Git 增强功能支持等。

1. HiDPI 分辨率支持

现在，Dreamweaver CC 为 Windows 提供 HiDPI 显示器支持。通过引入高分辨率，在使用现代显示器时，Dreamweaver 可以提供更为出色的用户体验。图像、图标、字体和菜单看起来更加清爽，且不会出现任何像素化现象。此外，用户不会遇到 UI 元素溢出等情况。

2. 多显示器支持

现在，Dreamweaver CC 为 Windows 提供多显示器支持。作为 Dreamweaver 用户，现在可以同时使用多个显示器。该应用程序会根据使用的显示器的大小和分辨率自动缩放。

多显示器支持有很多优点。例如，现在可以让文档窗口不再以选项卡的形式呈现并将其拖至另一个显示器，或者在一个显示器中查看实时预览，同时在另一个显示器中编辑代码，如图 1.7 所示。

图1.7 Dreamweaver 的多显示器支持

3. Git 支持的增强功能

为了进一步改进 Dreamweaver 中的 Git 集成，Dreamweaver CC 2018 支持以下增强功能：

（1）测试远程连接。“添加新远程”对话框包含一个“测试”按钮，如图 1.8 所示。单击此按钮可测试远程 Git 存储库的连接。单击“测试”按钮后，系统会测试远程存储库的 URL 是否有效。“站点设置”对话框也包含一个用于测试远程连接的“测试”按钮。

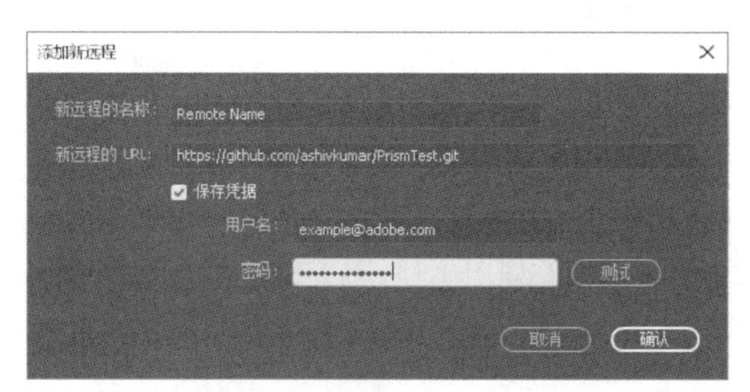

图1.8 测试远程 Git 存储库的远程连接

（2）保存凭据。在“站点设置”对话框中添加了一个“保存凭据”复选框。选中此复选框可保存凭据，如图 1.9 所示。这样，用户就不必在每次执行推送、提取等远程 Git 操作时重新输入凭据。

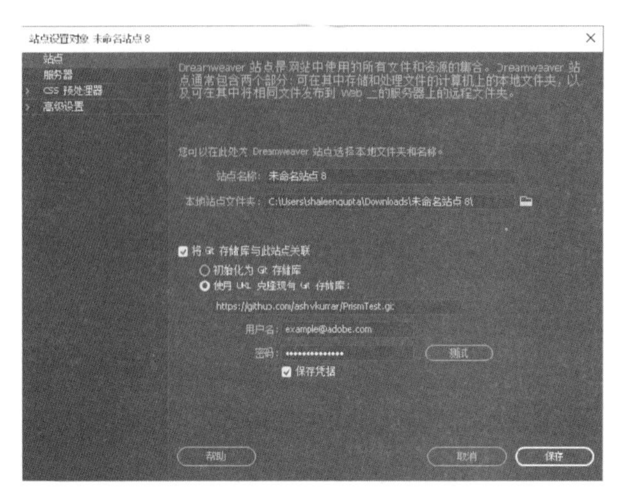

图1.9 选中“保存凭据”复选框

（3）在 Git 面板中搜索文件。Dreamweaver 中的 Git 面板现在支持搜索。当存储库中包含大量文件时，用户可以使用文件名搜索文件。在“搜索”框中输入文件名后，系统会立即显示包含搜索短语的所有文件，如图 1.10 所示。

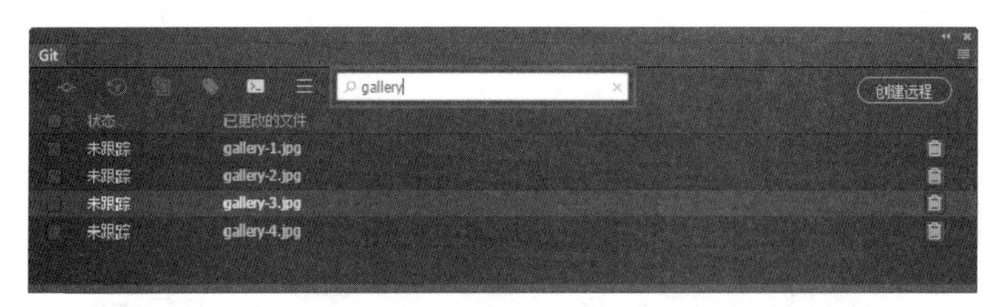

图1.10 在 Git 面板中搜索文件

（4）“合并冲突”图标。在 Git 中合并分支时，如果存在冲突，随即会在那些发生冲突的文件旁边显示“合并冲突”图标，如图 1.11 所示。

图1.11 Git 中指示合并冲突的新图标

4. 全新欢迎界面

当首次打开 Dreamweaver CC 2018 时，会看到一个新的欢迎界面，如图 1.12 所示。

接下来，看到的是经过重新设计的界面，采取交互式了解用户的使用经历，并且让用户选择习惯的工作区、背景颜色和开始方式，如图 1.13~图 1.16 所示。该新界面还提供从浅色到深色的四级对比度，因此更便于阅读和编辑代码行，如图 1.15 所示。

图1.12　Dreamweaver欢迎界面

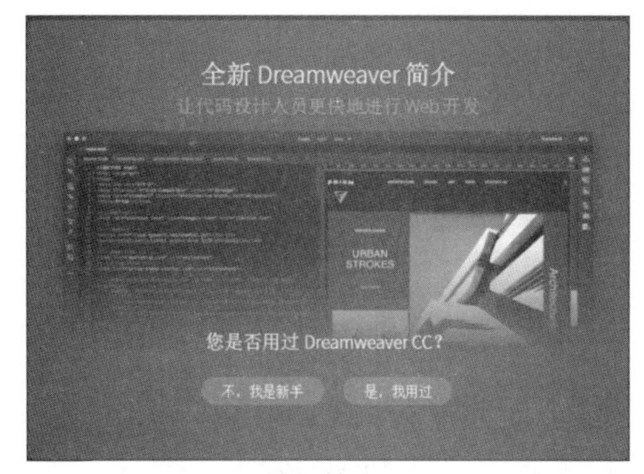

图1.13　选择使用经历图

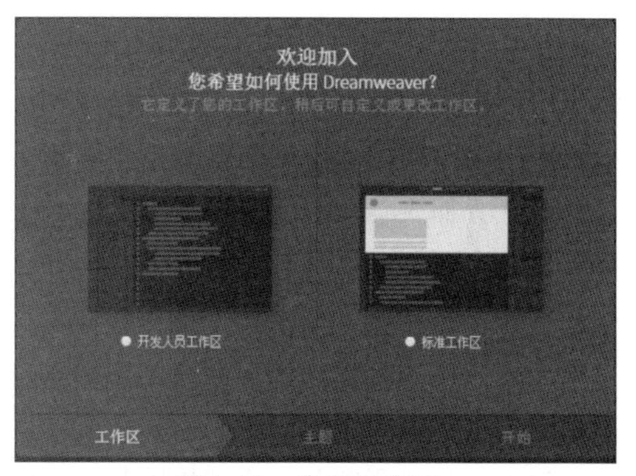

图1.14　定义工作区

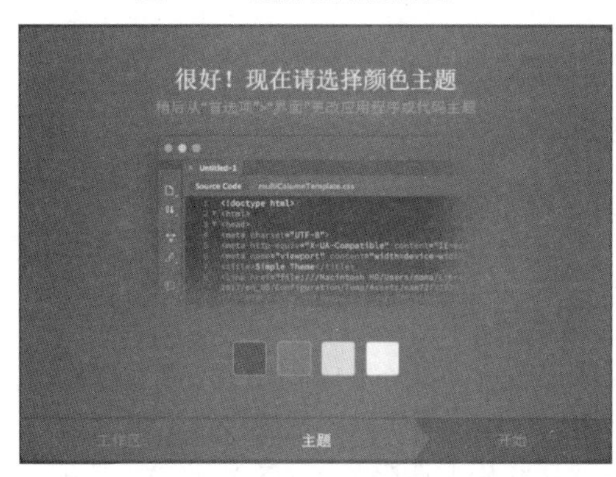

图1.15　选择工作区的颜色主题

图1.16　选择开始方式

1.3.2　Dreamweaver CC 2018工作界面

Dreamweaver CC 2018 的工作界面秉承了 Dreamweaver 系列产品一直以来简洁、易用的特点，多数功能都在工作界面中可以方便地找到。工作界面主要由文档窗口、菜单栏、文档工具栏、工具栏、插入面板和文档窗口、标签选择器与状态栏、属性面板组成，如图 1.17 所示。

1. 菜单栏

菜单栏提供了各种操作的标准菜单命令，包括文件、编辑、查看、插入、工具、查找、站点、窗口和帮助等菜单命令。

- 文件：包括文件的各种标准操作命令，如“新建”“打开”“保存”等。
- 编辑：包括基本编辑操作的相关操作命令，如“剪切”“复制”“粘贴”等。

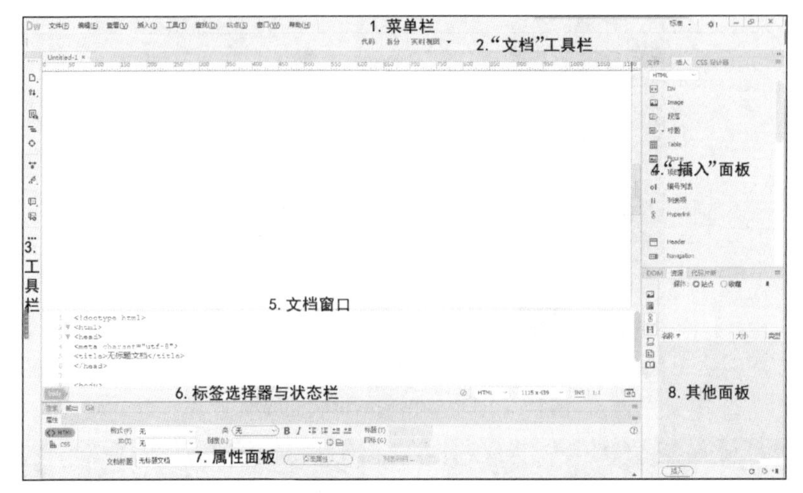

图1.17 Dreamweaver CC 2018的工作界面

- 查看：包括查看文件的各种视图的相关操作命令，如“代码”“拆分”“切换视图”等命令。
- 插入：插入各种对象的操作命令，如 Div、Image 和 Table 等。
- 工具：包括各种可选工具的操作命令，如“库”、“模板”和 HTML 等。
- 查找：包括在文档中的各种查找命令。
- 站点：包括管理和设置站点的各种操作命令。
- 窗口：各种面板、检查器的打开或者关闭的操作命令集中于此。
- 帮助：包括了解并使用该软件和相关网站链接的菜单。

2. “文档”工具栏

用于选择文档窗口的不同视图的工具栏，包含的按钮可以使文档窗口在“设计”视图、“拆分”视图、“实时”视图和“代码”视图之间切换，如图 1.18 所示。

图1.18 “文档”工具栏

3. 工具栏

工具栏垂直显示在“文档”窗口的左侧，在所有视图（“拆分”“代码”“实时”“设计”视图）中可见。工具栏上的按钮是特定于视图的，并且仅在适用于所使用的视图时显示，如图 1.19 所示。例如，如果正在使用“实时”视图，则特定于“代码”视图的选项（如“格式化源代码”按钮）将不可见。

可以根据需要自定义此工具栏，方法是添加菜单选项或从工具栏删除不需要的菜单选项。若要自定义工具栏，可单击工具栏最下方的“自定义工具栏”按钮，在打开的“自定义工具栏”对话框中，选择或取消要在工具栏中显示的菜单选项，并单击“完成”按钮以保存工具栏；若要恢复默认工具栏按钮，可单击“自定义工具栏”对话框中的“恢复默认值”按钮，如图 1.20 所示。

4. “插入”面板

在“插入”面板可以找到网页文档中允许插入的各种对象，如层、图像、段落、标题、表格等 HTML 元素和表单、模板及其他可用组件。

单击“插入”面板左上角的下拉按钮，在下拉列表显示了所有的类别：HTML、“表单”、“Bootstrap 组件”、JQuery Mobile、JQuery UI 和“收藏夹”等，如图 1.21 所示。

- HTML 选项：包括网页中常用的 HTML 对象，如 Div、Image、段落、标题、Table 等，如图 1.22 所示。

图1.19　工具栏

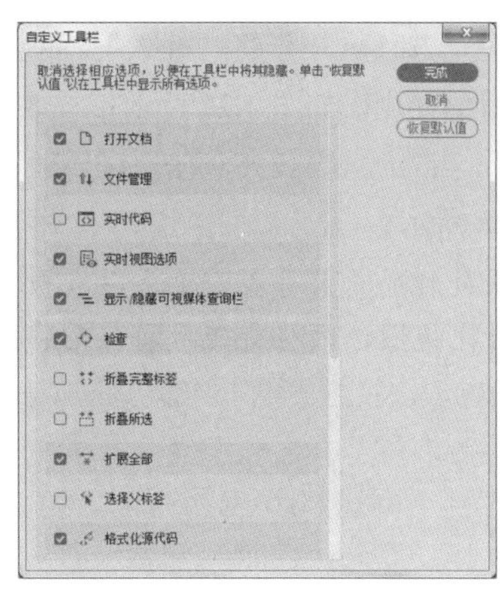

图1.20　“自定义工具栏”对话框

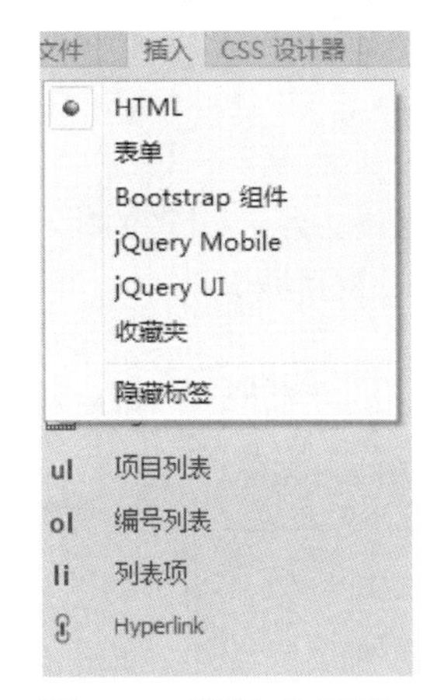

图1.21　“插入”面板

图1.22　HTML选项

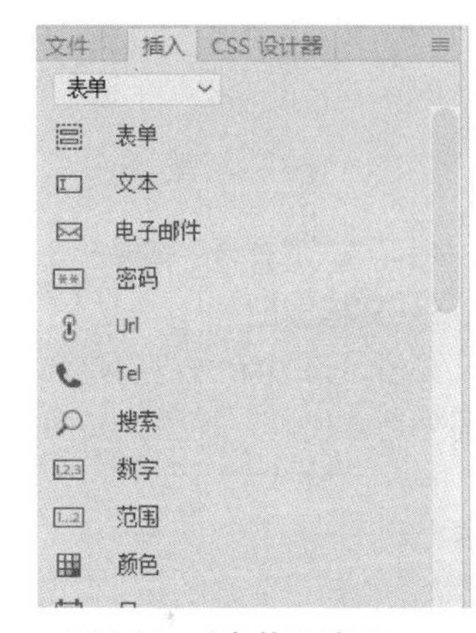

图1.23　“表单”选项

- “表单”选项：是动态网页中最重要的一类对象，包括表单、文本等各种表单对象，如图 1.23 所示。
- “Bootstrap 组件”选项：列出了可以添加到网页中的所有 Bootstrap 组件，以及可在响应式项目中使用的其他功能，如图 1.24 所示。
- JQuery Mobile 选项：包含使用 jQuery Mobile 构建站点的按钮，如图 1.25 所示。
- JQuery UI 选项：用于插入 jQuery UI 元素，如折叠式、滑块和按钮，如图 1.26 所示。

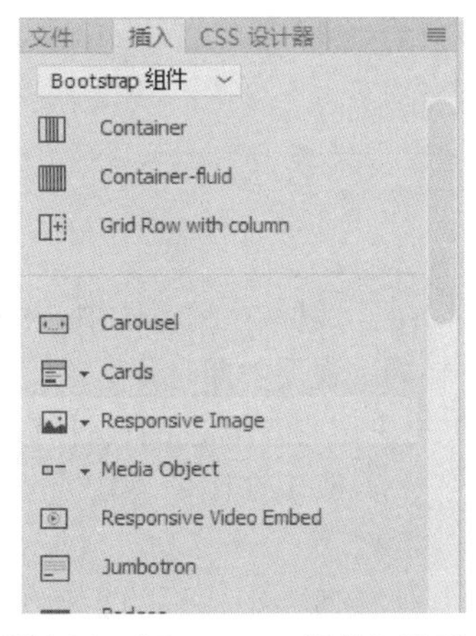

图1.24　“Bootstrap组件”选项

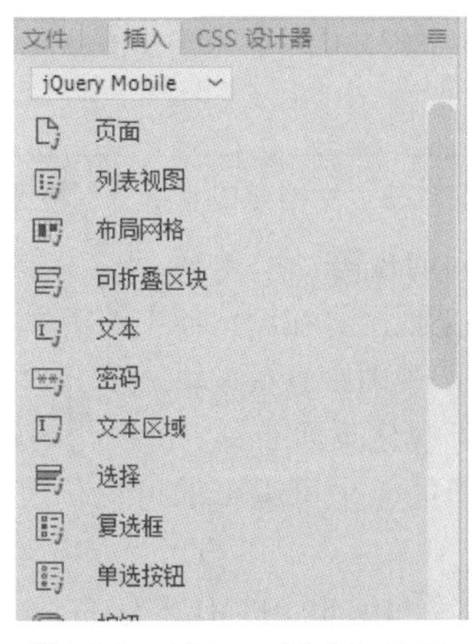

图1.25　JQuery Mobile选项

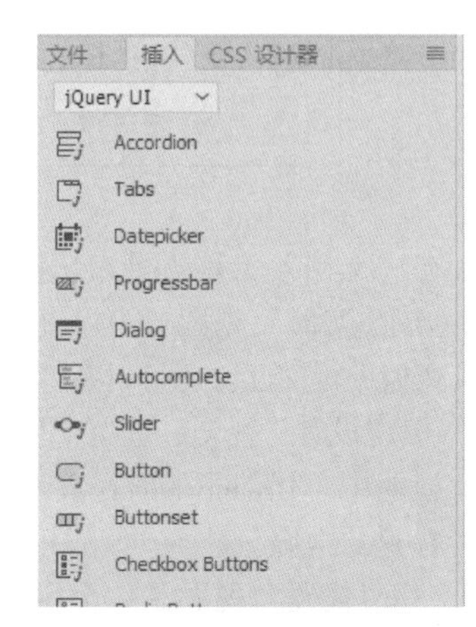

图1.26　JQuery UI选项

- “收藏夹”选项：用于将“插入”面板中最常用的按钮分组和组织到“收藏夹”选项中，方便以后的使用。如图 1.27 所示，右击该面板空白处，选择弹出的“自定义收藏夹”命令，可以打开“自定义收藏夹对象”对话框，可以将左侧的可用对象添加到右侧的收藏夹对象，如图 1.28 所示。

注意： 如果处理的是某些类型的文件（如 XML、JavaScript、Java 和 CSS），则“插入”面板和“设计”视图选项将变暗，因为无法将项目插入到这些代码文件中。

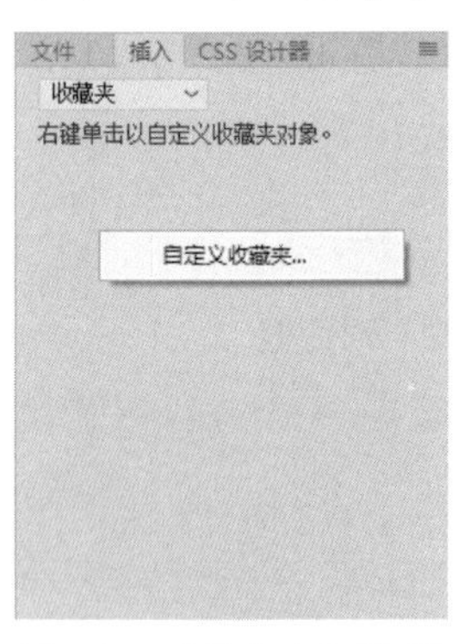

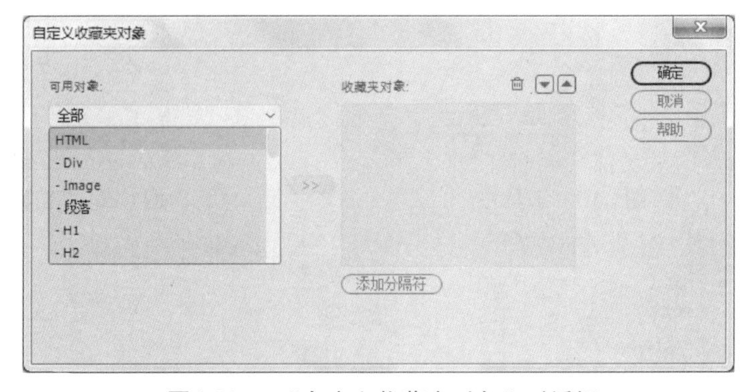

图1.27 “收藏夹”选项

图1.28 “自定义收藏夹对象”对话框

5. **文档窗口**

文档窗口显示当前创建和编辑的文档。默认是“拆分”视图，上半部分是“设计”视图，下半部分是“代码”视图，如图 1.29 所示。

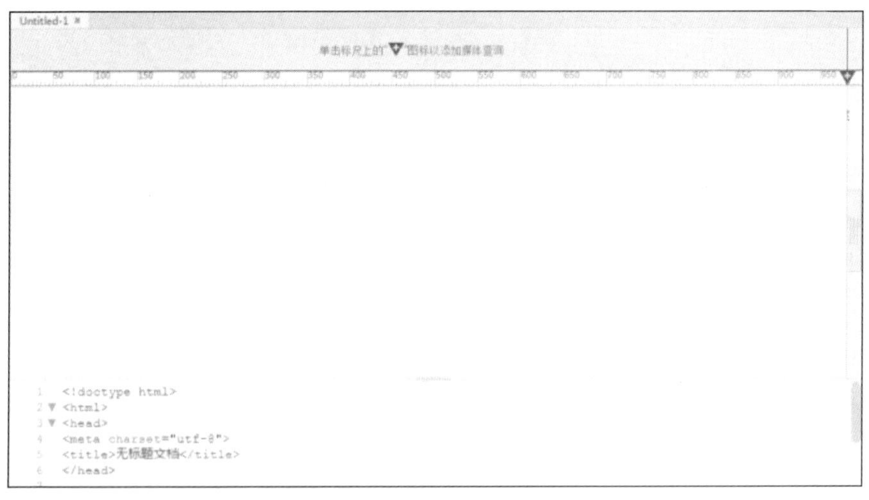

图1.29 文档窗口“拆分”视图

在“文档”工具栏可以切换不同的视图：

（1）“实时”视图：可以真实地呈现网页在浏览器中的实际样子，并且可以像在浏览器中一样与网页文档进行交互。还可以在“实时”视图中直接编辑 HTML 元素并在同一视图中即时预览更改。

（2）“设计”视图：是一个用于可视化页面布局、可视化编辑和快速应用程序开发的设计环境。在此视图中，Dreamweaver 显示文档的完全可编辑的可视化表示形式，类似于在浏览器中查看页面时看到的内容。

（3）“代码”视图是一个用于编写和编辑 HTML、JavaScript 和其他任何类型代码的手动编码环境。

6. 标签选择器与状态栏

标签选择器与状态栏位于“文档”窗口底部的状态栏中，如图 1.30 所示。左侧为标签选择器，显示环绕当前选定内容的标签的层次结构。单击该层次结构中的任何标签可以选择该标签及其全部内容。右侧为状态栏，提供与正创建的文档有关的其他信息，包括分辨率、插入和覆盖切换等。

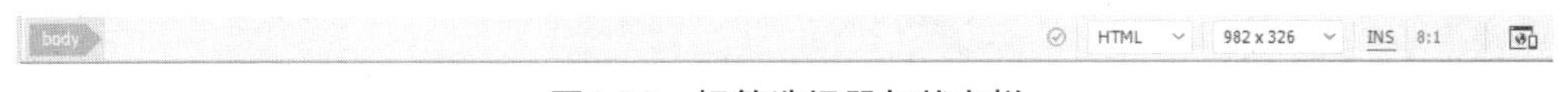

图1.30 标签选择器与状态栏

插入和覆盖切换功能仅在“代码”和“拆分”视图中可用，可以在 INS（插入）模式和 OVR（覆盖）模式之间切换。

7. “属性”面板

第一次打开 Dreamweaver CC 2018 “属性”面板是隐藏的。单击“窗口”菜单下的“属性”命令，可以检查和编辑当前选定页面元素的最常用属性，如图 1.31 所示。

图1.31 “属性”面板

“属性”面板的内容根据选定的元素的不同会有所不同。例如，如果选择页面上的图像，则“属性”面板将改为显示该图像的属性，如图像的文件路径、图像的宽度和高度等。

8. 其他面板

为设计界面 Dreamweaver CC 2018 还提供了其他面板，以及检查器和窗口等。若要打开面板、检查器和窗口，可使用“窗口”菜单。

1.4 其他网页制作工具

1.4.1 网页制作的相关软件

网站建设和网页设计不是一个概念。完成一个网站，包括前台设计和后台程序编写两部分。负责这两部分的人员要有明确的分工合作，前台设计师负责前台设计部分，后台程序由程序员完成。

网页设计师最常用到的软件除了上一节介绍的 Dreamweaver CC 2018 之外，还有 Flash 和 Fireworks 或者 Photoshop。

1. Flash

Flash 用于丰富网页的效果，动态的表现比静态的显眼、生动。利用 Flash 能做出完整的 Flash 网站，这就需要极强的 Flash 功底，部分品牌、公司的活动专题、产品专题常采用 Flash 制作。Flash 还常用于制作网络广告。

2. Fireworks

Fireworks 是一款专业的图像处理软件。制作一个网站，需要先设计出最终的效果图，即网站用什么颜色，选用什么字体，如何排版、布局，鼠标指示有什么效果，如何将找到的素材处理成想要的效果，如何把不同的素材合成在一起。这些都可在 Fireworks 里完成。

需要强调的是，能完成 Fireworks 相同功能的还有 Photoshop，设计师可根据自己的习惯选择。

网页设计师是否必须都要掌握上述软件呢？不同公司的需求不一样，对于比较专业、大型的广告公司、设计公司，分工比较细，可能负责图像处理、动画制作、网页布局都分别有专门的人负责。所以，学习网页设计，应该至少精通一项工作。而中小型的公司，可能需要设计师能够一个人独立完成所有的网页设计的工作，因此，需要全面掌握上述软件的用法。

1.4.2 HTML的概念

HTML（HyperText Markup Language，超文本标记语言）是一种用于创建网页的标准标记语言，使用标记标签来描述网页。HTML 文档包含 HTML 标签及文本内容，也称为 Web 页面。HTML 标签是由尖括号括起来的关键词，如<html>；HTML 标签通常是成对出现的，如<b>和</b>，标签对中的第一个标签是开始标签，第二个标签是结束标签，开始和结束标签也称为开放标签和闭合标签。

1.4.3 HTML的基本结构

HTML 标记主要分为单标记指令和双标记指令。HTML 文件的基本结构如下：

```
<html>
<head>
<title>放置文章标题</title>
<meta http-equiv="Content-Type" content="text/html; charset=gb2312" />
//这里是网页编码，这里是gb2312
<meta name="keywords" content="关键字" />
<meta name="description" content="本页描述或关键字描述" />
</head>
<body>
这里是正文内容
</body>
</html>
```

具体说明如下：

- <html>：网页文件格式。
- <head></head>：标头区，记录文件基本资料，如作者、编写时间等。
- <title></title>：标题区，文件标题须使用在标头区内，可以在浏览器最上面看到标题。
- <body></body>：文本区，列出文件资料，即在浏览器上看到的网站内容。

按照惯例，一个网站的首页名称通常为 index.htm 或 index.html。这样，只要浏览网站，浏览器便会自动找出首页文件。

1.5 上机练习

本节上机练习在 Dreamweaver CC 2018 中定义工作环境并保存定义的工作环境。对于其他内容，读者可根据情况自行练习。

【例 1.1】在 Dreamweaver CC 2018“标准”工作区布局的基础上，在文档窗口下方嵌入“属性”面板，并保存自定义的工作区布局为“我的工作区”。

（1）启动 Dreamweaver CC 2018，此时标题栏右侧可以看到当前工作区布局方式为“标准”工作区布局，如图 1.32 所示。

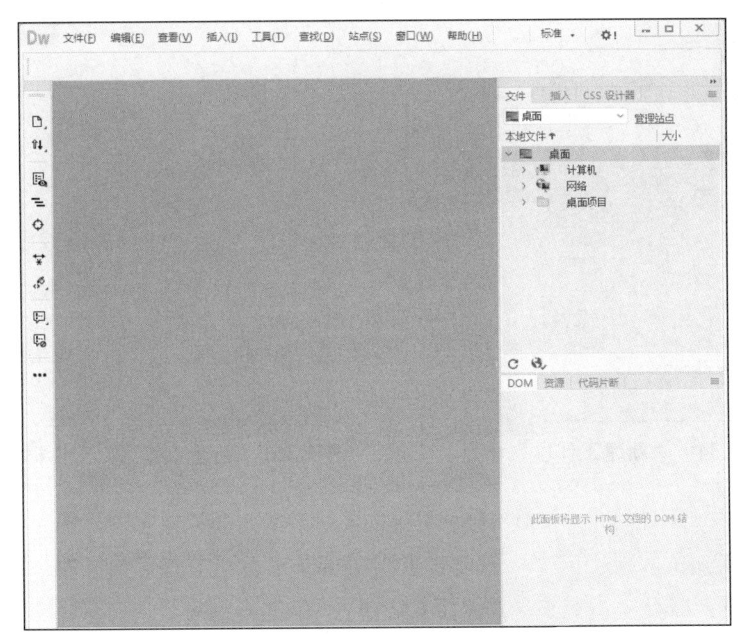

图1.32 “标准”工作区布局

（2）选择“窗口”→“属性”命令，打开“属性”面板。此时，“属性”面板悬浮于整个工作区中间位置。用鼠标指向该面板上方的长条，拖动“属性”面板到整个工作区正下方位置，此时“属性”面板隐藏为长条，并显示高亮对比色，如图 1.33 所示。松开鼠标，此时“属性”面板嵌入工作区下方位置。

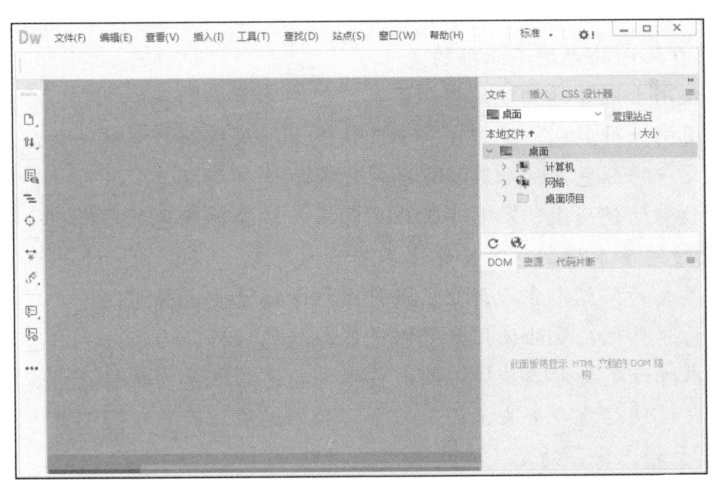

图1.33 拖动“属性”面板嵌入工作区正下方

（3）选择“窗口”→“工作区布局”→“新建工作区”命令，如图 1.34 所示。

（4）在打开的“新建工作区”对话框的“名称”文本框中输入“我的工作区”，单击“确定”按钮，如图 1.35 所示。

（5）此时在标题栏右侧显示当前的工作环境为“我的工作区”，可以单击该按钮，在弹出的下拉菜单中选择其他命令，从而切换到对应的工作区。

（6）关闭 Dreamweaver CC 2018，在下次启动时，工作区将显示为“我的工作区”。

图1.34 “新建工作区”命令

图1.35 “新建工作区”对话框

习题

一、填空题

1. 网页一般分为静态网页和______________网页。
2. 网页主要由文本图像动画表格和超链接等基本______________组成。
3. 网页中包含了大量的图片、动画、视频等元素，这些元素统称为______________。
4. Dreamweaver CC 2018 的工作界面主要包含______________类菜单。
5. 在 Dreamweaver 中，可以创建多种文件类型，最常用的文件类型是______________文件。

二、选择题

1. 下列关于网页配色的说法不正确的是（　　）。
   A. 在色彩使用上应该尽量多地使用颜色，以丰富页面的色彩
   B. 可以采用同一种颜色，通过色彩的变淡或者加深从而产生统一的层次感
   C. 先选定义一种颜色，然后选择它的对比色，这样可以达到醒目、新颖的效果
   D. 在颜色数量的使用上，尽量不要使用过多、过杂的颜色
2. 关于网页设计的基本原则，下列说法不正确的是（　　）。
   A. 信息量不大的网站，在设计上，最好秉承干净清爽的原则
   B. 在栏目的分类上，要让使用者可以很容易找到目标，而且分类方法最好尽量保持一致
   C. 使用技术时一定要考虑传输时间，技术要与网站本身的性质及内容相配合
   D. 没有图片，网站就会失去活力，一个好的网站应该大量使用图片
3. 下列文件属于静态网页的是（　　）。
   A. index.asp　　B. index.jsp　　C. index.html　　D. index.php
4. 下列属于网页制作工具的是（　　）。
   A. Photoshop　　B. Flash　　C. Dreamweaver　　D. CuteFTP
5. 在网页中常用的图像格式是（　　）。
   A. .bmp 和.jpg　　B. .gif 和.bmp　　C. .png 和.bmp　　D. .gif 和.jpg
6. WWW 的全称是（　　）。
   A. World Wide Web　　B. Wide Web World
   C. Wide World Web　　D. World Web Wide
7. 网站的整体形象不包括下面（　　）要素。

A. 标志 B. 标准色 C. 标准字体 D. 页面背景

8. 常用的网页动画制作工具不包括（ ）。

A. Flash B. Cool3D C. UleadGIFAnimator D. Word

9. 下面关于网站策划的说法错误的是（ ）。

A. 向来总是内容决定形式的

B. 信息的种类与多少会影响网站的表现力

C. 做网站的第一步就是确定主题

D. 对于网站策划来说最重要的还是网站的整体风格

三、问答题

1. 如何显示需要的某个面板？

2. 如何重命名或者删除新建的工作区？

第2章
规划网站结构创建站点

本章重点

建立一个网站好比写一篇文章，首先要拟好提纲，文章才能主题明确、层次清晰；网站要做到结构清晰、目录简明、内容贴切。在创建网站之前，首先要设计并规划好整个站点需要有哪些栏目，有哪些页面，然后才能进行具体的网页制作过程。

Dreamweaver CC 2018 要求把一个网站当成一个整体对待，对站点进行管理时，要求先要规划好站点，设置好相应的子文件夹，并在创建网页文档时，将其分门别类地保存在不同的站点文件夹中。

本章主要介绍如何规划网站结构，如何创建和管理站点，如何创建不同类型的网页文档。

学习目标

- 规划网站结构；
- 创建本地站点；
- 创建站点文件夹；
- 网页文档的基本操作；
- 显示和编辑页面头部信息。

2.1 规划网站结构

在建立网站之前，首先应设计和规划好整个网站的结构，继而才能进行具体的站点的创建和管理，然后才方便动手制作网页。下面介绍如何规划网站结构。

在确定了网站的主题和整体风格之后，结合网站主题确定网站的目录结构、链接结构和整体风格创意设计。

2.1.1 设计目录结构

目录结构是一个容易忽略的问题，多年的教学经验中，我们发现大多数网页初学者都是未经规划，随意创建子目录。目录结构的好坏，对浏览者来说并没有太大的感觉，但是对于站点本身的上传维护、未来内容的扩充和移植有着重要的影响。

1. 目录应切合主题

网站的目录应该将网站的主题快速明确地显示出来。在制定目录结构时，给出的建议如下：

（1）主要目录一定要紧扣主题。将主题按一定的方法分类并将它们作为网站的主要目录，突出主题，容易给人留下深刻印象。例如，网页教程类站点可以根据技术类别分别建立相应的目录，如 Flash、Dhtml、JavaScript 等；企业站点可以按公司简介、产品介绍、价格、在线订单、反馈联系等建立相应目录。

（2）次要目录适当设置。除了主要目录外，还可以设置适当的次要目录，但是切忌喧宾夺主。例如，最新动态、网站指南之类的目录，就很有必要设置次要目录，以方便网站的常客访问，并设置单独的目录存放相应文件；而一些相关性强，不需要经常更新的目录（例如，关于本站、关于站长、站点经历等）可以合并放在一个统一的目录下。

（3）所有程序一般都存放在特定目录下，便于维护管理，例如，CGI 程序放在 cgi-bin 目录下。所有需要下载的内容也最好放在一个目录下。

（4）注意与浏览者的交互。制作静态网页的初学者可能不一定能实现，但是动态网页的制作者一定要在网站中提供。例如，论坛、留言本、邮件列表等。

（5）制作企业网站时可能一个目录就是一个子网站，每个子网站都有自己的主要目录，因此就要根据实际情况来设置目录。

2. 根目录下尽量少存放文件

有的读者为了方便，将所有文件都放在根目录下。这样做造成的不利影响在于：

（1）文件管理混乱。常常搞不清哪些文件需要编辑和更新，哪些无用的文件可以删除，哪些是相关联的文件，影响工作效率。

（2）后期上传速度慢。服务器一般都会为根目录建立一个文件索引。当所有文件都放在根目录下时，即使只上传更新一个文件，服务器也需要将所有文件再检索一遍，建立新的索引文件。很明显，文件量越大，等待的时间也将越长。所以，建议尽可能减少根目录的文件存放数。

3. 在每个主要目录下都要有独立的 images 目录

一般情况，每个站点根目录下都有一个 images 目录。但是，将整个站点所有图片都存放在这个目录中，也会带来不便。例如，某个目录不需要了，对应图片的管理相当麻烦。

总结多年的经验：为每个主栏目建立一个独立的 images 目录最方便管理。根目录下的 images 目录则用来存放首页和一些次要栏目的图片。

4. 目录命名要科学

目录的命名要国际化，不建议使用中文名称，可以使用英文、英文缩写或者拼音、首拼之类的形式，这是为了保证在英文浏览器下浏览者仍然可以访问网站。

目录命名长度要适中，既要能完整地表达含义，也不能过于冗长。

5. 目录层次要简明

为了维护管理方便，目录的层次建议不要超过 3 层。

2.1.2 规划链接结构

网站的链接结构是指页面之间相互链接的拓扑结构。它建立在目录结构基础之上，但可以跨越目录。链接是网站的核心，是实现页面之间跳转的必备手段。页面之间应该实现怎样的跳转，这就是链接结构所要关心的问题。规划链接结构的目的在于：用最少的链接，使得网页的浏览最有效率。

理论上讲，网站的链接结构根据页面链接的多寡分为树状结构、全网结构和混合结构。

1. 树状结构

树状结构类似于操作系统的文件的目录结构，每个页面只与自身的上级页面或下级页面链接，首页链接指向一级页面，一级页面链接指向二级页面，如图 2.1 所示。立体结构看起来就像一棵倒置的大树。这样的链接结构浏览时，条理清晰，不会“迷”路，逐级进入，逐级退出。但是，当要从一个目录下的子页面到另一个目录下的子页面时，必须绕经首页，浏览效率低的缺点就暴露出来了。

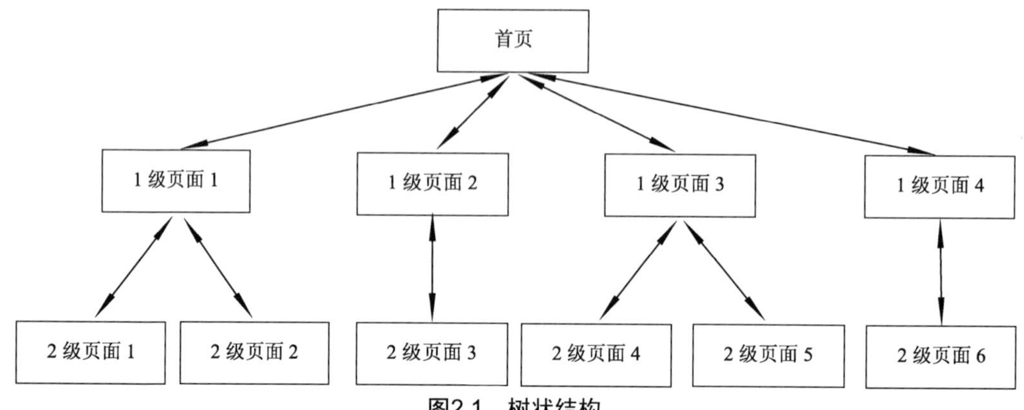

图2.1　树状结构

2. 全网结构

任意页面之间都存在链接，使得每个页面和网站中所有的页面都有链接，如图 2.2 所示。这种链接结构的优点是浏览方便，随时可以从一个页面跳转到任意页面。缺点是链接太多，仿佛一团乱麻，容易迷路，搞不清自己在什么位置，哪些网页看了，哪些没有看。

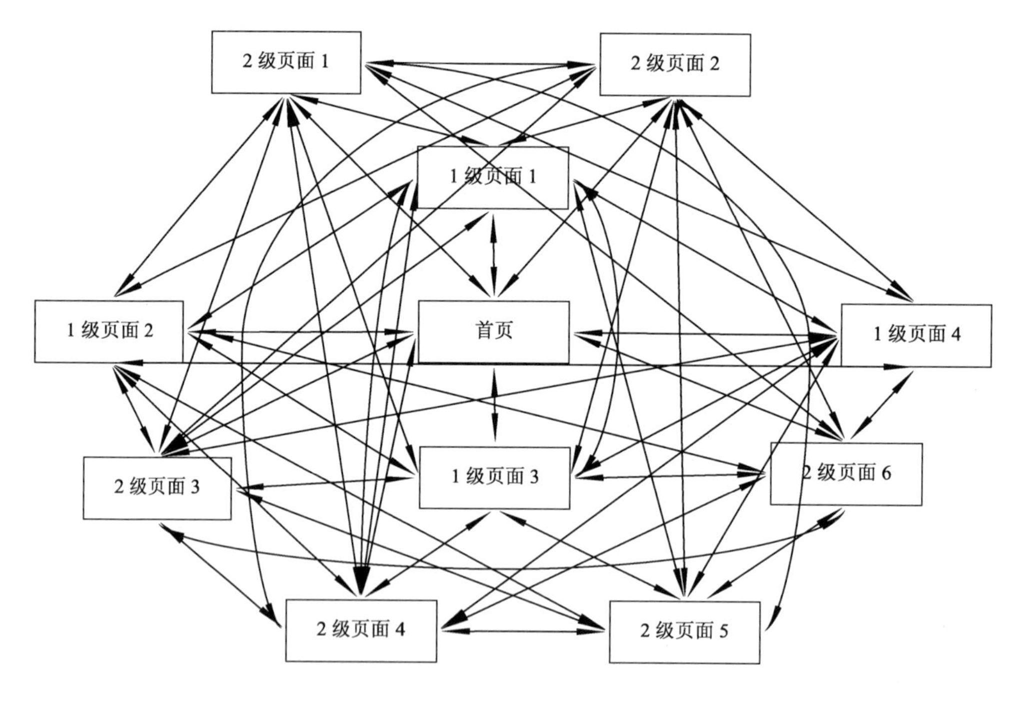

图2.2　网状结构

3. 混合结构

上述两种基本结构都局限在理论上，在实际的网站中，为了浏览者使用方便一般会将两种结构采取混合策略，结合起来使用，扬长避短。从而实现：任何页面都能链接到首页，各个目录是一个独立的树状链接结构，且属于同一层次的页面之间互相链接。这种混合策略的网站链接结构，从全局上看仿佛是树状结构，局部又采用了全网结构，对应拓扑结构图如图 2.3 所示。后续章节介绍的一个简单网站的链接结构就将采用此种策略，读者可以参照后续章节进行对比分析。

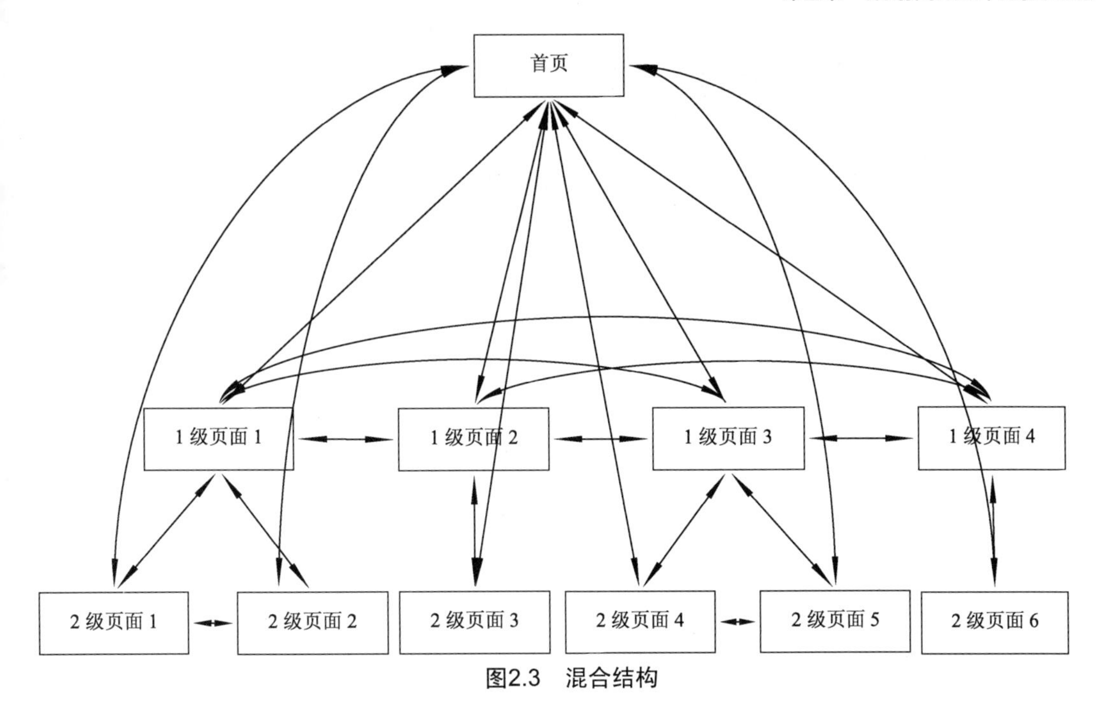

图2.3　混合结构

链接结构是网站中是非常重要的内容，采用什么样的链接结构直接影响到版面的布局。例如，主菜单放在什么位置，是否每页都需要放置，是否需要用分帧框架，是否需要加入返回首页的链接。在连接结构确定后，再开始考虑链接的效果和形式，是采用下拉表单，还是用 DHTML 动态菜单，等等。

无论采用哪种链接结构，作为网站设计者都要考虑，哪种方式方便浏览者访问网站，如何尽可能留住浏览者。

2.2　创建和管理本地站点

在 Dreamweaver CC 2018 中，对同一网站中的文件是以"站点"为单位来进行组织和管理的，创建站点后用户可以对网站的结构有整体的把握，而创建站点并以站点为基础创建网页也是比较科学、规范的设计方法。

在创建站点之前，一般在本地将整个网站完成，然后再将站点上传到网络中 Web 服务器上给定的空间。

2.2.1　创建本地站点

选择菜单栏中的"站点"→"新建站点"命令可以迅速新建本地站点。选择上述命令后，打开"站点设置对象"对话框，如图 2.4 所示，在其中相应的文本框中输入站点名称，并指定本地站点文件夹。

本地站点文件夹是指网站在本地计算机上的根目录，部分读者对文件系统目录熟悉，可以直接输入相应地址。例如，"G:\WEBSITE\"，表示将在 G 盘根目录下的 WEBSITE 文件夹作为本地根目录，若不存在这个 WEBSITE 文件夹，则会新建以此命名的文件夹。对文件系统不熟悉的读者，可以单击本地站点文件夹文本框右侧的浏览按钮 ，打开"选择根文件夹"对话框，右击拟存放站点文件的文件目录，在弹出快捷菜单中选择"新建"→"文件夹"命令，如图 2.5 所示。

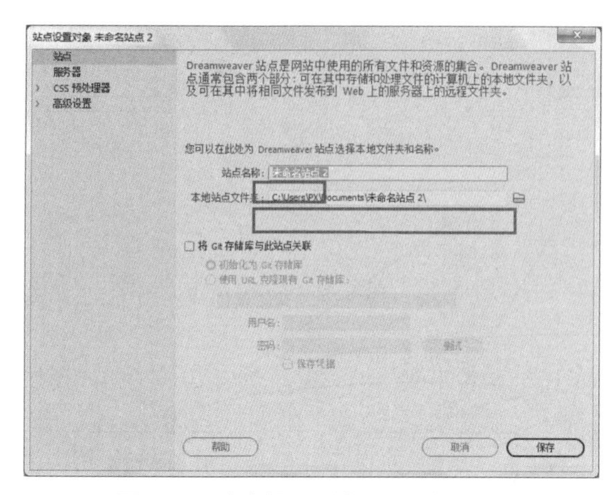

图2.4　“站点设置对象”对话框

图2.5　“选择根文件夹”对话框

输入事先拟定的英文的文件夹名称，并选中该文件夹，单击“选择文件夹”按钮，如图 2.6 所示。返回“站点设置对象”对话框，单击“保存”按钮。

图2.6　选择文件夹

2.2.2　管理站点

1. 编辑站点

对于 Dreamweaver CC 2018 中已创建的站点，用户可以对其进行管理。选择“站点”→“管理站点”命令，打开“管理站点”对话框，选中对应站点后，单击左下角的“编辑”按钮，（见图 2.7），打开“站点设置对象”对话框对该站点进行编辑。

2. 删除站点

在“管理站点”对话框，选中对应站点后，单击左下角的“删除”按钮，可以删除站点。

3. 复制站点

在“管理站点”对话框，选中对应站点后，单击左下角的“复制当前选定的站点”按钮，可以在同一个目录下得到所选站点的一个副本，一般用于快速得到站点的副本文件。

4. 导出站点

在“管理站点”对话框，选中对应站点后，单击左下角的“导出当前选定的站点”按钮，打开“导出站点”对话框，如图 2.8 所示。可以将所选站点导出为站点定义文件（*.ste），该站点定义文件，可以用于导入站点。

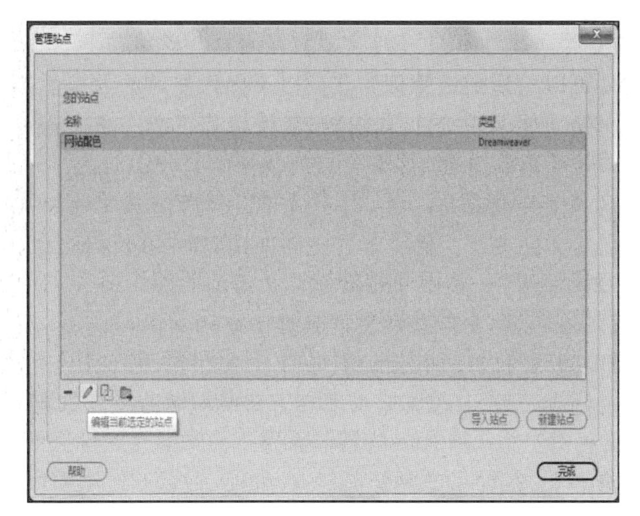

图2.7 管理站点

5. 导入站点

在“管理站点”对话框，单击“导入站点”按钮，打开“导入站点”对话框，如图 2.9 所示。可以利用某个事先导出的站点定义文件（*.ste）完成站点导入的工作。

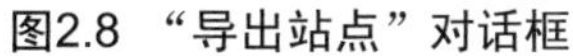

图2.8 “导出站点”对话框　　　　图2.9 “导入站点”对话框

2.3 创建和管理站点文件

创建好本地站点后，可以根据需要创建各栏目文件夹和文件，对于创建好的站点，也可以再次进行编辑、删除或复制这些站点。

2.3.1 创建文件夹和文件

创建文件夹和文件实际上是将站点的规划在 Dreamweaver CC 2018 中的具体实现。在“文件”面板，右击站点根目录，在弹出的快捷菜单中选择“新建文件夹”或“新建文件”命令即可新建文件夹或文件。默认文件夹或文件名称都是 untitled，读者可以根据需要自行命名。

2.3.2 管理文件夹和文件

管理站点文件夹和文件中的常用操作主要包括重命名文件夹或文件，以及删除文件夹或文件。

1. 重命名文件夹或文件

重命名文件夹或文件可以更清晰地管理站点。以下操作都可以实现文件夹或文件的重命名。

（1）右击所要重命名的文件夹或文件，在弹出的快捷菜单中选择“编辑”→“重命名”命令，然后输入重命名的名称，按【Enter】键。

（2）选中所要重命名的文件夹或文件，按【F2】键，然后输入重命名的名称，按【Enter】键。

（3）选中所要重命名的文件夹或文件，单击文件夹或文件的名称处，然后输入重命名的名称，按【Enter】键。

重命名文件夹或文件时不要在文件名和文件夹名中使用空格和特殊字符，文件名也不要以数字开头。具体来说，就是不要在打算放到远程服务器上的文件名中使用特殊字符（如 é、ç 或 ¥）或标点符号（如冒号、斜杠或句号）；很多服务器在上传时会更改这些字符，从而导致与这些文件的链接中断。

2. 删除文件夹或文件

遇到不需要的文件夹或文件时，可以将其删除。右击所要删除的文件夹或文件，在弹出的快捷菜单中选择“编辑”→“删除”命令，系统会弹出一个信息提示框，单击“是”按钮，完成删除操作，如图 2.10 所示。

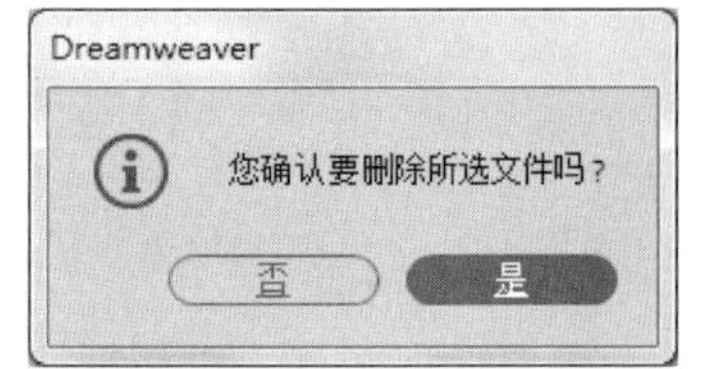

图2.10　删除文件信息框

2.3.3 创建空白网页文档

在 Dreamweaver CC 2018 中可以使用多种文件类型。使用的主要文件类型是 HTML 文件。HTML 文件包含基于标签的语言，负责在浏览器中显示网页。可以使用 .html 或 .htm 扩展名保存 HTML 文件。Dreamweaver 默认情况下使用 .html 扩展名保存文件。

在 Dreamweaver CC 2018 中可创建和编辑基于 HTML5 的网页，还提供起始布局可供从头生成 HTML5 页面。

空白网页文档是 Dreamweaver CC 2018 最常用的文档。选择“文件”→“新建”命令，或按【Ctrl+N】组合键，即可打开“新建文档”对话框，如图 2.11 所示。

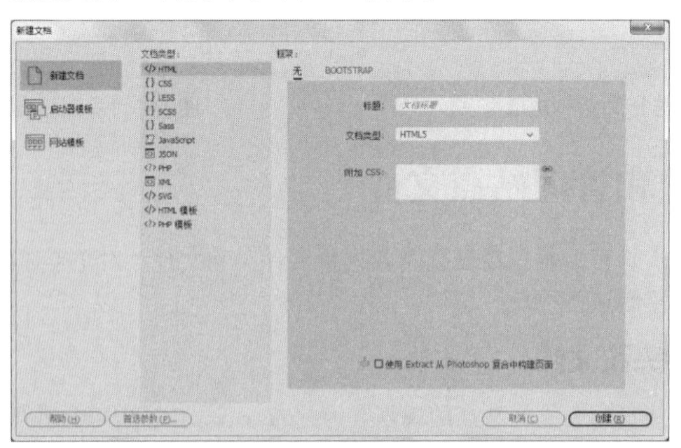

图2.11　“新建文档”对话框

“新建文档”对话框显示所有受支持的文档文件类型，包括 PHP、XML 和 SVG。可以从此对话框访问预定义的布局、模板和框架。

在左侧列表框中选择“新建文档”选项，在“文档类型”列表框中选择</>HTML 选项，在右侧“框架”选项中选择“无”，分别确认“标题”“文档类型”“附加 CSS”的内容后，单击“创建”

按钮即可。当然，也可以直接在该对话框中单击“创建”按钮，此时使用的是默认设置，也会得到一个 HTML5 的网页文档。

2.3.4 保存和打开网页文档

1. 保存网页文档

如果是已经保存过的网页文档，选择“文件”→“保存”命令或按【Ctrl+S】组合键，即可完成保存操作。

如果是新建的网页文档，按上述操作则打开“另存为”对话框，如图 2.12 所示。选择文档存放位置并输入保存的文件名称，单击“保存”按钮即可。

保存网页文档和对文件进行重命名一样，要注意文件名的命名要规范，不要使用特殊字符，最好不要以数字开头。

2. 打开网页文件

选择“文件”→“打开”命令或按【Ctrl+O】组合键，在打开的“打开”对话框中选择所需打开的网页文件，单击“打开”按钮，即可完成文件的打开操作，如图 2.13 所示。

图2.12 “另存为”对话框

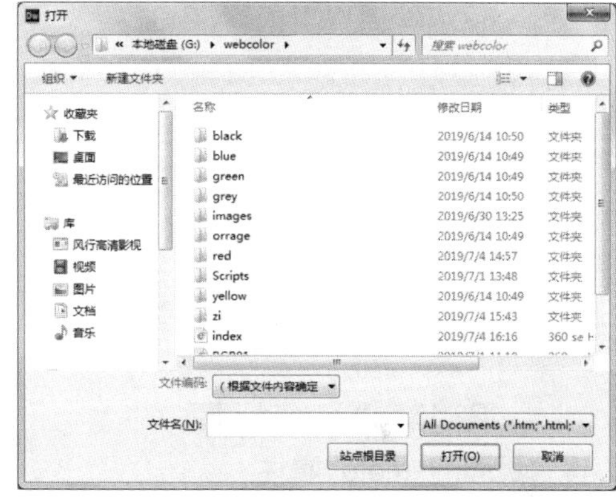

图2.13 “打开”对话框

3. 打开最近打开的文件

选择“文件”→“最近打开的文件”命令，在弹出的子菜单中可以选择最近打开过的文件，单击某个文件，即可将其打开，如图 2.14 所示。

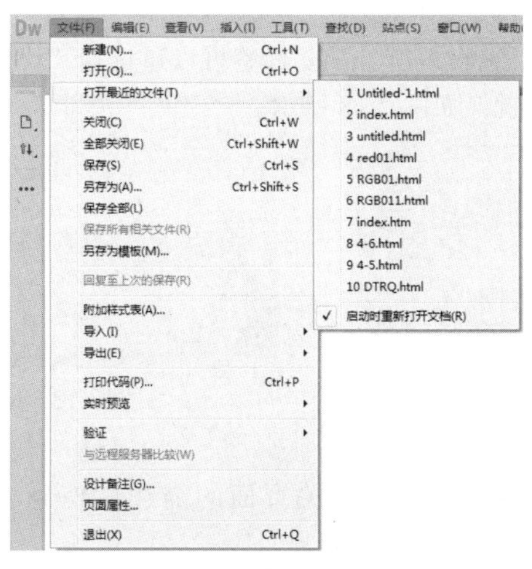

图2.14 选择最近打开的文档

2.3.5 查看和编辑文件头内容

网页文件包含一些描述页面中所包含信息的元素，搜索浏览器可使用这些信息。在Dreamweaver CC 2018中可以设置head元素的属性来控制标识页面的方式。

1. 查看和编辑文件头内容

可以在“代码”视图中或使用代码检查器查看文档的head部分中的元素，将元素插入文档的head 部分。

也可以从“插入”→HTML中选择 head 元素的标签，如图2.15所示。在弹出的对话框中或在“属性”面板中输入元素的选项。

2. 编辑文档的文件头部分中的元素

可以通过在“代码”视图或属性检查器中直接输入代码来编辑 Head 元素。

选择“窗口”→DOM命令，展开DOM面板（见图2.16），在其中选中某head 元素时，“属性”面板会显示该元素的属性。此时，在“属性”面板中可以设置或修改该元素的属性。

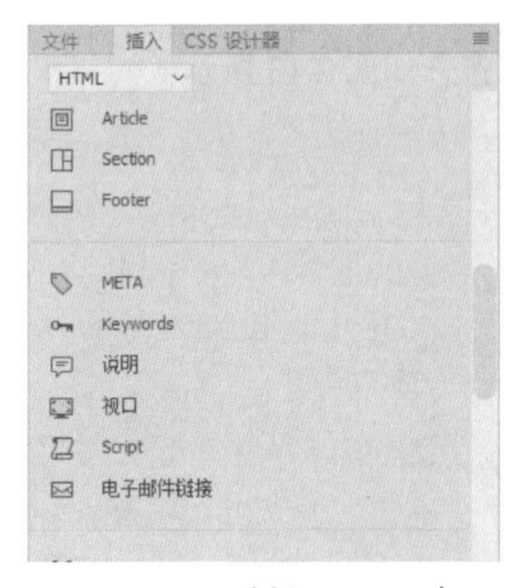

图2.15 插入head元素

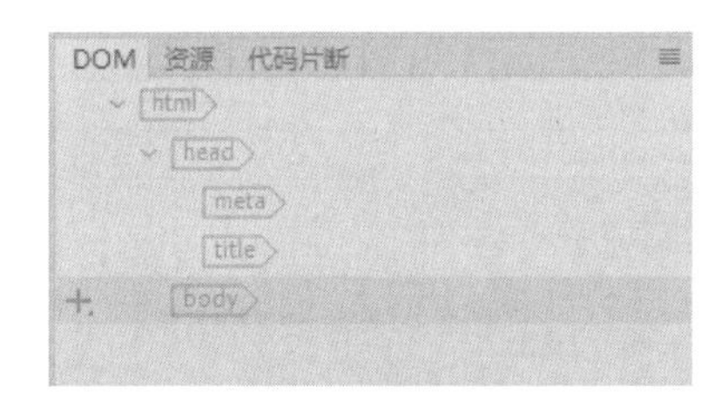

图2.16 DOM面板

3. 设置页面的 meta 属性

meta 标签是记录当前页面的相关信息（如字符编码、作者、版权信息或关键字）的 head 元素。这些标签也可以用来向服务器提供信息，例如，页面的失效日期、刷新间隔和POWDER 等级。（POWDER 是 Web 描述资源协议，它提供了为网页指定等级的方法，如电影等级。）

在Dreamweaver CC 2018中添加 meta 标签可以选择“插入”→HTML\Meta命令，然后在打开的META对话框中设置相关属性，如图2.17所示。

在Dreamweaver CC 2018中编辑现有 meta 标签可以通过在“代码”视图中或“属性”面板中直接输入代码来编辑 meta 元素，如图2.18所示。

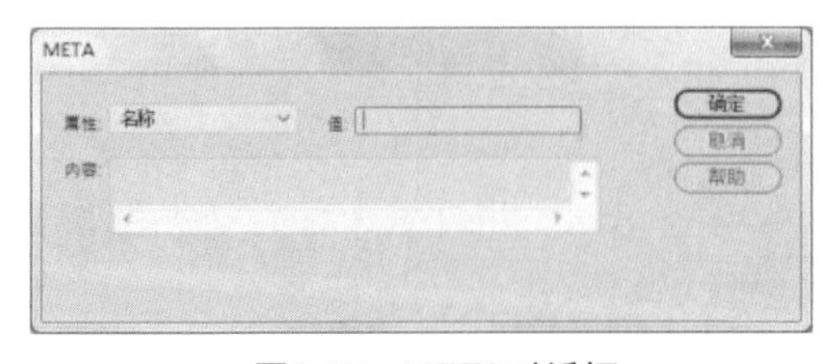

图2.17 META对话框

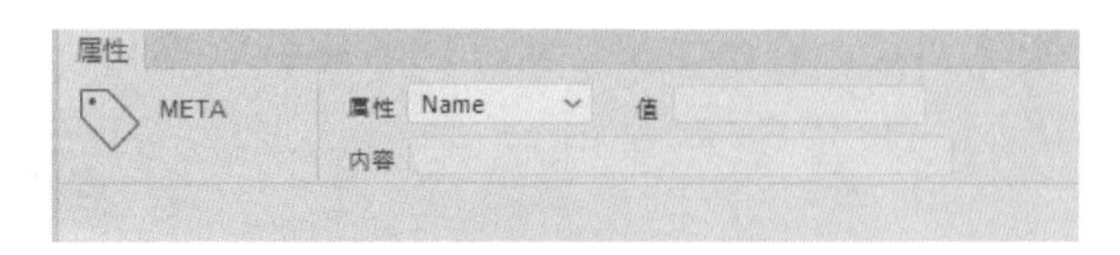

图2.18 META“属性”面板

“属性”面板中的相关参数如下：

- 属性：指定 meta 标签是否包含有关页面的描述性信息 (Name) 或 HTTP 标头信息 (http-equiv)。

- 值：指定要在此标签中提供的信息类型。有些值（如 description、keywords 和 refresh）是已经定义好的，而且在 Dreamweaver 中有它们各自的“属性”面板，但也可以根据实际情况指定任何值，如 creationdate、documentID 或 level 等。
- 内容：指定实际的信息。例如，如果为“值”指定了等级，则可以为“内容”指定 beginner、intermediate 或 advanced。

在“属性”面板编辑 meta 部分中的元素，可以在 DOM 面板中选择 head 元素，“属性”面板会显示选定元素的属性。

4. 设置页面标题

一个网页文件只有一个标题属性：页面的标题。在 Dreamweaver CC 2018 中可以直接在“代码”视图中编辑标题，在 DOM 面板中选择标题标签，然后在“属性”面板中编辑标题，如图 2.19 所示。

5. 关键字 meta 标签

在 Dreamweaver CC 2018 中选择“插入”→HTML→keywords 命令，打开 keywords 对话框，如图 2.20 所示。在该对话框中指定关键字，多个关键字之间以逗号隔开。

需要编辑关键字标签时，可以在“代码”视图的代码中编辑关键字，也可以在 DOM 面板中选择关键字的 meta 标签，然后在“属性”面板中查看、修改或删除关键字。

图2.19　标题“属性”面板

图2.20　Keywords对话框

6. 指定页面说明

许多搜索引擎装置（自动浏览网页为搜索引擎收集信息以编入索引的程序）读取说明 meta 标签的内容。有些使用该信息在它们的数据库中将页面编入索引，也有些还在搜索结果页面中显示该信息（而不只是显示文档的前几行）。某些搜索引擎限制其编制索引的字符数，因此最好将说明限制为少量几个字。

需要添加说明标签，在 Dreamweaver CC 2018 中选择选择“插入”→HTML→“说明”命令，打开“说明”对话框，如图 2.21 所示。在该对话框中输入说明性文本。

需要编辑说明标签时，可以在“代码”视图的代码中编辑说明，也可以在 DOM 面板中选择说明的 meta 标签，然后在“属性”面板（见图 2.22）中查看、修改或删除说明。

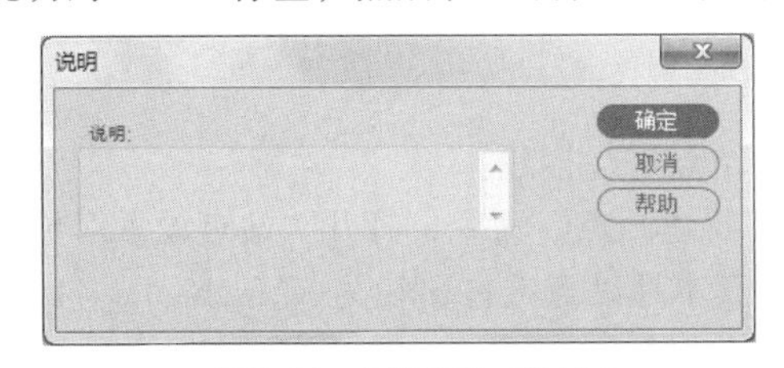

图2.21　“说明”对话框

图2.22　说明“属性”面板

2.3.6　HTML <head>元素

HTML<head>元素包含所有的头部标签元素。在<head>元素中可以插入脚本（Scripts），样式文件（CSS）及各种 meta 信息。

可以添加在头部区域的元素标签为<title>、<style>、<meta>、<link>、<script>、<noscript>和<base>。

1. HTML <title>元素

<title>标签定义了不同文档的标题。<title>在 HTML/XHTML 文档中是必需的。<title>元素定义了浏览器工具栏的标题，当网页添加到收藏夹时，显示在收藏夹中的标题，显示在搜索引擎结果页面的标题。

2. HTML <base>元素

<base>标签描述了基本的链接地址/链接目标，该标签作为 HTML 文档中所有的链接标签的默认链接。

3. HTML <link>元素

<link>标签定义了文档与外部资源之间的关系，<link>标签通常用于链接到样式表。

4. HTML <style>元素

<style>标签定义了 HTML 文档的样式文件引用地址，在<style>元素中也可以直接添加样式来渲染 HTML 文档。

5. HTML <meta>元素

meta 标签描述了一些基本的元数据，元数据也不显示在页面上，但会被浏览器解析。

META 元素通常用于指定网页的描述、关键词、文件的最后修改时间、作者和其他元数据。元数据可以使用于浏览器（如何显示内容或重新加载页面）、搜索引擎（关键词）或其他 Web 服务。<meta>一般放置于<head>区域。

```
<meta>标签 使用实例
```

为搜索引擎定义关键词:

```
<meta name="keywords" content="HTML, CSS, XML, XHTML, JavaScript">
```

为网页定义描述内容:

```
<meta name="description" content="免费 Web &编程教程">
```

定义网页作者:

```
<meta name="author" content="totato">
```

每 30 s 刷新当前页面:

```
<meta http-equiv="refresh" content="30">
```

6. HTML <script>元素

<script>标签用于加载脚本文件，如 JavaScript。<script>元素将在以后的章节中详细描述。

2.4 上机练习

2.4.1 构建本地站点

【例 2.1】创建一个本地站点，结合 2.2 节内容，对站点进行构建。

（1）启动 Dreamweaver CC 2018，选择“站点”→“新建站点”命令，打开“站点设置对象”对话框，创建一个名为“网站配色”的本地站点，设置其本地站点文件路径为 G:\webcolor。此时得到的是一个空站点。

（2）在文档面板右侧的“文件”面板中选中该站点（见图 2.23），右击，在弹出的快捷菜单中选择“新建文件夹”命令，如图 2.24 所示。

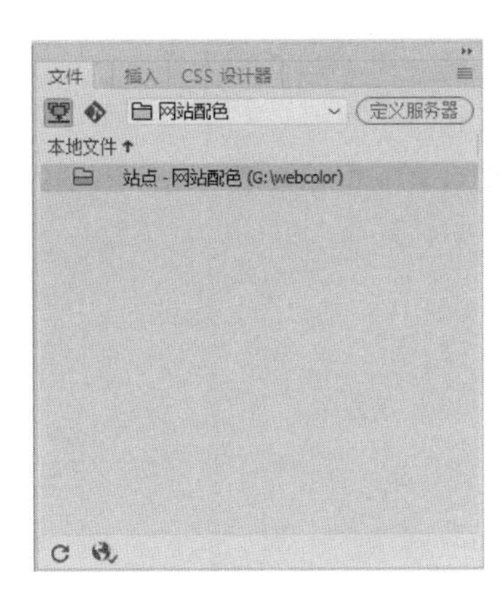

图2.23　“文件”面板

图2.24　选择“新建文件夹”命令

（3）将新建的文件夹命名为 images，如图 2.25 所示。

（4）重复操作，继续新建 8 个文件夹，分别命名为 red、yellow、orrage、green、blue、black、grey、zi，如图 2.26 所示。

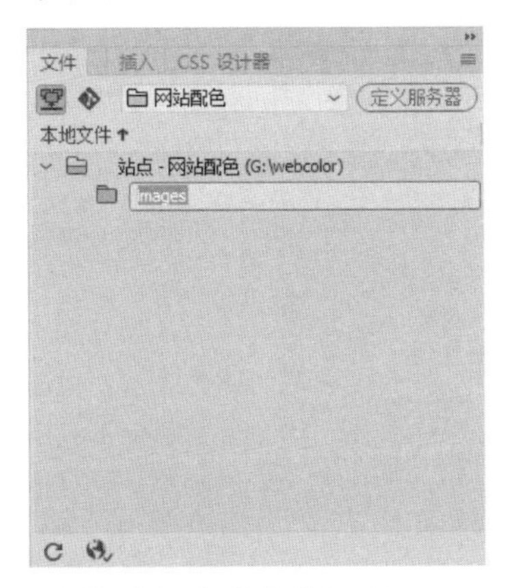

图2.25　命名文件夹（一）

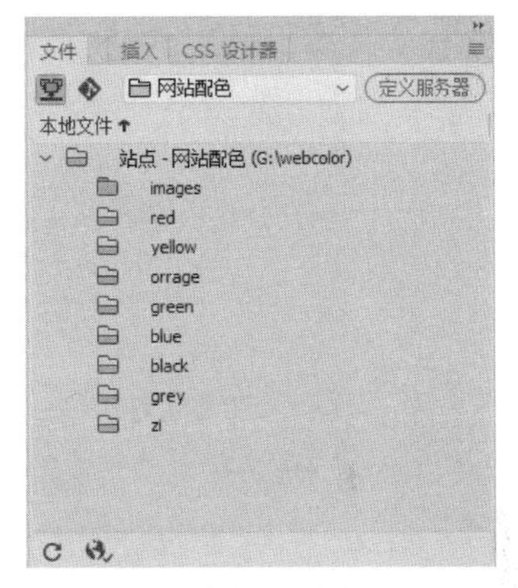

图2.26　命名文件夹（二）

（5）完成站点的创建和相应目录文件的创建，可以导出站点文件，以便后续操作。尤其是针对在公共机房学习 Dreamweaver CC 2018 的读者，建议每次编辑完站点及网页文件之后都导出一次站点文件，并将整个站点文件夹进行备份。

2.4.2　导入已有站点文件

在公共机房学习 Dreamweaver CC 2018 的读者往往遇到下次上机找不到上次做好的文件的情况。因为机房管理的需要，机房的计算机基本都会在关机后下一次开机时对计算机进行恢复指定设置的操作，这样，读者辛辛苦苦做的阶段性文件就在关机后消失了。为了避免这样的事情发生，强烈建议读者及时对站点文件夹整体备份，备份到 U 盘、手机存储卡、网络空间都可以；然后，在下一次上机时，把相应的备份复制到计算机的本地硬盘继续操作即可。通过下面的例子，可以学习到如何对复制到本地硬盘的备份文件夹，进行站点编辑。

【例 2.2】现有一个站点文件夹，在“G:\”目录下，文件夹名称为 webcolor，如图 2.27 所示。Dreamweaver CC 2018 中没有该站点的信息，请对其进行适当操作，以便后续能继续对该站点进行网页制作。

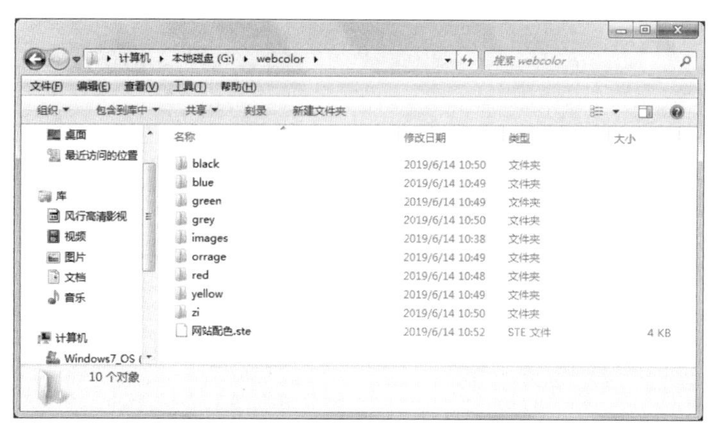

图2.27 现有站点文件情况

（1）启动 Dreamweaver CC 2018，此时，可从“文件”面板查看本地站点信息。选择“站点”→“管理站点”命令，打开“管理站点”对话框，如图 2.28 所示。单击右下角的“导入站点”按钮，打开“导入站点”对话框。

图2.28 导入站点

（2）在“导入站点”对话框中找到并进入 webcolor 文件夹，找到其中的站点定义文件，单击“打开”按钮，如图 2.29 所示。

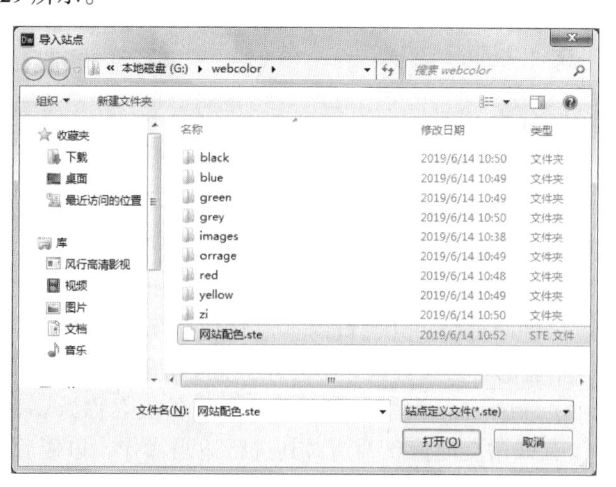

图2.29 “导入站点”对话框

（3）此时回到“管理站点”面板，导入的“网站配色”站点已经在站点列表中，如图 2.30 所示。完成导入站点。

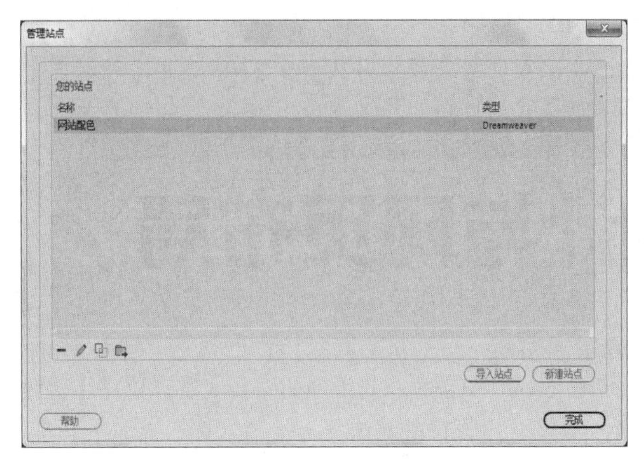

图2.30　站点列表出现导入的站点

如果读者在前期的站点管理中，并未导出站点定义文件，该如何导入站点文件呢？

请读者自行尝试，利用“新建站点”功能，将站点根目录指定为已有的文件夹目录，进行导入。

习题

一、填空题

1. 网站的结构有____________和____________。

2. 建立站点后，Dreamweaver CC 2018 可以对____________进行管理。

3. 打开 Dreamweaver 窗口后，如果没有出现本地站点面板，可选择窗口菜单中的_________命令将其打开。

二、问答题

1. 创建一个本地站点，进行站点目录结构和链接结构规划，并画出拓扑结构图。

2. 网页头部标签中有哪些元素？

三、操作题

创建一个空白网页，并设置标题。

第3章 首页设计与网页布局

本章重点

首页是网站中非常重要的一页，网页内容的布局方式取决于网站的主题定位。在Dreamweaver中，表格是最常用的网页布局工具，表格在网页中不仅可以排列数据，还可以对页面中的图像、文本、动画等元素进行准确定位，使网页页面效果显得整齐而有序。本章主要介绍如何使用表格规划首页布局。

学习目标

- 网页布局；
- 设计视图选项；
- 网页中表格的作用；
- 在网页中插入表格；
- 编辑表格；
- 导入和导出表格。

3.1 首页布局

在设计好网站的目录结构、链接结构，并创建本地站点之后，就可以正式动手制作网页。

网站首页的设计是非常重要的，关系着网站成功与否。浏览者往往看到第一页就已经对站点有一个整体的感觉。是否能够吸引浏览者继续进入，是否能够留住浏览者，首页的布局和设计非常重要。

3.1.1 版面布局

设计首页的第一步是设计版面布局。

网页就像传统的平面媒体——报刊杂志一样，需要对其进行排版布局。虽然动态网页技术的发展使得读者开始趋向于学习场景编辑，但是固定的网页版面设计基础依然是必须学习和掌握的。

版面指的是浏览器看到的完整的一个页面。显示器分辨率通常包括1 280×800像素、1 024×768像素、800×600像素等。布局就是以最适合浏览的方式将图片和文字排放在页面的不同位置。

网页布局大致可分为："国"字型、T字型、标题正文型、左右框架型、上下框架型、综合框架型、封面型、Flash型、变化型等。

1. 国字型布局

国字型也被称为同字型，顶部是网站的标题、横幅广告条，然后是网站的主体内容，左右分别是一些比较小的内容条，中间是主要内容，最底部是网站的一些基本信息、联系方式、版权声明等。这也是现在网上见到的最多的一种结构类型，如图 3.1 所示。

图3.1　国字型布局

2. T 型布局

T 型布局与国字型很相近，只是右侧为主要内容，同样最上面的部分是标题、横幅广告条，左侧是导航链接，这也是比较常见的结构类型，如图 3.2 所示。

图3.2　T型布局

3. 标题正文型布局

此类型的布局中，上方是标题、横幅广告等，下方直接就是正文内容。例如，一些文章或者是注册登录页面，如图 3.3 所示。

4. 框架布局

框架布局是采用框架进行布局的一种类型，网页左右为两页的框架结构，如图 3.4 所示。一般布局是：左边是导航链接，最上面有时是一个小的标题或标致，而右面就是主要内容，最常使用是论坛网站，企业网站中的内页有很多是采用这种布局方式的；这种类型的布局特点是结构清晰明了。同样，也可以采用上下框架布局和综合框架布局。

5. 封面型布局

这种类型基本上出现在一些网站的首页，多是精美平面结合小动画，再加几个简单链接或仅是一个“进入”链接或无任何提示，如图 3.5 所示。但是，进入站点的其他页面后，仍有可能采用其他类型的布局方式。

图3.3　标题正文型布局

图3.4　框架型布局

6. Flash 型布局

与封面型结构是类似的，采用了目前非常流行的 Flash。与封面型不同的是，由于 Flash 强大的功能，页面所表达的信息更丰富，其视觉效果及听觉效果如果处理得当，绝不差于传统的多媒体，如图 3.6 所示。

7. 变化型布局

变化型布局如图 3.7 所示，其实是上述几种类型的结合与变化，所实现功能的实质还是上、下、左、右结构的综合框架型，毕竟浏览网页的显示器或者手机屏幕都是矩形的。

以上总结了目前网络上常见的布局，其实还有许许多多别具一格的布局，关键在于创意和设计。对于版面布局的技巧，本书提供 4 个建议，请读者自己推敲：

（1）加强视觉效果。

图3.5　封面型布局

图3.6　Flash 型布局

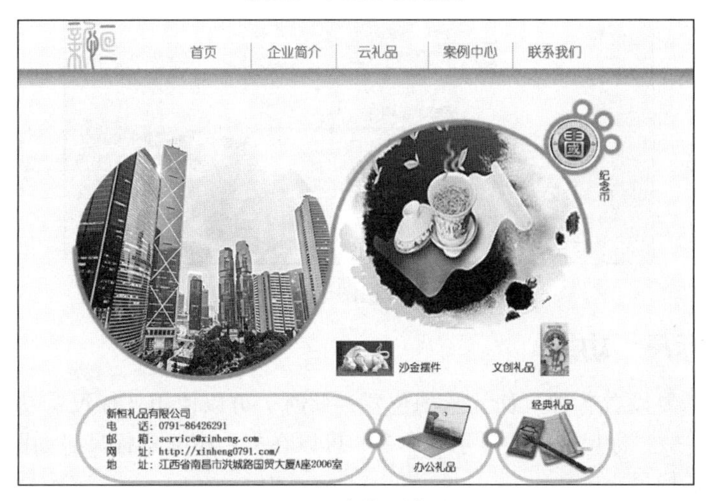

图3.7　变化型布局

（2）加强文案的可视度和可读性。

（3）统一感的视觉。

（4）新鲜和个性是布局的最高境界。

3.1.2 首页布局简要步骤

首页布局简要步骤如下，读者可以参考进行。

1. 画草图

新建页面就像一张白纸，没有任何表格、框架和约定俗成的东西，读者可以尽可能地发挥想象力。这仍然属于创意阶段，只需要粗陋的线条勾画出创意的轮廓。可以多画几张草图，最后选定一个满意的作为继续创作的脚本。

2. 粗略布局

在草案的基础上，将确定需要放置的功能模块安排到页面上。例如，网站标志、主菜单、新闻、搜索、友情链接、广告条、邮件列表、计数器、版权信息等。

注意：必须遵循突出重点、平衡谐调的原则，将网站标志、主菜单等最重要的模块放在最显眼，最突出的位置，然后再考虑次要模块。

3. 定稿

最后将粗略布局具体化、精细化，觉得满意就可以定稿。

3.2 设计视图选项

Dreamweaver CC 2018 提供了“设计视图选项”功能，用于辅助设计网页文档。该功能包括“可视化助理”“样式呈现”“辅助线”“跟踪图像”“网格设置”“窗口大小”“缩放比率”“标尺”等子菜单，如图 3.8 所示。其中，“标尺”功能可以辅助测量、组织和规划布局；“网格设置”功能可以使绝对定位的网页元素在移动时自动靠齐网格，还可以通过指定网格设置更改网格或控制靠齐行为。

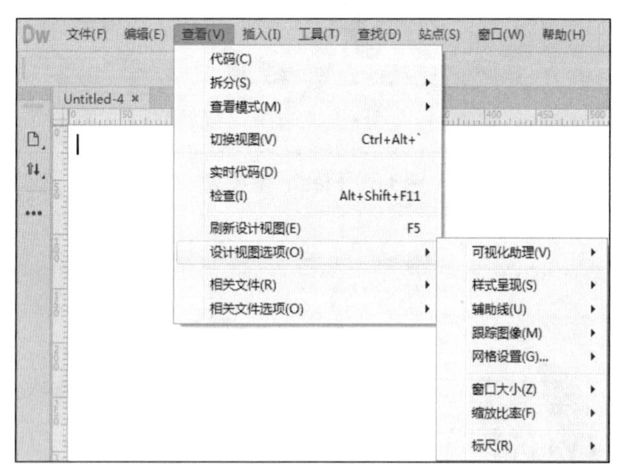

图3.8 “设计视图选项”子菜单

3.2.1 使用“标尺”功能

在设计页面时需要设置各种页面元素的位置，此时，可以使用“标尺”功能。选择“查看”→“设计视图选项”→“标尺”→“显示”命令，可以在文档中显示标尺，如图 3.9 所示。重复操作，可以隐藏或显示标尺。

有关“标尺”功能的基本操作如下：

1. 设置标尺的原点

在标尺的左上角区域单击，然后拖动，会出现十字准星，将其拖动到文档窗口中的适当位置。该位置则成为新标尺原点，如图 3.10 所示。

图3.9　显示标尺

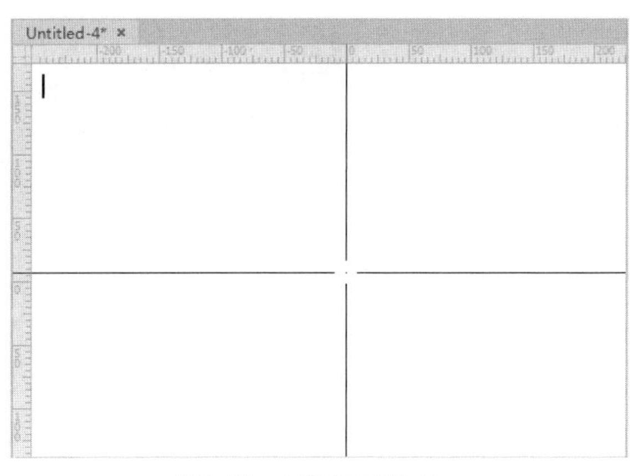

图3.10　设置标尺原点

2. 恢复标尺初始位置

要恢复标尺初始位置，可选择“查看”→“设计视图选项”→“标尺”→“重设原点”命令，或者在标尺左上角交点处双击。

3.2.2　使用“网格设置”功能

“网格设置”功能的作用是在“设计”视图中对 DIV 进行绘制、定位或大小调整时做可视化向导，可以对齐页面中的元素。

选择“查看”→“设计视图选项”→“网格设置”→“显示网格”命令，可以在网页文档中显示网格，如图 3.11 所示。重复操作，可以隐藏或显示网格。

如果要设置网格的相关属性，可以选择“查看”→“设计视图选项”→“网格设置”→“网格设置”命令，打开“网格设置”对话框，如图 3.12 所示。相关各参数选项具体作用请读者自行了解。

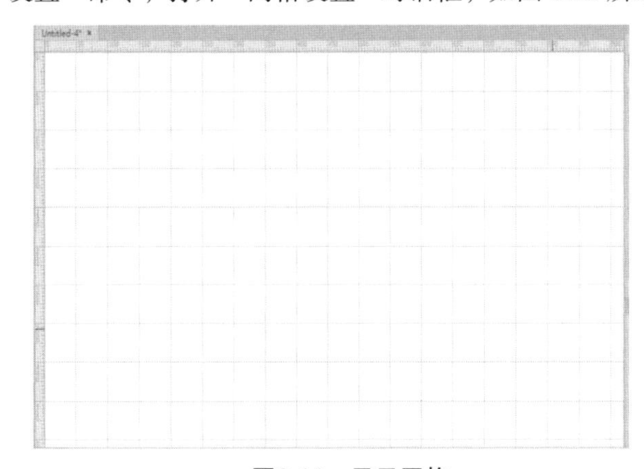

图3.11　显示网格

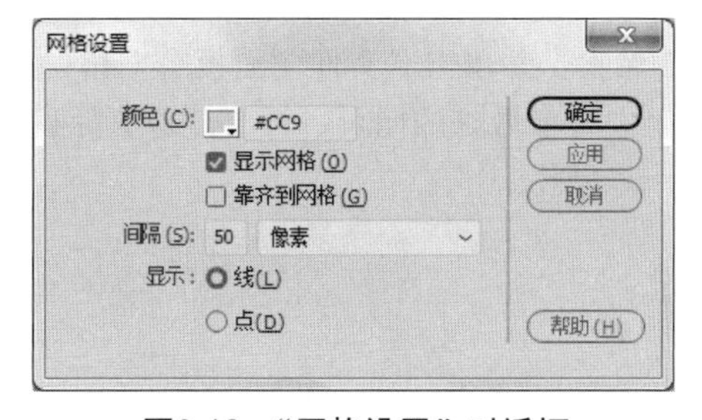

图3.12　“网格设置”对话框

3.2.3　使用“跟踪图像”功能

对于初学者，可以采取临摹字帖的方法进行布局。可以将喜欢的某个网站进行截屏，并存为图片形式，然后利用“跟踪图像”功能，将其载入，进行临摹，照着布局。

【例 3.1】新建页面，临摹给定图片的布局，并将其载入为跟踪图像。

（1）启动 Dreamweaver CC 2018，此时进入在第 2 章所建立的站点。

（2）选择“文件”→“新建”命令，打开“新建文档”对话框（见图 3.13），单击右下角的“创建”按钮。

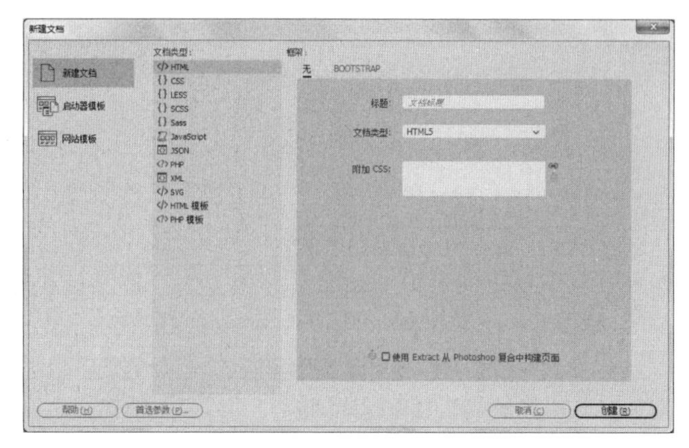

图3.13 “新建文档”对话框

（3）得到未命名的网页文档，选择“查看”→“设计视图选项”→“跟踪图像”→“载入”命令，打开“选择图像源文件”对话框，选择要载入的图像文件，单击“确定”按钮，如图 3.14 所示。

图3.14 “选择图像源文件”对话框

（4）此时网页文档有所变化，为了完整显示跟踪图像的效果，在状态栏选择分辨率为 1 280 × 800 像素，并单击“文件”面板右上角的“折叠面板”按钮，将面板折叠为图标。如图 3.15 所示，看上去好像做好的网页一样，但是实际只是临摹的图片。该图片的透明度此时为 100%，并不适合下一步操作。

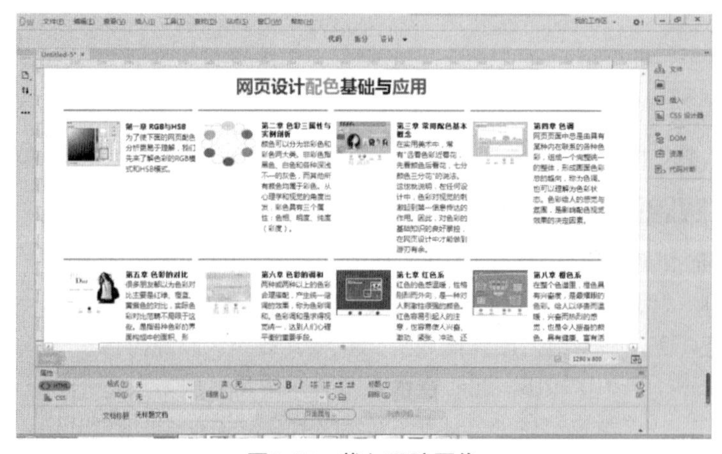

图3.15 载入跟踪图像

（5）在“属性”面板正下方单击“页面属性”按钮，打开“页面属性”对话框。在左侧选择“跟踪图像”选项，在右侧设置透明度为35%，单击“确定”按钮，如图3.16所示。

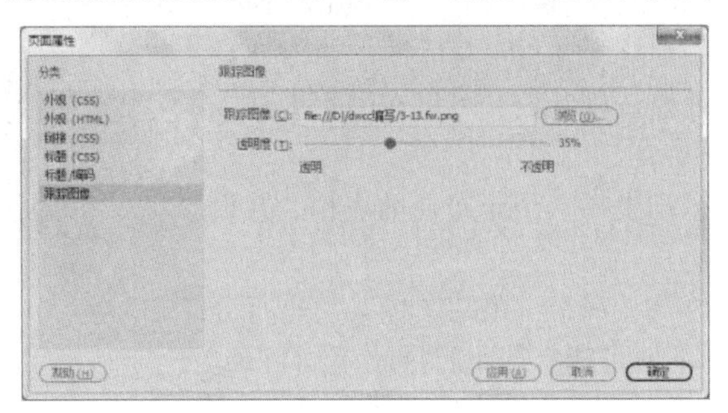

图3.16　设置跟踪图像透明度

（6）此时再看文档窗口，得到的效果和临摹的效果相似，如图3.17所示。接下来可以进行后续布局操作。

图3.17　透明度低的跟踪图像效果

“跟踪图像”功能可以作为初学者临摹布局时使用，对于有经验的读者可以跳过此部分内容。其他“跟踪图像”参数，请读者自行了解。

3.3　使用表格

网页能够向访问者提供的信息是多样化的，包括文字、图像、动画和视频等。如何使这些网页元素在网页中的合理位置显示出来，使网页变得不仅美观而且有条理，是网页设计者在着手设计网页之前必须要考虑的问题。表格的作用就是帮助用户高效、准确地定位各种网页数据，并直观、鲜明地表达设计者的思想。

3.3.1　网页中表格的用途

表格是网页中非常重要的元素，是网页排版的主要手段，可以帮助设计者高校、准确地定位各种网页元素，直观、鲜明地表达设计者的想法。而且使用表格排版的页面在不同平台、不同分辨率的浏览器中都能保持其原有的布局，并且在不同的浏览器平台中具有较好的兼容性，所以表格是网页中最常用的排版方式之一。

3.3.2 插入表格

在 Dreamweaver CC 2018 中，选择“插入”→Table 命令(或按【Ctrl+Alt+T】组合键)，打开 Table 对话框，如图 3.18 所示。通过在该对话框中设置表格参数，可以在网页中插入表格。

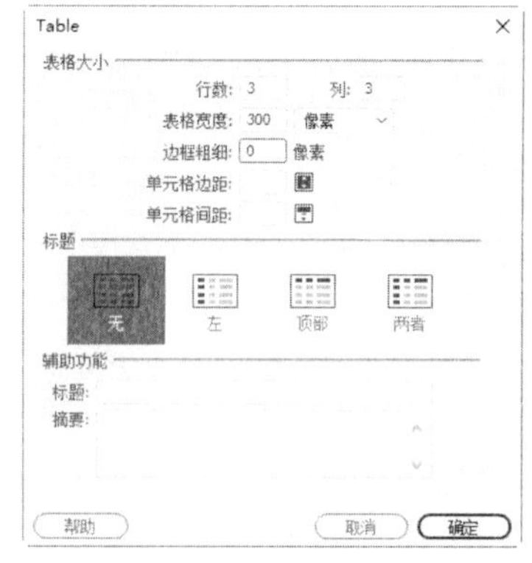

图3.18 Table对话框

【例 3.2】在例 3.1 的基础上插入用于布局的表格，并设置相关属性。

（1）接例 3.1 得到的效果，观察“跟踪图像”，进行分析，最上一行为网站标志，下面可能有若干行展示不同目录。

（2）设置标尺原点为“跟踪图像”有内容展示的最左端，观察最右端的标尺读数为 1 000，（见图 3.19），表示实际展示内容的尺寸为 1 000 像素，左右两边有相同的留白。

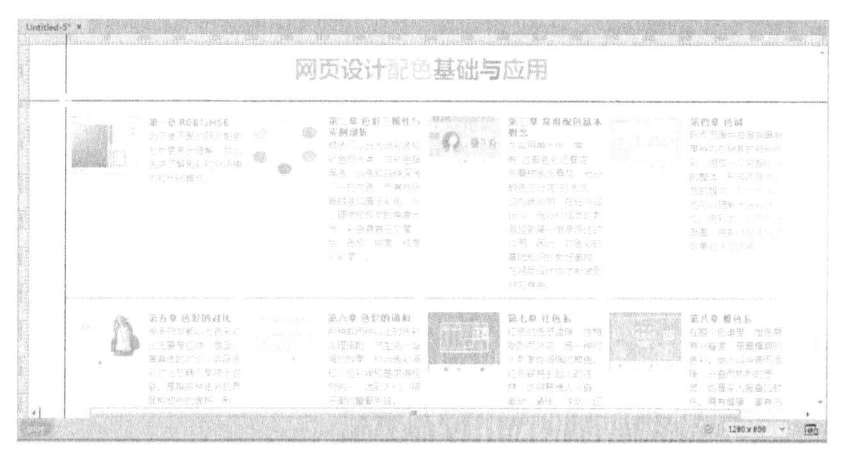

图3.19 设置标尺原点判断表格宽度

（3）通过上述两步骤，明确了插入表格的相关参数，选择“插入”→Table 命令，设置相应参数如下：“行数”为“5”、“列”为“1”、“表格宽度”为“1 000”像素、“边框粗细”为“0”。

（4）选中该表格，或者在标签选择器中选择〈table〉标签，在下方“属性”面板可以看到刚插入表格的属性，如图 3.20 所示。设置 Align（对齐）属性为“居中对齐”。可以发现，表格宽度正好匹配“跟踪图像”。

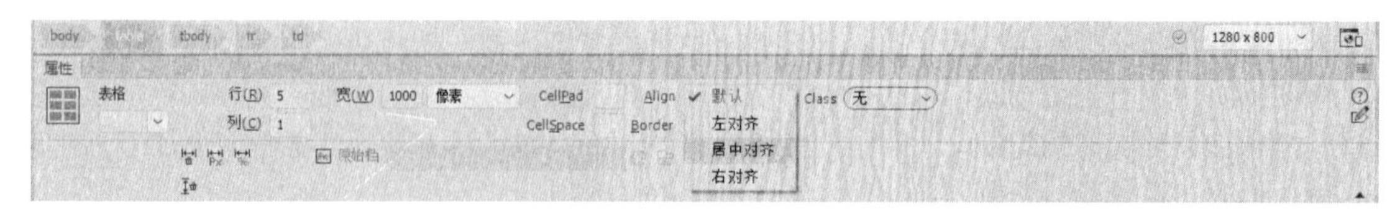

图3.20 设置表格的Align（对齐）属性

（5）此时完成表格插入操作。

3.3.3 编辑表格

插入表格之后，往往需要对表格进一步进行编辑，才能达到所需的效果。表格的编辑功能包括选择表格、调整大小、更改列宽和行高、添加和删除行列、拆分与合并单元格、设置表格属性、设置单元格属性、设置行列属性等。

选择表格是对表格进行编辑操作的前提。在 Dreamweaver CC 2018 中，可以一次性选择整个表、行或列，也可以选择连续的单元格。

1. 选择整个表格

在 Dreamweaver CC 2018 中执行下列操作之一选择表格：

（1）单击表格左上角可以将其选中。

（2）单击某个表格单元格，然后在“文档”窗口左下角的标签选择器中选择标签。

（3）单击某个表格单元格，然后选择“编辑”→“表格”→“选择表格”命令。

2. 选择表格元素

当在表格、行、列或单元格上移动鼠标指针时，Dreamweaver CC 2018 将高亮显示所选区域中的所有单元格，提示用户即将选择哪些单元格。

注意：如果将鼠标指针定位到表格边框上，然后按住【Ctrl】键，则将高亮显示该表格的整个表格结构。

（1）选择单个或多个行或列。定位鼠标指针使其指向行的左边缘或列的上边缘。当鼠标指针变为选择箭头时，单击以选择单个行或列，或进行拖动以选择多个行或列，如图 3.21 所示。

（2）选择单个列。在 Dreamweaver CC 2018 中执行下列操作之一来选择单个列：

- 在该列中单击。
- 单击列标题菜单，然后选择“选择列”。

（3）选择单个单元格。在 Dreamweaver CC 2018 中执行下列操作之一来选择单个表格：

- 单击单元格，然后在“文档”窗口左下角的标签选择器中选择 <td> 标签。
- 按住【Ctrl】键单击该单元格。

（4）选择一行或矩形的单元格块。在 Dreamweaver CC 2018 中执行下列操作之一选择一行或矩形的单元格块：

- 从一个单元格拖到另一个单元格，如图 3.22 所示。
- 单击一个单元格，然后按住【Ctrl】键，单击已选单元格，然后按住【Shift】键单击另一个单元格。

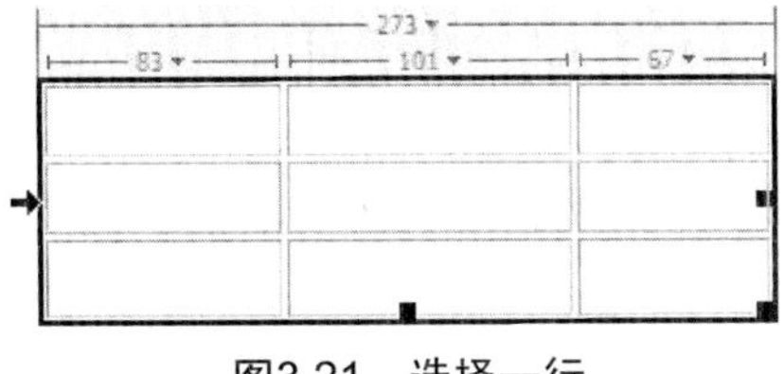

图3.21 选择一行

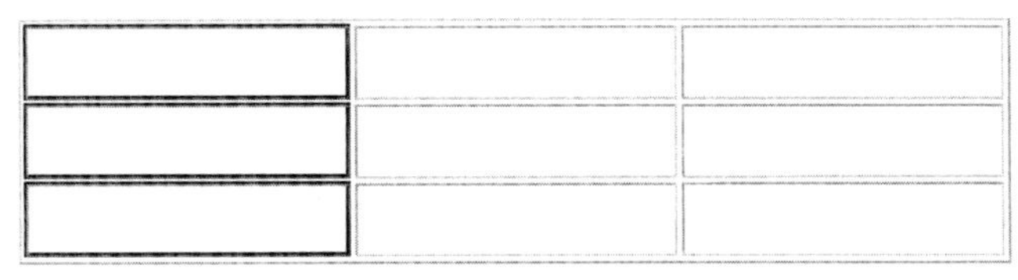
图3.22 选择一个单元格块

（5）选择不相邻的单元格。在 Dreamweaver CC 2018 中，按住【Ctrl】键连续单击要选择的单元格、行或列，可以选择不相邻的单元格。如果按住【Ctrl】键单击的单元格、行或列尚未选中，则会添加到选择区域中。如果已将其选中，则再次单击会将其从选择中删除。

3. 设置表格属性

在 Dreamweaver CC 2018 中，选中一个表格后，可以在属性面板中编辑表格的属性，如图 3.23 所示。

图3.23 表格属性面板

（1）表格名称：单击“属性”面板左侧的“表格”文本框可以对选中的表格进行命名。

（2）行、列和宽：“行”“列”文本框显示所选表格中行和列的数量。“宽”文本框显示所选表格的宽度，以像素为单位或表示为占浏览器窗口宽度的百分比。可以通过修改这些文本框中的数值，从而改变对应的属性。

注意： 通常不需要设置表格的高度。

（3）CellPad、CellSpace、Align 和 Border。

- CellPad（单元格边距）指单元格内容与单元格边框之间的像素数。
- CellSpace（单元格间距）指相邻的表格单元格之间的像素数。
- Align（对齐）下拉列表用于确定表格相对于同一段落中的其他元素（例如文本或图像）的显示位置：主要有以下几种对齐方式：

宽：指示浏览器应该使用其默认对齐方式。

左对齐：沿其他元素的左侧对齐表格（因此同一段落中的文本在表格的右侧换行）。

右对齐：沿其他元素的右侧对齐表格（文本在表格的左侧换行）。

居中对齐：将表格居中（文本显示在表格的上方和/或下方）。

注意： 当将对齐方式设置为“宽”时，其他内容不显示在表格的旁边。若要在其他内容旁边显示表格，可使用“左对齐”或“右对齐”。

Border（边框）文本框可以指定表格边框的宽度（以像素为单位）。

注意： 如果没有明确指定边框、单元格间距和单元格边距的值，则大多数浏览器按边框和单元格边距均设置为 1 且单元格间距设置为 2 显示表格。若要确保浏览器不显示表格中的边距和间距，可将“边框”、“单元格边距”和“单元格间距”都设置为 0。若要在边框设置为 0 时查看单元格和表格边框，可选择“查看”→“设计视图选项”→“可视化助理”→“表格边框”命令。

（4）Class：用于对该表格设置一个 CSS 类。

（5）“清除列宽”“清除行高”“将表格宽度转换成像素”“将表格宽度转换成百分比”按钮。选中表格时，完全展开“属性”面板，在下方左侧可以看到这 4 个按钮，如图 3.23 所示。

“清除列宽”“清除行高”按钮：用于从表格中删除所有明确指定的行高或列宽。

“将表格宽度转换成像素”按钮：将表格中每列的宽度或高度设置为以像素为单位的当前宽度（还将整个表格的宽度设置为以像素为单位的当前宽度）。

“将表格高度转换成百分比”：将表格中每个列的宽度或高度设置为按占“文档”窗口宽度百分比表示的当前宽度（还可将整个表格的宽度设置为按占“文档”窗口宽度百分比表示的当前宽度）。

4. 设置单元格、行或列属性

在 Dreamweaver CC 2018 中，选中一个表格元素后，可以使用“属性”面板编辑该元素的相关属性。某单元格的属性如图 3.24 所示。

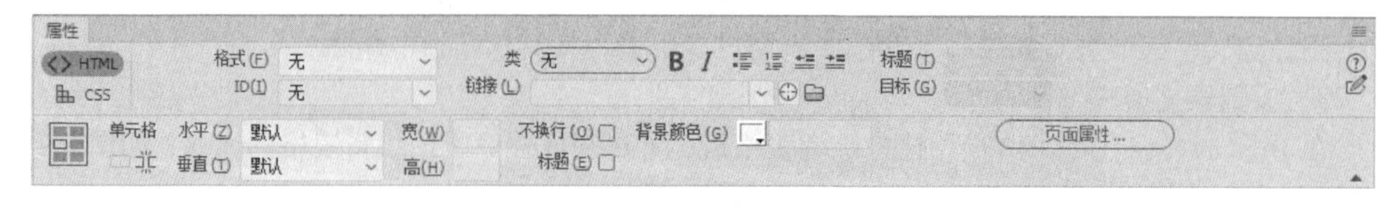

图3.24 单元格的属性

- 水平：用于指定单元格、行或列内容的水平对齐方式。可以将内容对齐到单元格的左侧、右侧或使之居中对齐，也可以指示浏览器使用其默认的对齐方式（通常常规单元格为左对齐，标题单元格为居中对齐）。

- 垂直：用于指定单元格、行或列内容的垂直对齐方式。可以将内容对齐到单元格的顶端、中间、底部或基线，或者指示浏览器使用其默认的对齐方式（通常是中间）。
- 宽和高：所选单元格的宽度和高度，以像素为单位或按整个表格宽度或高度的百分比指定。若要指定百分比，可在值后面使用百分比符号（%）。

此项留空时，采用默认设置，浏览器自动根据单元格的内容以及其他列和行的宽度和高度确定适当的宽度或高度。此时，浏览器选择行高和列宽的依据是能够在列中容纳最宽的图像或最长的行。这就是为什么将内容添加到某个列时，该列有时变得比表格中其他列宽得多的原因。

注意：可以按像素或百分比指定宽度和高度，并且可以在像素和百分比之间互相转换。虽然可以按占表格总高度的百分比指定行高，但是浏览器中行可能不以指定的百分比高度显示。

- 背景颜色：用于指定单元格、列或行的背景颜色。
- 合并单元格：将所选的单元格、行或列合并为一个单元格。只有当单元格形成矩形或直线的块时才可以合并这些单元格。
- 拆分单元格：将一个单元格分成两个或更多个单元格。一次只能拆分一个单元格；如果选择的单元格多于一个，则此按钮将禁用。
- 不换行：选中此复选框可以防止换行，从而使给定单元格中的所有文本都在一行上。如果启用了“不换行”，则当输入数据或将数据粘贴到单元格时单元格会加宽来容纳所有数据。通常，单元格在水平方向扩展以容纳单元格中最长的单词或最宽的图像，然后根据需要在垂直方向进行扩展以容纳其他内容。
- 标题：勾选此项属性可以将所选的单元格格式设置为表格标题单元格。默认情况下，表格标题单元格的内容为粗体并且居中。

注意：当设置列的属性时，Dreamweaver CC 2018 会更改该列中每个单元格所对应的 td 标签的属性。但是，当设置行的某些属性时，将更改 tr 标签的属性，而不是更改行中每个 td 标签的属性。在将同一种格式应用于行中的所有单元格时，将格式应用于 tr 标签会生成更加简明清晰的 HTML 代码。

5. 调整表格、列和行的大小

（1）调整表格大小。在 Dreamweaver CC 2018 中，当调整整个表格的大小时，表格中的所有单元格按比例更改大小。如果表格的单元格指定了明确的宽度或高度，则调整表格大小将更改“文档”窗口中单元格的可视大小，但不更改这些单元格的指定宽度和高度。

可以通过拖动表格的一个选择柄来调整表格的大小。当选中了表格或插入点位于表格中时，Dreamweaver CC 2018 将在该表格的顶部或底部显示表格宽度和表格标题菜单。

有时 HTML 代码中设置的列宽度与它们在屏幕上的外观宽度不匹配。发生这种情况时，可以使宽度一致。

如果采用“实时”视图，选择表格时将会在左下方以蓝底的字显示相应的元素，如图 3.25 所示。单击左侧的“设置表格格式”按钮，进入表格格式设置模式，如图 3.26 所示。此时，若要在水平方向调整表格的大小，可拖动右边的选择柄；若要在垂直方向调整表格的大小，可拖动底部的选择柄；若要在两个方向调整表格的大小，可拖动右下角的选择柄。

要在实时视图中退出表格格式设置模式，按【Esc】键或单击表格外边的区域。可以选择“编辑”→“表格”命令进一步修改表格。

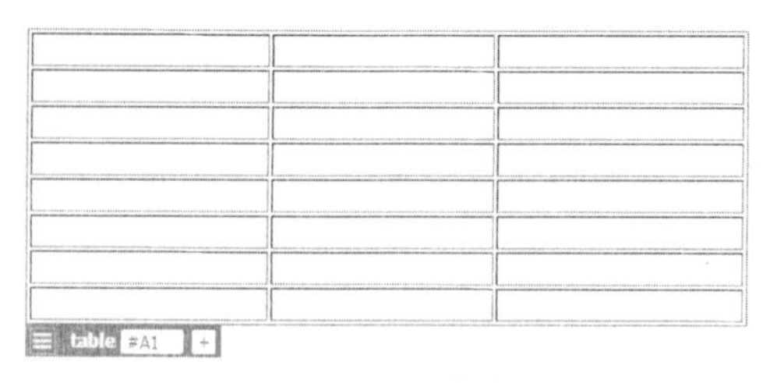

图3.25　设置表格格式

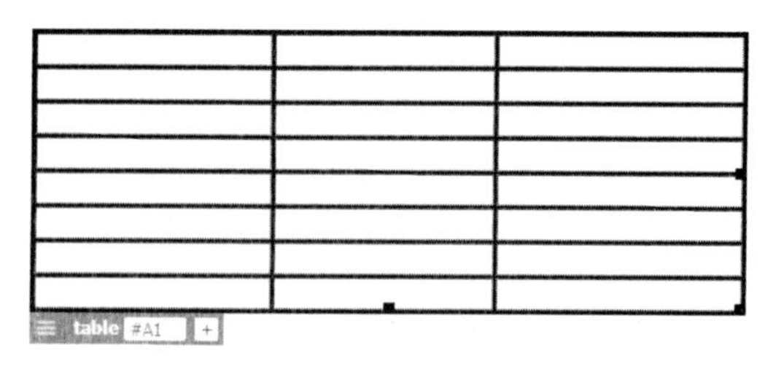

图3.26　表格格式设置模式

注意：“编辑”→“表格”命令中的选项会因所选的是整个表格还是单个单元格而异。在实时视图中，当选择整个表格时，“元素显示”栏会显示“表格”，而当选择特定的单元格时，则会显示 td。若要从单元格格式设置切换为表格格式模式，可单击表格边框。

（2）调整列和行的大小。可在“属性”面板中或通过拖动列或行的边框来更改列宽或行高。如果调整大小比较麻烦，可以清除列宽或行高并重新开始。

注意：还可以切换到“代码”视图直接在 HTML 代码中更改单元格的宽度和高度。

（3）更改列宽度并保持整个表的宽度不变。在“设计”视图中，拖动想更改的列的右边框，相邻列的宽度也更改了，因此实际上调整了两列的大小。可视化反馈将显示如何对列进行调整，表格的总宽度不改变，如图 3.27 所示。

注意：在以百分比形式指定宽度（而不是以像素指定宽度）的表格中，如果拖动最右侧列的右边框，整个表格的宽度将会变化，并且所有的列都会成比例地变宽或变窄。

（4）更改某个列的宽度并保持其他列的大小不变。在“设计”视图中，按住【Shift】键，然后拖动列的边框，这个列的宽度就会改变。可视化反馈将显示各列如何调整；表的总宽度将更改以容纳正在调整的列，如图 3.28 所示。

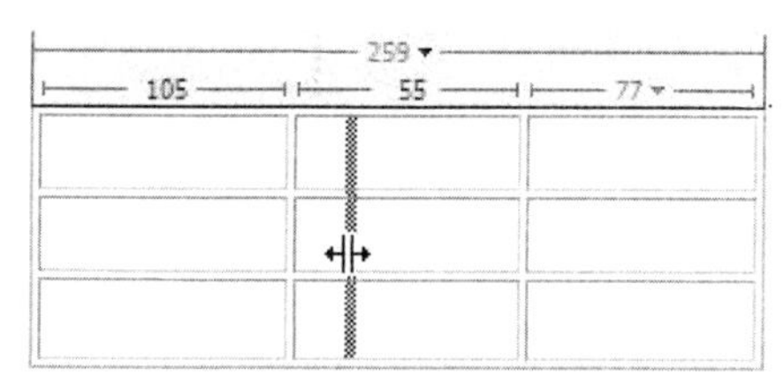

图3.27　在保持表格宽度不变的前提下更改列宽

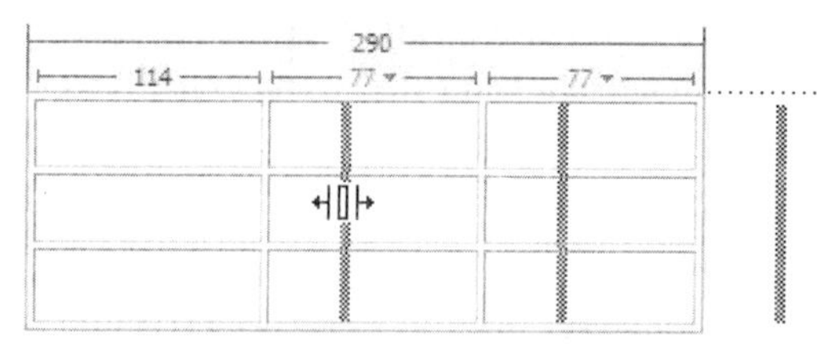

图3.28　在保持其他列的宽度不变的前提下更改列宽

（5）清除表格中所有设置的宽度和高度。选中表格，选择“编辑”→“表格”→“清除单元格宽度”或“清除单元格高度”命令。

【例 3.3】在例 3.2 的基础上，对用于布局的表格进行编辑，达到大约 1 个满屏大小的大块布局的效果。

（1）观察例 3.2 所插入的表格，发现宽度基本与跟踪图像吻合，但是行的高度上需要进一步进行编辑。

（2）鼠标指向第 1 行的下边沿，进行拖动，到合适的位置释放鼠标。

（3）依次修改第 2、3 行的行高，因为跟踪图像可能只截了一个屏幕的高度，因此，下方的图不能完全展示，可以参照第 2 行的行高，设置下方各行的高度，如图 3.29 所示。插入点设置在第 2 行时，“属性”面板中“高”的值可以作为后续各行行高的参考。

（4）网页的高度，会随着布局表格各行的高度的扩展自动更新。此时，大块的布局基本完成。

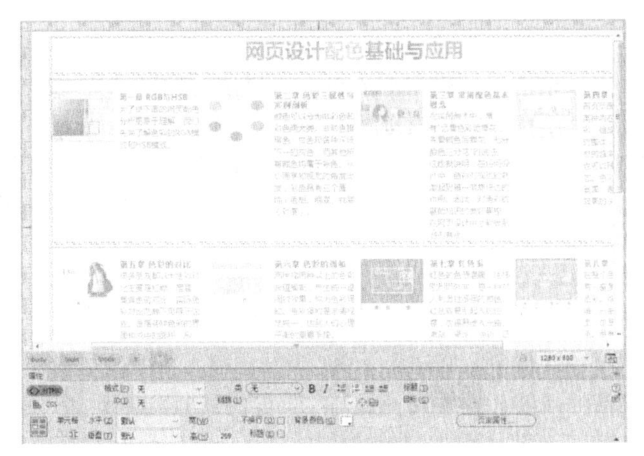

图3.29　调整行高

6. 插入及删除行或列

在 Dreamweaver CC 2018 中，要添加和删除行和列，可选择“编辑”→“表格”下的各个菜单命令。

（1）插入行或列。选择“编辑”→“表格”→“插入行”或“插入列”命令，可以添加单个行或列。

右击在插入点，在弹出的快捷菜单中选择“表格”→“插入行”或“插入列”命令，将在插入点上面插入一行或在插入点的左侧插入一列。

注意： 在表格的最后一个单元格中按【Tab】键会自动在表格中另外添加一行。

选择“编辑”→“表格”→“插入行或列”命令，会弹出“插入行或列”对话框，在其中可以设置相关参数插入行或列，如图 3.30 所示。

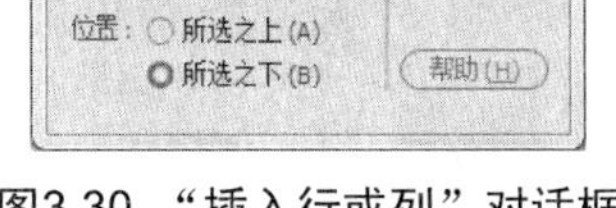

图3.30　“插入行或列”对话框

（2）删除行或列。在 Dreamweaver CC 2018 中，要删除指定的行或列，可以执行下列操作之一：

- 单击要删除的行或列中的任意单元格，选择“编辑”→“表格”→“删除行”或“删除列”命令，可以删除该行或列。
- 选择完整的一行或一列，然后按【Delete】键。

在属性面板中，修改选定表格的“行”或“列”的值，可以在表最后插入或删除行或列。

7. 拆分或合并单元格

在 Dreamweaver CC 2018 中，使用属性面板或选择“编辑”→“表格”→“拆分单元格”或“合并单元格”命令可以拆分或合并单元格。

选择连续行中形状为矩形的单元格，可以在一个矩形的单元格中合并单元格。如果所选部分不是矩形，不能合并单元格。

8. 复制、粘贴和删除单元格

在 Dreamweaver CC 2018 中，选定某表格元素后，选择“编辑”→“剪切”→“拷贝”或“粘贴”命令可以剪切、复制或粘贴该表格元素，并保留单元格的格式设置。

若要粘贴多个表格单元格，剪贴板的内容必须和表格的结构或表格中将粘贴这些单元格的所选部分兼容。

若要在指定单元格上方或左侧粘贴一整行或一整列单元格，可在复制相应的行或列之后，单击该单元格，选择“编辑”→“粘贴”命令。

当插入点在表格之外时，选择“编辑”→“粘贴”命令将创建一个新表格粘贴相应表格元素。

9. 嵌套表格

嵌套表格是在另一个表格的单元格中的表格。可以像对任何其他表格一样对嵌套表格进行格式设置；但是，其宽度受它所在单元格的宽度的限制。

【例 3.4】在例 3.3 的基础上，完成布局表格的各块的细节布局。

（1）观察大块布局，发现各行中的细节还没有规划，此时可以利用嵌套表格进行进一步细化，每一行嵌套一个 2 行 4 列的表格。

（2）单击第 2 行任意处，在“属性”面板设置单元格“垂直”属性为“顶端对齐”，选择“插入”→Table 命令，在打开的 Table 对话框中设置“行数”为“2”，“列”为“4”，“表格宽度”为“100%”，“边框粗细”为“0”，“单元格边距”为“0”，“单元格间距”为“2”，如图 3.31 所示。

（3）调整所插入表格的高度，设置第一行高度为 2，整个表格高度以填满所在行高度为宜。

（4）为了后续插入的图文等元素在表格中排列整齐，第二行所有单元格“垂直”属性设置为“顶端对齐”。

（5）重复（2）~（4）步操作，依次完成第 3、4 行的嵌套表格操作。或者通过选择“标签栏”的<table>标签直接选中步骤（2）所插入的用于整行布局的表格（其中嵌套了步骤（3）、（4）所嵌套的表格），读者可以通过观察“设计”视图中“文档”窗口表格的定位标尺，从而明确是否选中了所需的表格。将该整行布局表格粘贴到第 3、4 行的单元格中。

（6）此时布局工作完成，单击“属性”面板中的“页面属性”按钮，打开“页面属性”对话框，将“跟踪图像”属性的“跟踪图像”文本框中的内容全部删除，前期所使用到的“跟踪图像”完成使命。此时布局完成，设计视图效果如图 3.32 所示。

（7）选择“文件”→“保存”命令，将文件命名为 index，完成布局工作。

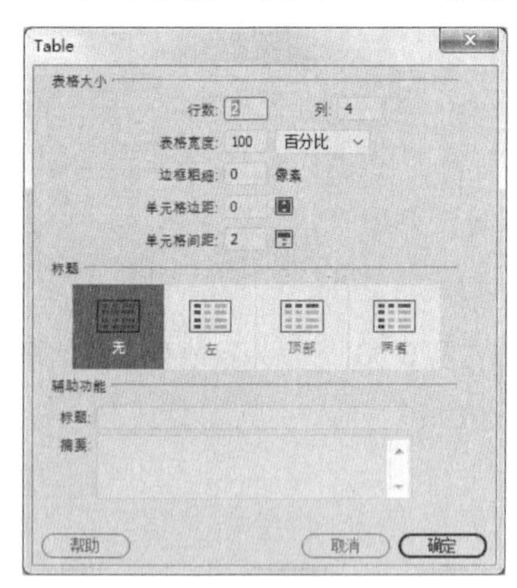

图3.31　Table对话框 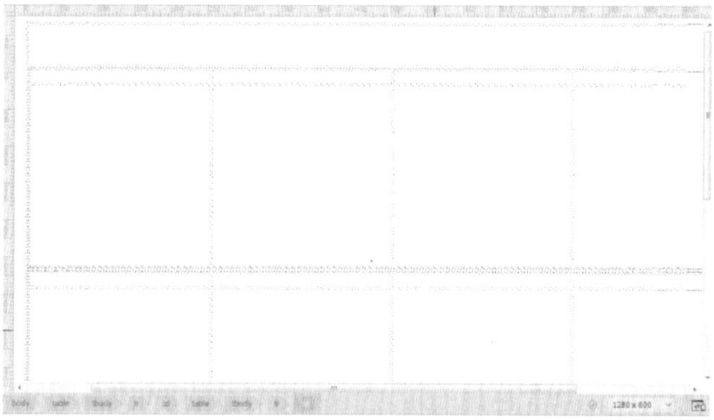

图3.32　布局效果

3.3.4 表格的其他操作

1. 对表格进行排序

在 Dreamweaver CC 2018 中，可以选择“编辑”→“表格”→“排序表格”命令对表格进行排序。可以根据单个列的内容对表格中的行进行排序，也可以根据两个列的内容执行更加复杂的表格排序，但是不能对包含合并单元格的表格进行排序。

选择“编辑”→“表格”→“排序表格”命令，打开“排序表格”对话框，如图 3.33 所示。其中参数含义如下：

- “排序按”：确定使用哪个列的值对表格的行进行排序。

- “顺序”：确定是按字母还是按数字顺序，以及是以升序（A 到 Z，数字从小到大）还是以降序对列进行排序。当列的内容是数字时，选择“按数字顺序”。如果按字母顺序对一组由一位或两位数组成的数字进行排序，则会将这些数字作为单词进行排序（排序结果如 1、10、2、20、3、30），而不是将它们作为数字进行排序（排序结果如 1、2、3、10、20、30）。
- “再按”/“顺序”：确定将在另一列上应用的第二种排序方法的排序顺序。在“再按”弹出菜单中指定将应用第二种排序方法的列，并在“顺序”弹出菜单中指定第二种排序方法的排序顺序。
- “排序包含第一行”：指定将表格的第一行包括在排序中。如果第一行是不应移动的标题，则不选择此选项。
- “排序标题行”：指定使用与主体行相同的条件对表格的 thead 部分（如果有）中的所有行进行排序。
- “排序脚注行”：指定按照与主体行相同的条件对表格的 tfoot 部分（如果有）中的所有行进行排序。
- “完成排序后所有行颜色保持不变”：指定排序之后表格行属性（如颜色）应该与同一内容保持关联。

2. 导入表格式数据

在 Dreamweaver CC 2018 中，可以将在另一个应用程序（例如 Microsoft Excel）中创建并以分隔文本的格式（其中各项以制表符、逗号、冒号或分号隔开）保存的表格式数据导入到网页文档中并设置为表格格式。

选择“文件”→“导入”→“导入表格式数据”命令，打开“导入表格式数据”对话框，如图 3.34 所示。

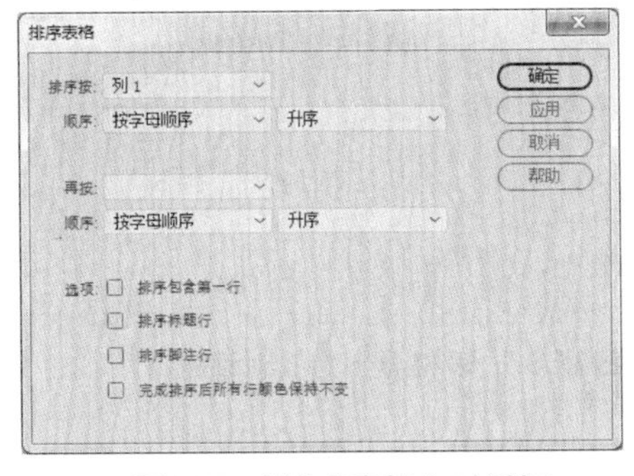

图3.33 “排序表格”对话框

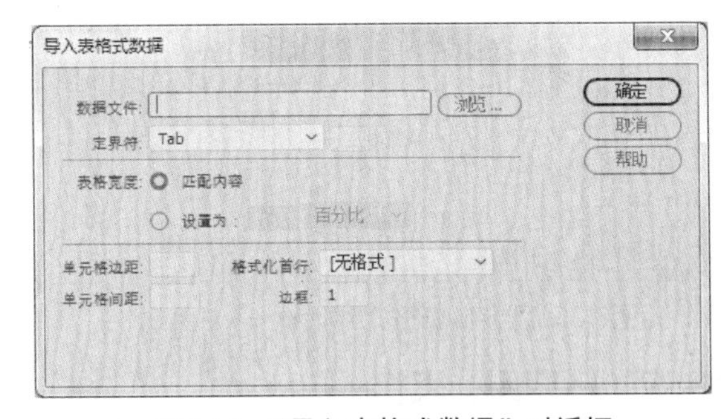

图3.34 “导入表格式数据”对话框

相应参数含义如下：

- “数据文件”：要导入的文件的名称。单击“浏览”按钮选择一个文件。
- “定界符”：要导入的文件中所使用的分隔符。如果选择“其他”，则弹出菜单的右侧会出现一个文本框。要求输入即将导入文件中使用的分隔符。否则，无法正确地导入文件，也无法在表格中对数据进行正确的格式设置。
- “表格宽度”：表格的宽度。

选择“匹配内容”使每个列足够宽以适应该列中最长的文本字符串。

选择“设置为”以像素为单位指定固定的表格宽度，或按占浏览器窗口宽度的百分比指定表格宽度。

- “单元格边距”：单元格内容与单元格边框之间的像素数。

- “单元格间距”：相邻的表格单元格之间的像素数。

如果没有明确指定边框、单元格间距和单元格边距的值，则大多数浏览器都按边框和单元格边距设置为 1、单元格间距设置为 2 来显示表格。若要确保浏览器显示表格时不显示边距或间距，可将“单元格边距”和“单元格间距”设置为 0。若要在边框设置为 0 时查看单元格和表格边框，可选择“查看”→“设计视图选项”→“可视化助理”→“表格边框”命令。

- “格式化首行”：确定应用于表格首行的格式设置（如果存在）。从 4 个格式设置选项中进行选择：无格式、粗体、斜体或加粗斜体。
- “边框”：指定表格边框的宽度（以像素为单位）。

3. 导出表格

在 Dreamweaver CC 2018 中，选择表格后，可以选择“文件”→“导出”→“表格”命令，打开“导出表格”对话框，如图 3.35 所示。其中参数含义如下：

- “定界符”：指定应该使用哪种分隔符在导出的文件中隔开各项。
- “换行符”：指定将在哪种操作系统中打开导出的文件：Windows、Macintosh 还是 UNIX。不同的操作系统具有不同的指示文本行结尾的方式。

设置好相应参数后，单击“导出”按钮，在打开的“表格导出为”对话框（见图 3.36）中命名文件，完成表格导出操作。

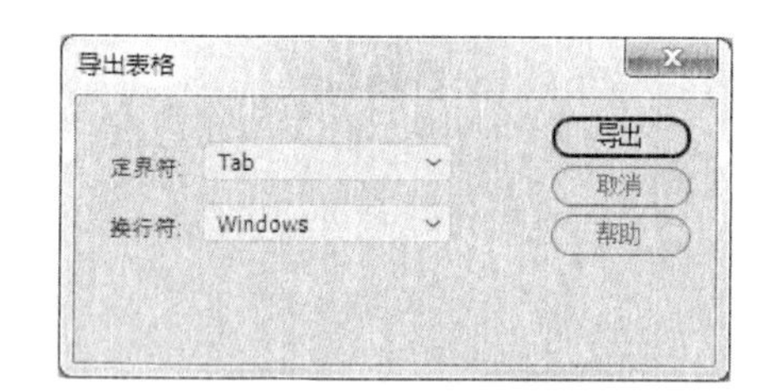

图3.35 “导出表格”对话框

图3.36 “表格导出为”对话框

3.3.5 HTML 表格

表格由 <table> 标签来定义。每个表格均有若干行（由 <tr> 标签定义），每行被分割为若干单元格（由 <td> 标签定义）。字母 td 指表格数据，即数据单元格的内容。数据单元格可以包含文本、图片、列表、段落、表单、水平线、表格等，如表 3.1 所示。

表 3.1 HTML 表格标签

标 签	描 述
<table>	定义表格
<th>	定义表格的表头
<tr>	定义表格的行
<td>	定义表格单元

续表

标　签	描　述
<caption>	定义表格标题
<colgroup>	定义表格列的组
<col>	定义用于表格列的属性
<thead>	定义表格的页眉
<tbody>	定义表格的主体
<tfoot>	定义表格的页脚

3.4　上机练习

请读者参照例 3.1~例 3.4，选取江西农业大学官方网站为临摹对象，将该网站截图设置为跟踪图像，并进行网页的布局。

具体步骤在此不详细阐述，请读者自行上机练习。

习题

一、填空题

1. ______________、______________和______________是 Dreamweaver CC 2018 网页的三大辅助工具。

2. 网格在“文档”窗口中显示一系列的水平线和______________。

3. 打开 Dreamweaver 窗口后，如果没有出现属性面板，可选择菜单中的______________命令将其打开。

4. 在站点中建立一个文件，它的扩展名应是______________。

5. 窗口是指中间的白色大块区域，用来显示当前创建和编辑的______________。

二、选择题

1. 精确定位网页中各个元素位置的方法是（　　）。

　A. 表格　　B. 层　　C. 表单　　D. 帧

2. 在 Dreamweaver CC 2018 中，下面关于首页制作的说法错误的是（　　）。

　A. 首页的文件名称可以是 index.htm 或 index.html

　B. 可以使用布局表格和布局单元格来定位网页元素

　C. 可以使用表格对网页元素进行定位

　D. 在首页中不可以使用 CSS 样式来定义风格

3. 表格格式设置的优先顺序是（　　）。

　A. 单元格→行/列→整个表格　　B. 单元格→整个表格→行/列

　C. 整个表格→行/列→单元格　　D. 行/列→整个表格→单元格

4. 当表格中跨行合并时，其属性对应的 HTML 标记为（　　）。

　A. Colspan　　B. Rowspan　　C. Span　　D. Tr

5. 下面关于拆分单元格说法错误的是（　　）。

　A. 用鼠标将光标定位在要拆分的单元格中，在属性面板中单击按钮

　B. 用鼠标将光标定位在要拆分的单元格中，在拆分单元格中选择行，表示水平拆分单元格

　C. 用鼠标将光标定位在要拆分的单元格中，在拆分单元格选择列，表示垂直拆分单元格

D. 拆分单元格只能是把一个单元格拆分成两个

三、问答题

1. 如何设置当前网页文档窗口的大小？
2. 如何插入表格，制作个人简历？

第4章

图文设计

本章重点

文本和图像是网页最基本的元素，文本是传递和展示信息的主要手段，图像不仅可以美化网页，还可以展现生动的视觉效果。

本章主要介绍 Dreamweaver CC 2018 如何在网页中插入文本和图像，并对文本和图像进行编辑操作，制作基本网页，实现图文并茂。

学习目标

- 在网页中插入文本；
- 编辑文本；
- 在网页中插入图像；
- 编辑图像。

4.1 文本的使用

文本既是网页中不可缺少的内容，也是网页中最基本的对象。由于文本的存储空间非常小，所以在一些大型网站中，其占有不可代替的主导地位。在一般网页中，文本一般以普通文字、段落或各种项目符号等形式显示。在 Dreamweaver CC 2018 中可以直接输入文本，也可以从其他文档中复制文本和导入文本。

4.1.1 向文档添加文本

在网页中插入文本主要有以下两种方法：

（1）直接输入文本：默认输入文本的排列方式是从左到右，跟其他软件相同。

（2）复制文本：可以将其他文档中的文本内容复制、粘贴到网页文档中，从而提高效率。

在 Dreamweaver CC 2018 中，将文本复制到网页文档中时，可以选择“编辑”→“粘贴”或“选择性粘贴”命令。“选择性粘贴”命令允许以不同的方式指定所粘贴文本的格式。两种命令对应的快捷键：“粘贴”的快捷键是【Ctrl+V】、“选择性粘贴”的快捷键是【Ctrl+Shift+V】，“选择性粘贴”对话框如图 4.1 所示。如果要将文本从带格式的 Microsoft Word 文档粘贴到网页文档中，但是想要去掉所有格式设置，以便能够向所粘贴的文本应用自己的 CSS 样式表，可以在 Word 中选择文本，将其复制到剪贴板，然后使用“选择性粘贴”命令，在选择“选择性粘贴”对话框中选取仅文本选项。

当使用“粘贴”命令从其他应用程序粘贴文本时，可设置粘贴首选参数作为默认选项。

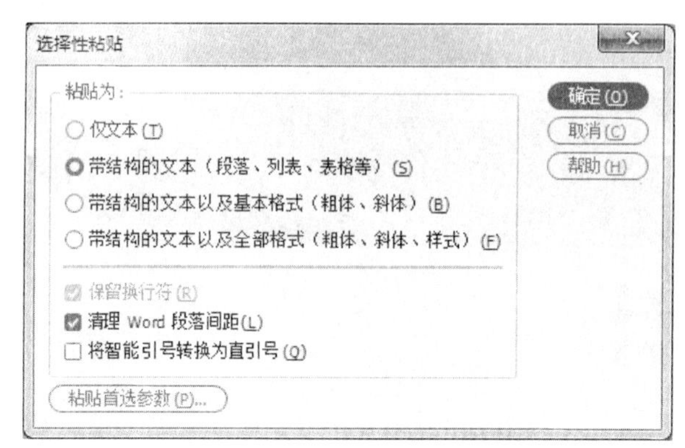

图4.1 “选择性粘贴”对话框

4.1.2 插入特殊字符

网页文档中有时需要使用到某些特殊字符，如版权符、货币符号、注册商标号及直线等。

单击“插入”面板，选择 HTML，向下拖动右侧滚动条，在“字符”菜单中选择字符名称，如图 4.2 所示。例如，通过插入一个换行符，可以在段落之间添加一个空格行，也可以直接按【Enter】键。

还有很多其他特殊字符可供使用，若要选择其中的某个字符，可以选择“插入”→“HTML”→“字符”→“其他字符”命令，在打开的“插入其他字符”对话框中选择一个字符，然后单击“确定”按钮即可，如图 4.3 所示。

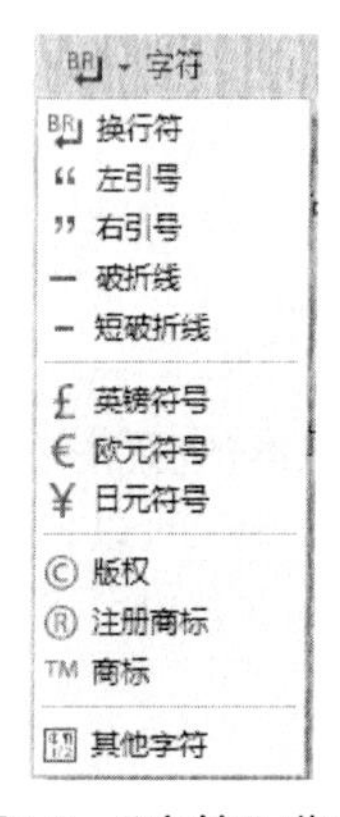

图4.2 “字符”菜单

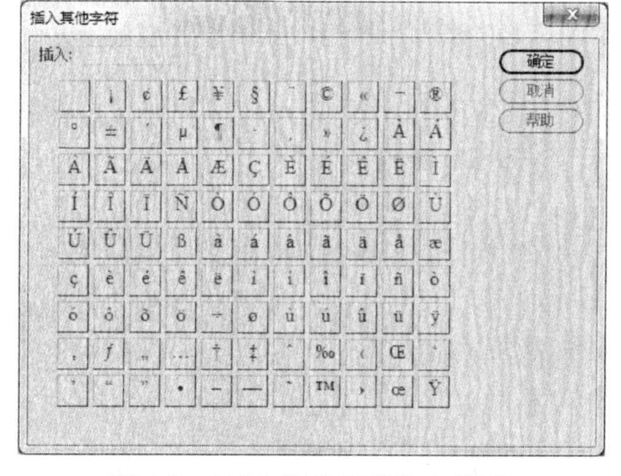

图4.3 “插入其他字符”对话框

4.1.3 插入不换行空格

HTML 只允许字符之间有一个空格，若要在文档中添加其他空格，必须插入不换行空格。

1. 不换行空格

在“插入”面板选择 HTML→“不换行空格”命令，如图 4.4 所示。对应快捷键为【Ctrl+Shift+Space】。

2. 设置允许添加多个连续的空格首选项

为了能方便地输入多个连续的空格，还可以设置允许添加多个连续空格。选择“编辑”→“首选项”命令，在“常规”类别中选中“允许多个连续的空格”复选框，如图 4.5 所示。

图4.4 HTML菜单

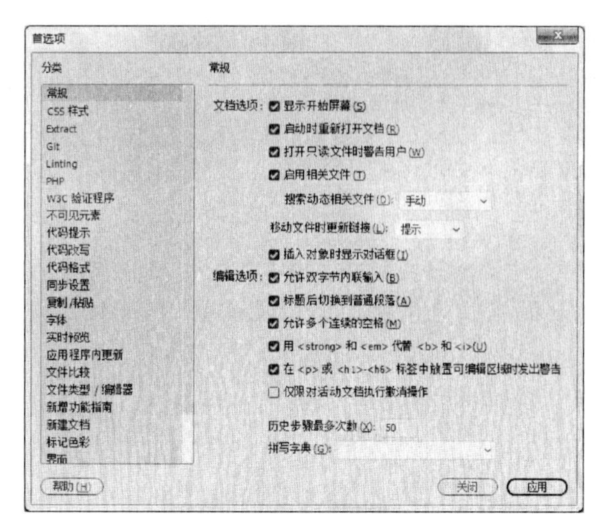

图4.5 “首选项”对话框

4.1.4 插入日期

在 Dreamweaver CC 2018 中，可以直接在文档中插入当前时间和日期，还可以利用 JavaScript 代码来实现动态变化的时间和日期。

1. 直接插入日期

如果要在网页文档中插入日期，可以选择“插入”面板中的“HTML”→“日期”，打开“插入日期”对话框，如图 4.6 所示。在“星期格式”下拉列表框中，可以选择日期的星期显示格式，选择“不要星期”，将不会显示星期信息；在“日期格式”列表框中，可以选择日期的显示格式；在“时间格式”下拉列表框中，可以选择时间的显示格式。单击“确定”按钮即可插入日期，如图 4.7 所示。

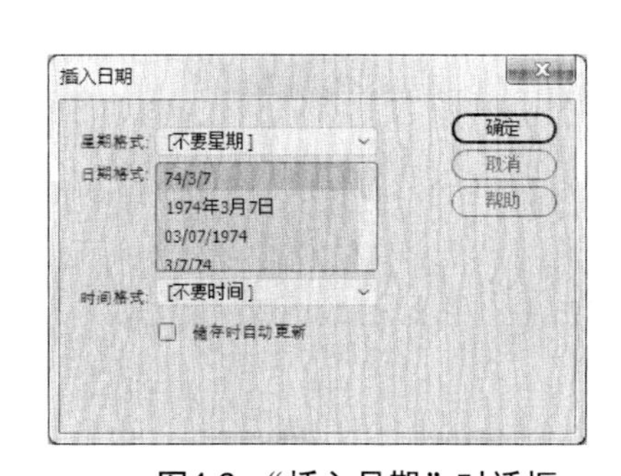

图4.6 “插入日期”对话框

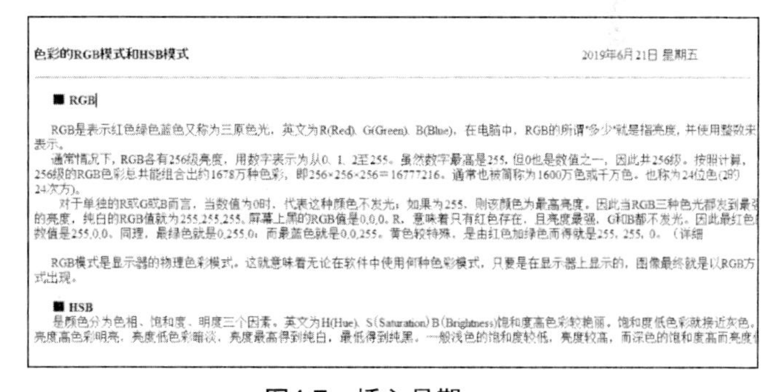

图4.7 插入日期

2. 插入动态变化的日期

插入动态变化的日期是通过插入代码来实现的。

【例 4.1】 新建一个网页文档，输入代码插入即时日期和时间。

（1）新建一个网页文档，插入一个 2 行 1 列的表格。在第一行输入相应文字。

（2）选择“查看”→“代码”命令切换到“代码”视图，将光标移至<td></td>标签之间，输入如下代码：

```
<script>
document.write("<span id=time></span>")
//输出显示时间日期的容器
```

```
    setInterval(function(){
    with(new Date)time.innerText =(getFullYear())+"年"+(getMonth()+1)+"月"+getDate()+"日
星期"+"日一二三四五六".charAt(getDay())+" "+getHours()+":" +getMinutes()+":"+getSeconds()
    //设置 id 为 time 的对象内的文本为当前日期时间
    },1000)
    //每1000ms(即1s) 执行一次本段代码
    </script>
```

（3）单击“状态栏”右侧的“实时预览”按钮，在快捷菜单中选择任意浏览器，按弹出的提示对话框保存网页文档后，在浏览器显示动态时间，效果如图 4.8 所示。

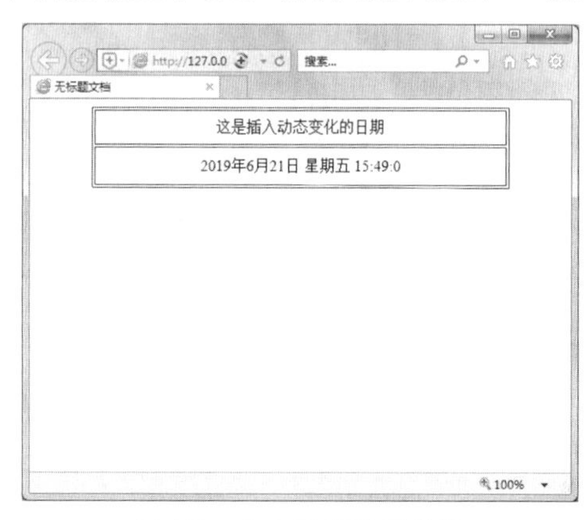

图4.8 动态日期显示效果

4.1.5 插入水平线

水平线对于组织信息很有用。在页面上，可以使用一条或多条水平线以可视方式分隔文本和对象。

在“文档”窗口中，将插入点放在要插入水平线的位置。选择“插入”→HTML→“水平线”命令，可以插入水平线。

选中水平线，在“属性”面板，可以根据需要对属性进行修改，如图 4.9 所示。

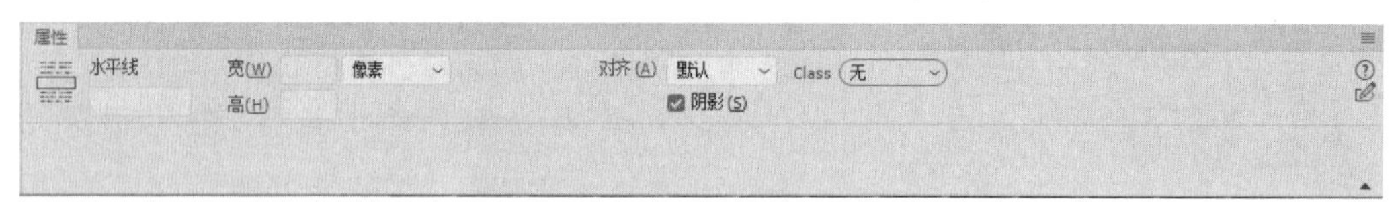

图4.9 水平线的“属性”面板

- “名称”文本框：用于为水平线指定 ID。
- “宽”“高”文本框：以像素为单位或以页面大小百分比的形式指定水平线的宽度和高度。
- “对齐”下拉列表框：指定水平线的对齐方式，包括默认、左对齐、居中对齐或右对齐。仅当水平线的宽度小于浏览器窗口的宽度时，该设置才适用。
- “阴影”：指定绘制水平线时是否带阴影。取消选择此选项将使用纯色绘制水平线。
- Class：可用于附加样式表，或者应用已附加的样式表中的类。

水平线的颜色也可以修改，但是需要到代码中设置。水平线对应的 HTML 代码是<hr/>，在括号中设置 color 属性，输入 color=之后（见图 4.10），单击弹出的 Color Picker 按钮。利用弹出的选色器设置颜色。

图4.10 设置水平线颜色属性

4.2 编辑文本

编辑文本操作，可以将网页中的文本进行各种设置，使得枯燥的文本更加生动。Dreamweaver CC 2018 中的文本格式设置与使用标准的字处理程序类似。可以为文本块设置默认格式和样式（段落、标题 1、标题 2 等）、更改所选文本的字体、大小、颜色和对齐方式，或者应用文本样式[如粗体、斜体、代码（等宽字体）和下画线]。

Dreamweaver CC 2018 将两个属性面板（CSS 属性面板和 HTML 属性面板）集成为一个属性面板。使用 CSS 属性面板时，Dreamweaver 使用层叠样式表（CSS）设置文本格式。CSS 使 Web 设计人员和开发人员能更好地控制网页设计，同时改进功能以提供辅助功能并减少文件大小。CSS 属性面板能够访问现有样式，也能创建新样式。

使用 CSS 是一种能控制网页样式而不损坏其结构的方式。通过将可视化设计元素（字体、颜色、边距等）与网页的结构逻辑分离，CSS 为 Web 设计人员提供了可视化控制和版式控制，而不牺牲内容的完整性。此外，在单独的代码块中定义版式设计和页面布局——无须对图像地图、font 标签、表格和 GIF 间隔图像重新排序，从而加快下载速度，简化站点维护，并能集中控制多个网页面的设计属性。

可以直接在文档中存储使用 CSS 创建的样式，也可以在外部样式表中存储样式以实现更强的功能和灵活性。如果将某一外部样式表附加到多个网页，则所有这些页面都会自动反映对该样式表所做的任何更改。若要访问页面的所有 CSS 规则，可使用“CSS 样式”面板。

本章只介绍 HTML 相关功能，使用 HTML 标签在网页中设置文本格式，仅使用 HTML 属性面板设置文本格式。

4.2.1 设置文本格式

文本的格式主要包括缩进方式、粗体/斜体等。

1. 应用标准格式

Dreamweaver CC 2018 定义了多种标准的文本格式，可以将光标定义在段落中，使用“属性”面板的“格式”下拉列表框，可以应用标准文本格式，如图 4.11 所示。应用标准格式的最小单位是段落，所以无法在同一段落中应用不同的标准格式。读者可以切换到“代码”视图，“段落”对应<p> 标签的默认格式，“标题 1”对应添加 H1 标签等。

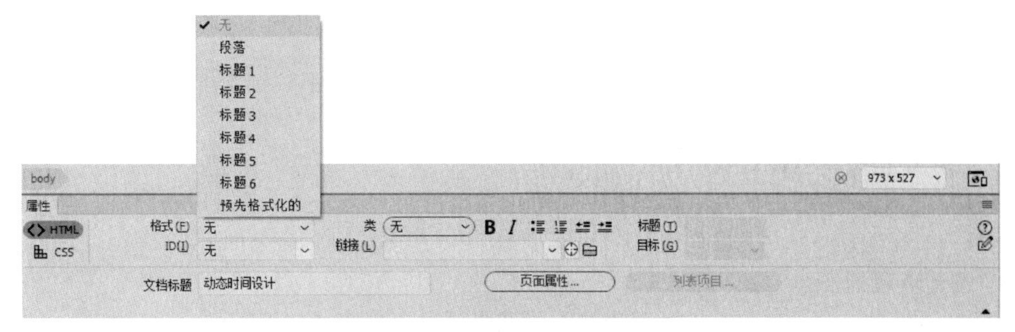

图4.11　“格式”下拉列表框

2. 设置粗体或斜体

文本的加粗或倾斜也在“属性”面板中设置，单击“粗体” **B** 或“斜体” *I* 按钮，可以将所选文字进行加粗或者倾斜，此项设置的最小单位是单个文本，所以在同一段落可以设置不同的加粗或者倾斜效果。读者切换到“代码”视图可以发现，此项设置是将 <b> 或 <strong> 应用于所选文本。

3. 设置文本缩进

设置文本缩进包括增加缩进和减少缩进。将光标移至文档中需要设置格式的段落，在“属性”面板中设置单击“文本缩进”按钮，增加该段落的缩进；单击“文本凸出”按钮，减少段落的缩进。读者切换到“代码”视图可以发现，此项设置是将 <i> 或 <em> 应用于所选文本。

4.2.2 设置列表

在网页中，用户可以使用很多种方法来排列项目，可以将多种项目没有顺序地排列，也可以为每个项目赋予编号后再进行排列。一般情况下，没有顺序的排列方式称为无序列表，也称项目列表，如图 4.12 所示；而赋予编号排列的方式称为有序列表，也称编号列表，如图 4.13 所示。还可以由用户自定义列表，不使用项目符号点或数字这样的前导字符，并且通常用于词汇表或说明。

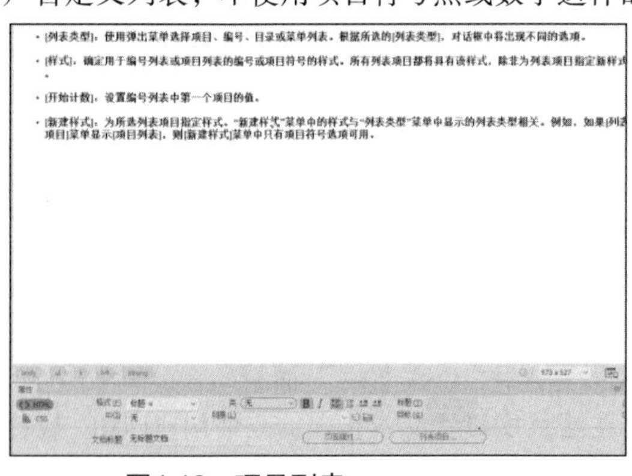

图4.12　项目列表

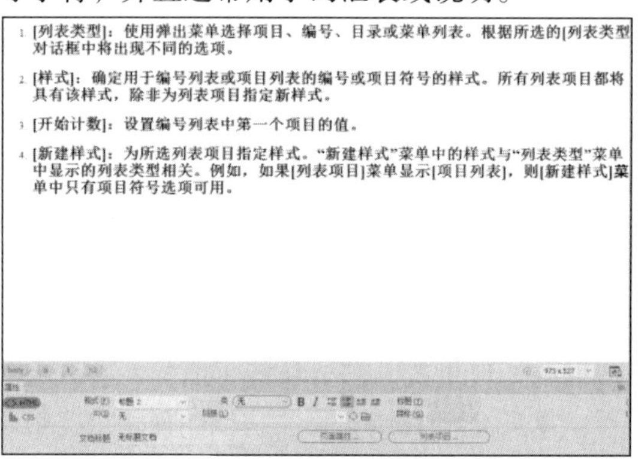

图4.13　编号列表

列表可以嵌套，嵌套列表是包含其他列表的列表。

使用“列表属性”对话框可以设置整个列表或个别列表项目的外观。可以为个别列表项目或整个列表设置编号样式、重设编号或设置项目符号样式选项。

1. 创建新列表

在 Dreamweaver CC 2018 中，将插入点放置在要添加列表之处，然后执行以下某项操作可以实现：

（1）在 HTML 属性检查器中，单击“编号列表”或“列表项目”。

（2）选择“插入”面板→HTML 命令，然后选择所需的列表类型：“项目列表”、“编号列表”或“列表项”。

输入完某一列表项目文本并换行后，在下一行创建该列表的下一项文本，可以继续输入，若要结束该列表，按两次【Enter】键即可。

2. 使用现有文本创建列表

在 Dreamweaver CC 2018 中，可以将一系列段落创建为列表。选中若干段落之后，再选择“插入”面板→“HTML”→“项目列表”/“编号列表”/“列表项目”命令即可。

3. 创建嵌套列表

在 Dreamweaver CC 2018 中，选择要嵌套的列表项目，再选择“编辑”→“文本”→“缩进”命令或单击“属性”面板上的“缩进”按钮，将缩进文本并创建一个单独的列表，该列表具有原始列表的 HTML 属性。

4. 设置整个列表的属性

在 Dreamweaver CC 2018 中，对列表进行属性设置，需要该列表至少有一个项目的文字。将插入点放到列表项目的文本中，然后单击“属性”面板右下方的“列表项目”按钮（见图 4.12）；

或右击，在弹出的快捷菜单中选择“列表”→“属性”命令；或者选择“编辑”→“列表”→“属性”命令。系统将打开“列表属性”对话框，如图 4.14 所示。具体参数的含义如下：

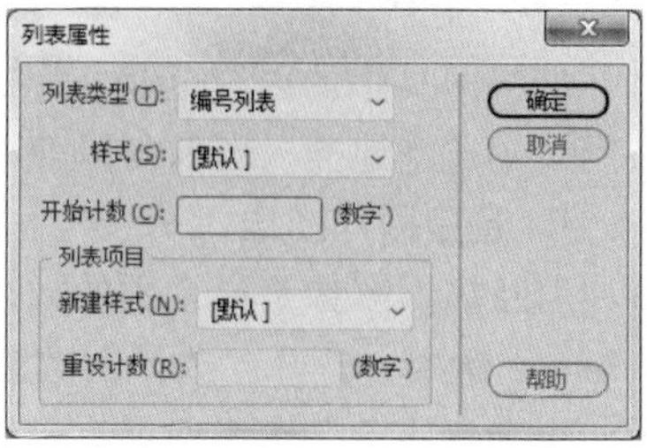

- 列表类型：指定列表属性，而“列表项目”指定列表中的个别项目。使用弹出菜单选择项目、编号、目录或菜单列表。根据所选的“列表类型”，对话框中将出现不同的选项。
- 样式：确定用于编号列表或项目列表的编号或项目符号的样式。所有列表项目都将具有该样式，除非为列表项目指定新样式。
- 开始计数：设置编号列表中第一个项目的值。
- 新建样式：为所选列表项目指定样式。“新建样式”菜单中的样式与“列表类型”菜单中显示的列表类型相关。例如，如果“列表项目”菜单显示“项目列表”，则“新建样式”菜单中只有项目符号选项可用。
- 重设计数：设置用来从其开始为列表项目编号的特定数字。

图4.14　“列表属性”对话框

4.3　图像的使用

图像是多媒体元素的代表之一，正因为网页中有了图像，才使得整个互联网丰富多彩。制作精美的图像可以大大增强网页的视觉效果。在网页中插入图像通常用于展示具有视觉冲击力的内容、添加交互式设计元素或者作为图形界面元素。

4.3.1　网页中的图像格式

网页中最常用的图像文件的格式有 JPEG（JPG）、GIF 和 PNG 3 种。

1. JPEG（JPG）

JPEG（Joint Photographic Experts Group，联合图像专家组）格式是常用的网页文件格式。JPEG 文件的扩展名为.jpg 或.jpeg，其压缩技术十分先进，使用有损压缩的方式去除冗余的图像和彩色数据，在获取极高压缩率的同时能展现十分丰富生动的图像，因此特别适合在网上发布。

JPEG 图形文件格式支持大约 1 670 万种颜色，可以很好地再现摄影图像，尤其是色彩丰富的大自然照片。同时，JPEG 格式支持很高的压缩率，文件占用磁盘空间小。一般需要展示较多色彩和色彩的层次感时，使用此种格式。

2. GIF

网页中最常用的图像格式是 GIF(Graphical Interchange Format，可交换的图像格式)。使用 GIF 格式的图像最多可以显示 256 种颜色。此格式的特点是图像文件占用磁盘空间小，支持透明背景和动画。一般在色彩要求不多，或者还需要有点动画时使用此种格式。

3. PNG

PNG（Portable Network Graphic，可移植网络图形）开发于 1995 年。它是一种新的无显示质量损耗的文件格式。PNG 格式汲取了 GIF 和 JPEG 二者的优点，存储形式丰富，兼有 GIF 和 JPEG 的色彩模式。PNG 格式还能把图像文件大小压缩到极限以利于网络的传输，却不失真。PNG 采用无损压缩方式来减少文件的大小，在这方面与牺牲图像品质以换取高压缩率的 JPEG 格式相比有所不同。PNG 支持透明背景。

4.3.2 插入图像

如果网页中的内容全是文字，很难吸引浏览者的眼球，一个漂亮的网页通常是图文并茂的。在网页中适当地插入图像可以使网页增色不少，更重要的是可以借此直观地向浏览者表达信息。

1. 直接插入图像

直接插入图像是最常用的插入图像方法。将光标移至所需插入图像的位置，选择“插入”HTML→Image 命令，打开“选择图像源文件”对话框，如图 4.15 所示。在该对话框中，选中图像文件后，单击“确定”按钮即可。

图4.15 “选择图像源文件”对话框

2. 设置网页背景图像

在 Dreamweaver CC 2018 中，通过设置页面属性，可以将某个图像文件设置为网页的背景图像。

【例 4.2】新建一个网页文档，设置页面背景图片，并在网页中插入一个透明的 PNG 图像文件。

（1）新建一个网页文档，在“属性”面板单击“页面属性”按钮，打开“页面属性”对话框。

（2）默认打开的是“外观”分类选项，单击“背景图像”文本框右侧的“浏览”按钮，（见图 4.16），打开“选择图像源文件”对话框。

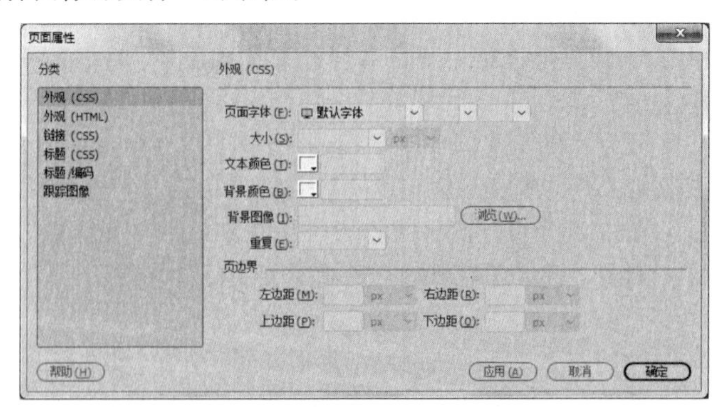

图4.16 “页面属性”对话框

（3）选择要设置为网页背景图像的文件，单击“确定”按钮，返回“页面属性”对话框。

（4）如果要设置背景图片重复的效果，可在“页面属性”对话框的“重复”下拉列表框中选择不同的选项，如图 4.17 所示。

- repeat：整页平铺背景图像。
- repeat-x：只在 X 轴方向平铺背景图像。
- repeat-y：只在 Y 轴方向平铺背景图像。
- no-repeat：不重复，只显示一个背景图像。

（5）默认“重复”选项是 repeat，此时网页效果如图 4.18 所示。

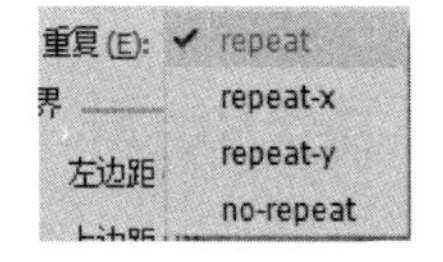

图4.17 “重复”下拉列表框

图4.18 设置背景图像效果

（6）选择“插入”→Image 命令，在网页中插入一个 PNG 小猫图像，如图 4.19 所示。

图4.19 插入PNG图像效果

4.3.3 应用鼠标经过图像

鼠标经过图像时由原始图像和鼠标经过图像两个图像文件组成，功能是当鼠标经过原始图像上方时，原始图像变成另一张图像，因此组成鼠标经过图像的两张图像一般应该是相同大小。如果两张图像大小不同，系统会自动按照原始图像的大小来调整鼠标经过图像。鼠标经过图像多用于达到进入某栏目的按钮。

选择“插入”→“HTML”→“鼠标经过图像”命令，打开“插入鼠标经过图像”对话框，如图 4.20 所示。

其中参数选项的含义如下：

- 图像名称：可在文本框中输入名称。

- 原始图像：单击右侧的“浏览”按钮，在打开的“原始图像”对话框中，选择原始图像，如图 4.21 所示。

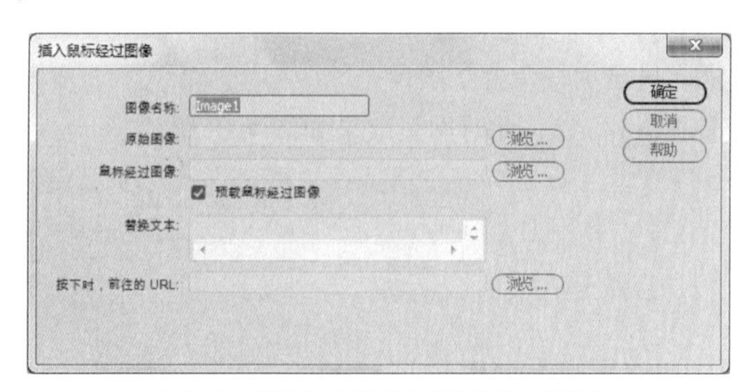

图4.20 “插入鼠标经过图像”对话框

- 鼠标经过图像：单击右侧的“浏览”按钮，在打开的“鼠标经过图像”对话框中，选择鼠标经过的图像，如图 4.22 所示。

图4.21 “原始图像”对话框

图4.22 “鼠标经过图像”对话框

- 预载鼠标经过图像：选中该复选框，可以预先加载图像到浏览器的缓存中，加快图像显示速度。
- 替换文本：当鼠标经过图像不能正常显示时，显示文本框输入的文字。
- 按下时，前往的 URL：相当于超链接，可以在鼠标按下时跳转到指定的 URL。

4.4 编辑图像

Dreamweaver CC 2018 提供了基本的图像编辑功能，无须使用外部图像编辑应用程序即可修改图像。在 Dreamweaver 中对图像进行重新取样并裁切、优化和锐化图像，还可以调整图像的亮度和对比度。

4.4.1 设置图像属性

选中图像后，在“属性”面板允许设置图像的属性，如图 4.23 所示。如果并未看到所有的图像属性，可单击位于右下角的展开箭头。

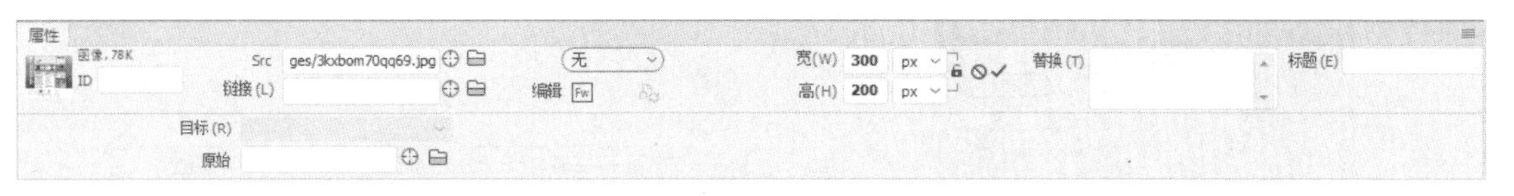

图4.23　图像文件“属性”面板

其中参数选项的含义如下：

- “宽和高”属性：图像的宽度和高度，以像素表示。在页面中插入图像时，Dreamweaver CC 2018 会自动用图像的原始尺寸更新这些数据。

如果设置的“宽”和“高”值与图像的实际宽度和高度不相符，则该图像将无法在浏览器中正确显示。如需恢复原始值，可单击“宽”和“高”文本框，或单击“宽”和“高”文本框右侧的“重置为原始大小”按钮⊘。如果需提交设置的宽度和高度，则单击“提交图像大小”按钮✓。

注意： 通过更改这些值缩放图像的显示大小，但是不会缩短下载时间，因为浏览器会先下载所有图像数据，然后再缩放图像。如需缩短下载时间并确保所有图像实例均以相同大小显示，可使用外部图像编辑应用程序缩放图像。

- Src 文本框（源文件）：指定图像的源文件。单击文件夹图标浏览源文件，或者输入路径，或将“指向文件”图标拖动到“文件”面板中的某个图像文件。
- “链接”文本框：指定图像的超链接。将“指向文件”图标拖动到“文件”面板中的某个文件。单击文件夹图标，浏览到站点上的某个文档，或手动输入 URL。
- 替换：指定在只显示文本的浏览器或已设置为手动下载图像的浏览器中代替图像显示的替换文本。
- “地图”名称和“热点”工具：允许标注和创建客户端图像地图。

4.4.2　内部编辑器

Dreamweaver CC 2018 集成了 Fireworks 的基本图像编辑技术，可以不用借助外部图形图像编辑软件（如 Photoshop 等），直接对图形进行基础的图像编辑。

选中网页文档中的图像，在“属性”面板中部，可以看到“编辑”系列按钮（见图 4.23）。

- “编辑”按钮Fw：如果安装了 Fireworks，将调用 Fireworks 程序对所选图像文件进行编辑。
- “编辑图像设置”按钮：单击此按钮将打开“图像优化”对话框，如图 4.24 所示。可以在其中选择一个预置，指定文件格式，然后指定品质级别。当移动品质级别的滑块时，可以在对话框中看到图像的文件大小。完成后单击“确定”按钮。
- “裁剪”按钮：通过减小图像区域编辑图像。可以使用裁切来强调图像的主题，并删除要强调的内容周围的多余部分。

裁剪图像时，会更改磁盘上的源图像文件。如果必须恢复为原始图像，建议为图像文件保留一份备份副本。

【例 4.3】对网页文件中的图像执行裁切操作。

（1）打开包含要裁切的图像的页面，选择图像，单击“属性”面板中的“裁剪”按钮，或者选择“编辑”→“图像”→“裁剪”命令，打开永久性改变警告对话框，单击“确定”按钮，如图 4.25 所示。

（2）所选图像周围会出现裁剪控制柄，如图 4.26 所示。

（3）调整裁切控制柄直到边界框包含的图像区域符合所需大小。

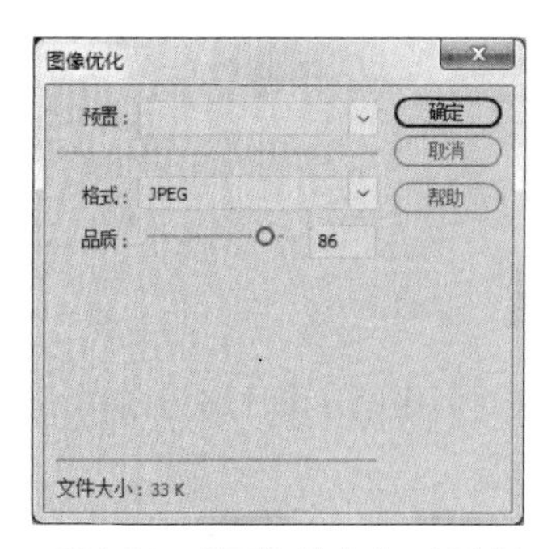

图4.24 “图像优化”对话框

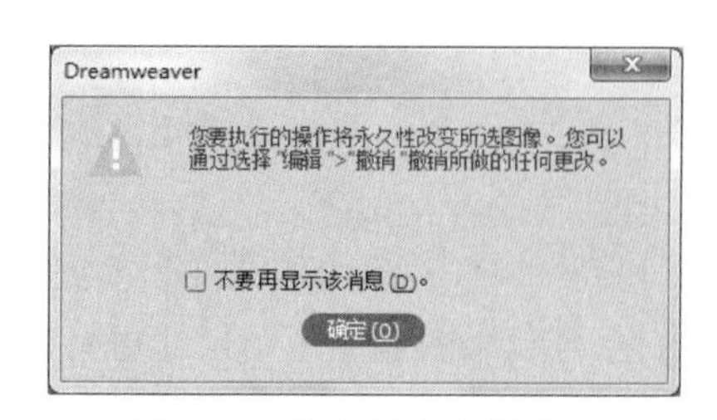

图4.25 永久性改变警告

（4）在边界框内部双击或按【Enter】键裁切选定内容。所选位图的定界框外的所有像素都将被删除，但图像中的其他对象会被保留。

图4.26 裁剪图像

- “重新取样”按钮 ：添加或减少已调整大小的 JPEG 和 GIF 图像文件的像素，以与原始图像的外观尽可能地匹配。对图像进行重新取样会减小该图像的文件大小并提高下载性能。

在 Dreamweaver CC 2018 中调整图像大小时，可以对图像进行重新取样，以适应其新尺寸。对位图对象进行重新取样时，会在图像中添加或删除像素，以使其变大或变小。对图像进行重新取样以取得更高的分辨率一般不会导致品质下降。但重新取样以取得较低的分辨率总会导致数据丢失，并且通常会使品质下降。

- “亮度和对比度”按钮 ：单击此按钮将打开“亮度/对比度”对话框，如图 4.27 所示。可以修改图像中像素的对比度或亮度。亮度和对比度会影响图像的高亮、阴影和中间色调。修正过暗或过亮的图像时通常使用“亮度/对比度”按钮。
- “锐化”按钮 ：单击此按钮将打开“锐化”对话框，如图 4.28 所示。可以通过增加图像中边缘的对比度调整图像的焦点。扫描图像或拍摄数码照片时，大多数图像捕获软件的默认操作是柔化图像中各对象的边缘。这样扫描可以防止特别精细的细节从组成数码图像的像素中丢失。不过，要显示数字图像文件中的细节，往往需要锐化图像。使用“锐化”选项会增加边缘对比度，使图像更加清晰。

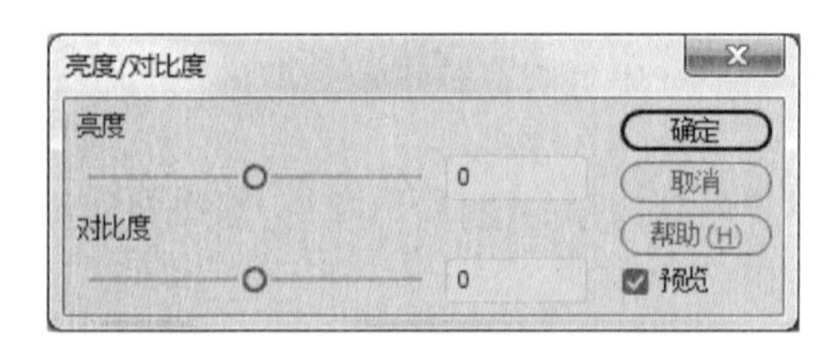

图4.27 “亮度/对比度”对话框

图4.28 “锐化”对话框

注意：Dreamweaver CC 2018 图像编辑功能仅适用于 JPEG、GIF 和 PNG 图像文件格式。其他位图图像文件格式不能使用这些图像编辑功能进行编辑。

4.5 HTML 中的文本与图像

1. HTML 中的标题

HTML 中的标题（Heading）是通过<h1> ~ <h6>标签进行定义的。<h1>定义最大的标题；<h6>定义最小的标题。在进行网页设计时，不要仅仅为了生成粗体或大号的文本而使用标题，要注意将 HTML 标题标签只用于标题。因为搜索引擎使用标题为网页的结构和内容编制索引，而且用户可以通过标题来快速浏览网页，所以用标题来呈现文档结构很重要。

注意：应该将 h1 用作主标题（最重要的），其次是 h2（次重要的），再其次是 h3，依此类推。

2. HTML 中的注释

可以将注释插入 HTML 代码中，这样可以提高其可读性，使代码更易被人理解。浏览器会忽略注释，也不会显示它们。

注释写法为：<!--这是一个注释-->。合理地使用注释可以对未来的代码编辑工作产生帮助。

3. HTML 中的段落

HTML 可以将文档分割为若干段落。段落是通过<p>标签定义的，浏览器会自动地在段落的前后添加空行，但不要依赖这种做法。忘记使用结束标签会产生意想不到的结果和错误。如果希望在不产生一个新段落的情况下进行换行（新行），请使用
 标签。

4. HTML 格式化标签

HTML 使用标签<b>("bold") 与<i>("italic") 对输出的文本进行格式设置，如粗体或斜体。这些 HTML 标签称为格式化标签。

5. HTML 中的图像

在 HTML 中，图像由<img>标签定义。<img>是空标签，它只包含属性，并且没有闭合标签。要在页面上显示图像，需要使用源属性（src）。源属性的值是图像的 URL 地址。

- HTML 图像——Alt 属性：用来为图像定义一串预备的可替换的文本。替换文本属性的值是用户定义的。在浏览器无法载入图像时，替换文本属性告诉浏览者失去了什么信息。此时，浏览器将显示这个替代性的文本而不是图像。为页面上的图像都加上替换文本属性是个好习惯，这样有助于更好地显示信息，并且对于那些使用纯文本浏览器的人来说是非常有用的。
- HTML 图像——设置图像的高度与宽度：height（高度）与 width（宽度）属性用于设置图像的高度与宽度，属性值默认单位为像素。

4.6 上机练习

本章的上机练习主要是在上一章完成网页布局的基础上，插入文本和图像，制作一个基本网页，并应用鼠标经过图像制作相关目录的进入按钮。对于其他内容，读者可以根据相应内容和例题进行练习。

【例 4.4】 在上一章例 3.4 所完成布局的网页文件 index 的基础上，制作网站主页。

（1）打开 Dreamweaver CC 2018，默认在右侧显示“文件”面板。如果是在公共机房上机的读者请参阅第 2 章上机练习部分内容，将前期完成的网站文件夹打开，继续制作网站。

（2）在“文件”面板，可以看到“本地文件”中的目录和文件，如图 4.29 所示。找到并双击 index.html 文件，将其在“文档”窗口打开。

（3）单布局表格的第一行，选择“插入”→Image 命令，在打开的“选择图像源文件”对话框中，找到 images 目录下的 logo 图像，单击“确定”按钮，如图 4.30 所示。

（4）此时，图像文件已经插入，但是在网页最上方是靠左显示的，如图 4.31 所示。单击图像所在单元格，在“属性”面板中设置“水平”属性为“居中对齐”，logo 图像将显示在正中。

（5）在每一窄行分别添加水平线。单击第二行第一列的单元格，选择“插入”→HTML→“水平线”命令，并在“属性”面板中设置“宽”为“90%”，效果如图 4.32 所示。

（6）依次执行步骤（5）插入各个水平线，并设置宽度为 90%；也可将已经插入的水平线复制、粘贴到所需位置。此时读者不难发现，所有窄行的表格都显示只有水平线的高度。

图4.29 “文件”面板

图4.30 “选择图像源文件”对话框

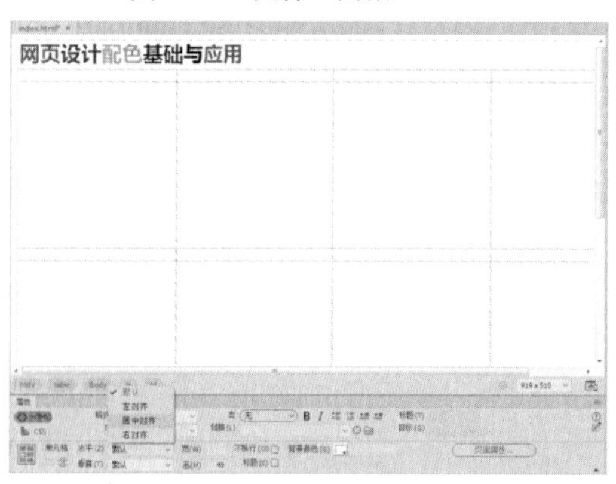

图4.31 设置居中对齐

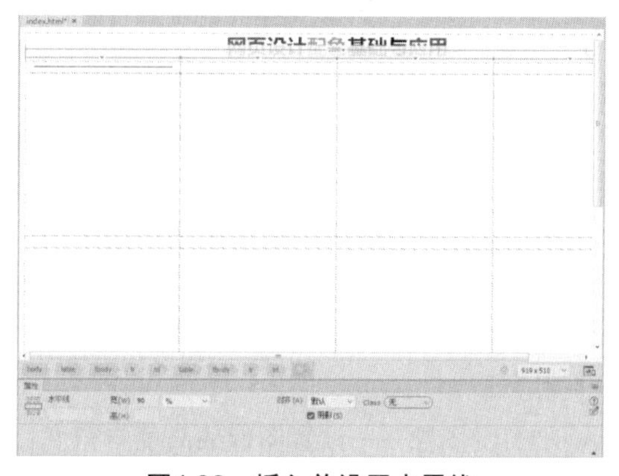

图4.32 插入并设置水平线

（7）前期插入的整体布局表格宽度为 1 000 像素。布局每行 4 个栏目，每个栏目将在主页以左图右文字的形式展示部分内容。每个栏目左侧 1 列展示图像、右侧 1 列展示文字简介。因此，在每个水平线下方的单元格中，要再嵌套一个 1 行 2 列的表格。4 个栏目，共 8 列，因此每个单元格的宽度是 1 000/8 像素。

（8）将所有新插入的嵌套表格的所有单元格“垂直”属性设置为“顶端对齐”，每个单元格“宽”属性设置为“125”像素，完成后效果如图 4.33 所示。在插入第一个嵌套表格时，可能发生右侧表格宽度失调的情况，读者可以暂时忽略。当在本行的所有单元格中都插入了相同的嵌套表格之后，宽度将恢复均分的状态。

（9）选择第 1 列单元格，选择“插入”→HTML→“鼠标经过图像”命令，打开“插入鼠标经过图像”对话框，插入第 1 个栏目的鼠标经过图像，原始文件为 1001.jpg 图像，鼠标经过图像为 1002.jpg 图像，如图 4.34 所示。

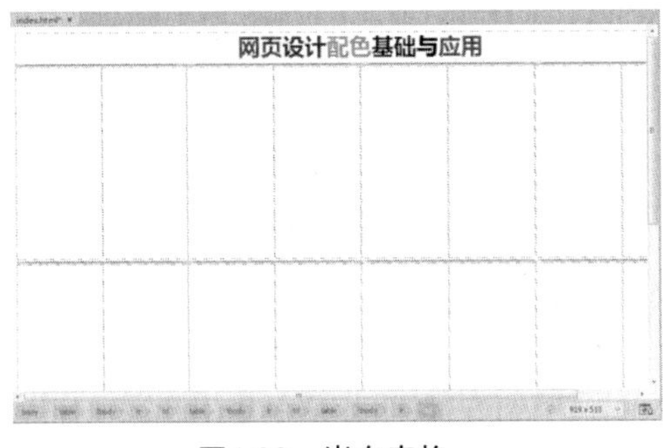

图4.33　嵌套表格

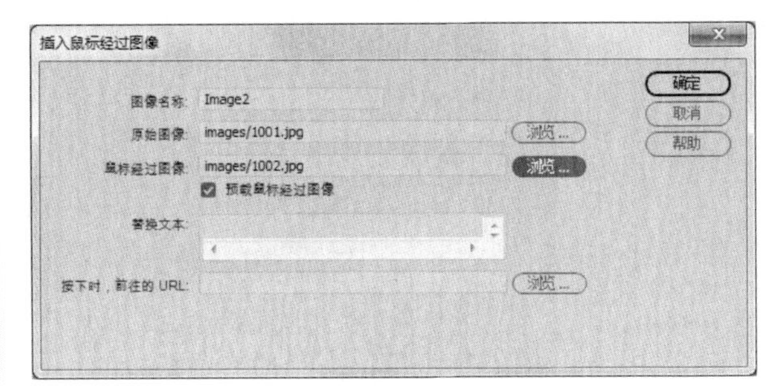

图4.34　“插入鼠标经过图像”对话框

（10）插入的鼠标经过图像宽度应为125像素，如果事先准备的图像文件宽度不符合，可以修改图像大小。

（11）选中鼠标经过图像，在下方的“属性”面板可以看到图像的大小，如果需要调整，应该约束好图像的宽高比例，如图4.35所示。单击“切换尺寸约束”按钮，使其变化为闭合的锁状，然后将原值为175的“宽”值修改为125。此时，读者可以看到“高”的数值会自动改变。

图4.35　修改图像大小时约束宽高比例

（12）依次插入第2、3、4栏目的鼠标经过图像，并在约束比例的情况下，将鼠标经过图像的“宽”设置为125。在插入过程中布局表格宽度可能会因为插入图像文件的宽度超宽而发生变化，读者可以忽略这种变化，当该行的4个栏目插入的鼠标经过图像都修改好宽度后，每个单元格仍然是125像素的宽度。

（13）此时，可以单击右侧“文件”面板右上角的“折叠为图标”按钮，在“文档”窗口将显示网页的整个宽度，如图4.36所示。因为还没有插入每个栏目的文字简介，因此，各个栏目内部两列未能平均分配宽度。

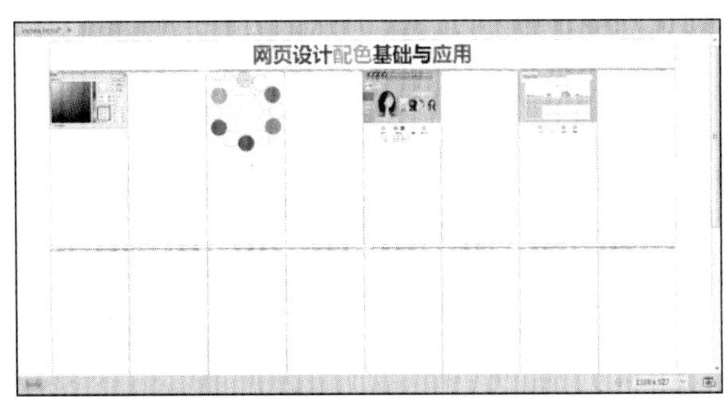

图4.36　步骤（13）网页效果

（14）单击各个需要插入文字介绍的单元格，分别输入相应栏目的简介文字。第一行4个栏目完成编辑。单击“状态栏”右侧的“实施预览”按钮，在打开的“预览”菜单中选择“在浏览器中预览”→Internet Explorer，如图4.37所示。

（15）此时，在打开的提示对话框中单击“是”按钮，如图4.38所示。保存网页文件后，将激活Internet Explorer浏览器，显示主页的阶段性效果，如图4.39所示。当鼠标指向图像上方时，可以观察到图像文件发生变化，如图4.40所示。

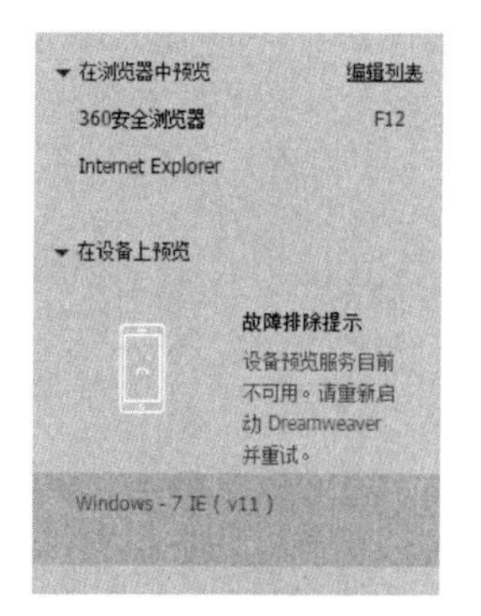

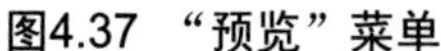

图4.37 “预览”菜单

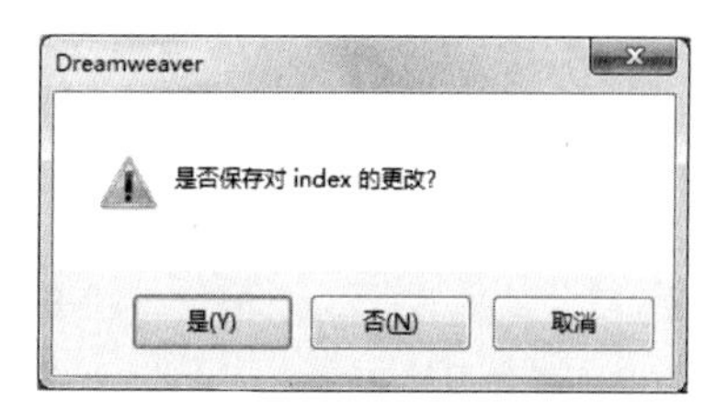

图4.38 是否保存提示框

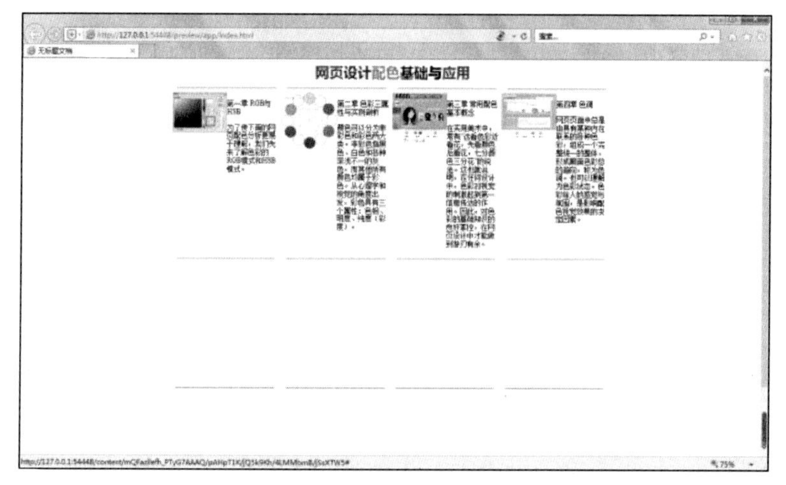

图4.39 在浏览器中预览

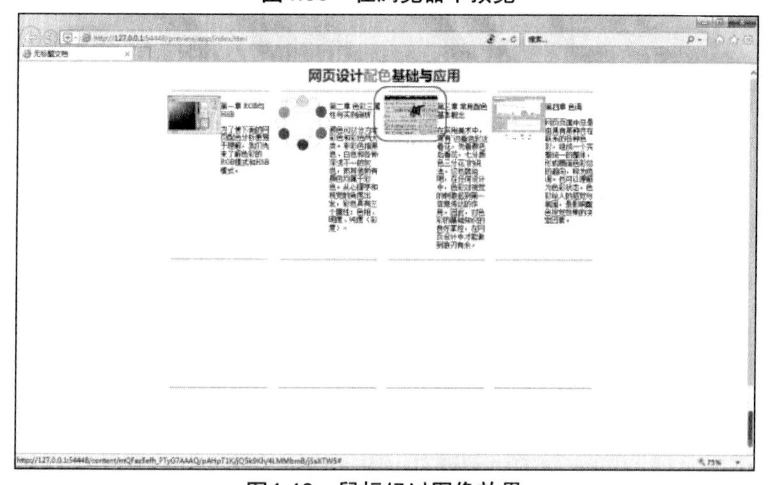

图4.40 鼠标经过图像效果

（16）可以看到主页的主体部分，居中显示在浏览器中间。后续继续重复步骤（9）~（15），将其他栏目相应的鼠标经过图像和文字简介插入网页文件，即可完成主体部分。在 Internet Explorer 浏览器预览效果，如图 4.41 所示。

（17）在布局表格的最下一行，设置单元格“水平”属性为“居中对齐”，并插入版权说明和联系方式等文字，预览效果如图 4.42 所示。其中版权符号可以选择“插入”→HTML→“字符”→“版权”命令得到。

（18）主页到此，完成了文字和图像文件的插入。更多文字的格式设置可参考后续相关章节。

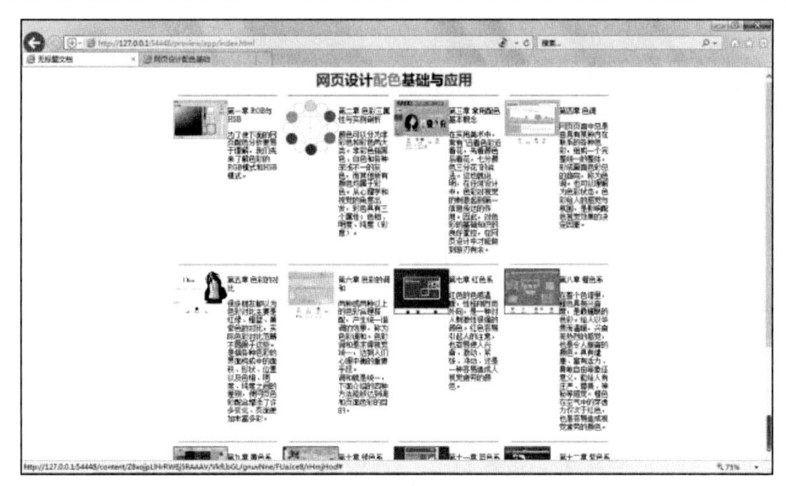

图4.41　预览效果

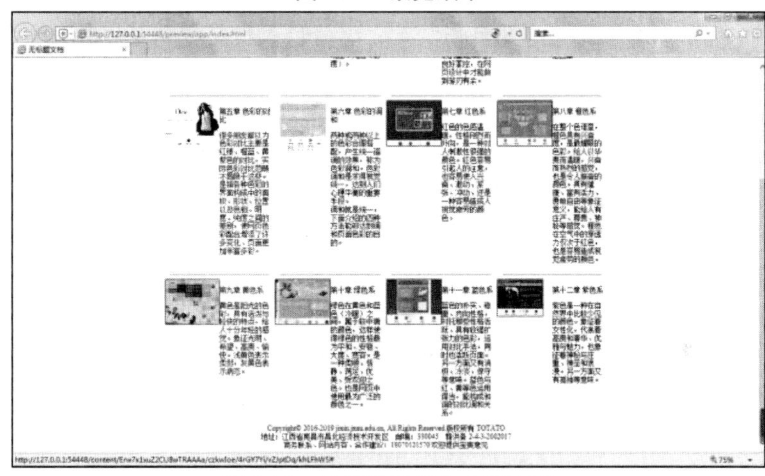

图4.42　版权说明等文字预览图

习题

一、填空题

1. 新建文档之后，默认情况下，属性面板显示的是______________。
2. 如果不想在段落间留有空行，可以按______________组合键。

二、选择题

1. 制作网页时使用“插入日期”说法错误的是（　　）。
   A. Dreamweaver 提供了一个方便的日期对象
   B. 该对象使用户可以任何喜欢的格式插入当前日期
   C. 该对象只能包含日期，不能包含时间
   D. 用户可以选择在每次保存文件时都自动更新该日期
2. 关于创建项目列表和编号列表的说法中错误的是（　　）。
   A. 在“文档”窗口中输入时，可以用现有文本或新文本创建编号（排序）列表、项目符号（不排序）列表和定义列表

B. 定义列表不使用项目符号点或数字这样的前导字符，通常用在词汇表或说明中

C. 列表不可以嵌套

D. 嵌套列表是包含其他列表的列表

3. 有序列表的 HTML 标签是（　　）。

A. ol　　B. ul　　C. oi　　D. li

4. 若要创建新列表，以下操作中错误的是（　　）。

A. 在 Dreamweaver 文档中，将插入点放在要添加列表的位置

B. 选择“文本”→“列表”，然后选择所需的列表类型：“不排序（项目）列表”、“排序（编号）列表”或“定义列表”

C. 输入列表项文本，然后按【Enter】键创建其他列表项

D. 若要完成列表，按三次【Enter】键

5. 下列关于在网页中使用和修改水平线的说法错误的是（　　）。

A. 水平线对于组织信息不是很有用

B. 在页面上，可以使用一条或多条水平线以可视方式分隔文本和对象

C. 宽和高以像素为单位或以页面尺寸百分比的形式指定水平线的宽度和高度

D. 阴影指定绘制水平线时是否带阴影，取消选择此选项将使用纯色绘制水平线

6. 以下（　　）视图属于“文件”面板视图列表的视图类型。

A. 本地视图　　B. 地图视图　　C. Web 视图　　D. 大纲视图

7. 在 Dreamweaver 中，下面对文本和图像设置超链接说法错误的是（　　）。

A. 选中要设置成超链接的文字或图像，然后在属性面板的链接栏中输入相应的 URL 地址即可

B. 属性面板的链接栏中输入相应的 URL 地址格式，可以是 www.itom.com.cn

C. 设置好后在编辑窗口的空白处单击，可以发现选中的文本变为蓝色，并出现下画线

D. 设置超链接的方法不止一种

8. HTML 文本显示状态代码中，<U></U>表示（　　）。

A. 文本加粗　　B. 文本斜体　　C. 文本加注底线　　D. 删除线

9. 在“水平线”属性面板中，不能设置水平线的（　　）。

A. 宽度　　B. 高度　　C. 颜色　　D. 阴影

三、问答题

1. 网页中常见的图像格式有哪些？

2. 在输入文本过程中，可以用【Enter】键来分段，如果想将一整段文字强行分成多行，应该如何操作？

四、操作题

练习鼠标经过图像的使用。

第 5 章

制作精美内容网页

本章重点

主页制作完之后，快速地制作内容网页，学会网页复用，提高制作内容网页的效率。除此之外，网页内容还可以加入 Flash 动画、音乐、Java Applet 等动态元素和网页特效，可以使网页更具动感效果，让网页更加精美。

本章主要介绍 Dreamweaver CC 2018 中如何插入多媒体元素来设计精美内容网页；另外，还要求读者掌握重复使用网页部分内容，从而提高内容网页的制作效率。

学习目标

- 网页复用；
- 自制导航条；
- 在网页插入 Flash 动画；
- 插入其他媒体文件；
- 插入声音文件；
- 应用网页特效。

5.1 网页复用

在内容网页的制作过程中不难发现，一般来说网站的主页和内容网页，或者内容网页和目录的主网页之间总有一些地方几乎是不会变化的。这些几乎不会变化的部分就可以重复使用，提高制作内容网页的效率。后续章节将介绍的模板就是网页复用思维的具体表现，但是如果改动比较大，则不建议采用模板。

【例 5.1】在已有主页的基础上，利用复用思维，创建内容网页。

（1）在 Dreamweaver CC 2018 中，进入站点，打开已有主页 index.html 文件。通过观察发现，网页最上方和最下方的内容在其他内容网页需要保留。

（2）将不需要的内容删除，选择“文件”→“另存为”命令。在打开的“另存为”对话框中，命名为 RGB01，然后单击“保存”按钮，如图 5.1 所示。

（3）此时，布局表格的最外层还在，如图 5.2 所示。适当调整表格各行的高度，进行内容网页布局。第二行用于放置整个网站的目录结构，也就是后续小节的自制导航条；第三行用于放置明确本页面所在网站的位置；第四行为页面的主体内容区域。

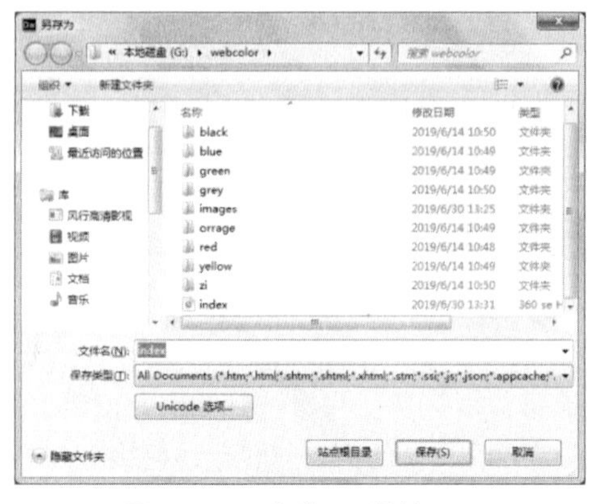

图5.1 “另存为”对话框

图5.2 新网页保留部分内容

（4）分别在网页位置和主体内容区域插入相应表格、文本、图像后，就可以快速得到一个内容网页的初稿。预览效果如图 5.3 所示。

图5.3 插入文本后的内容网页预览效果

（5）空白区域的内容暂时缺少，在后续小结逐步完成。这是利用复用主页 index.html 部分内容快速得到第一个目录的第一个网页文件。

（6）考虑到要将主体内容和空白区域间隔开，可以通过插入水平线来实现。也可以将主体内容和导航区域之间的一行表格设置不同颜色用于间隔。本例题采用后一种方法。

（7）选中空白区域下一行单元格，单击“属性”面板下方的“背景颜色”按钮，在弹出的“选色器”中选择合适的颜色（见图 5.4）后，按【Enter】键即可。完成后的效果如图 5.5 所示。

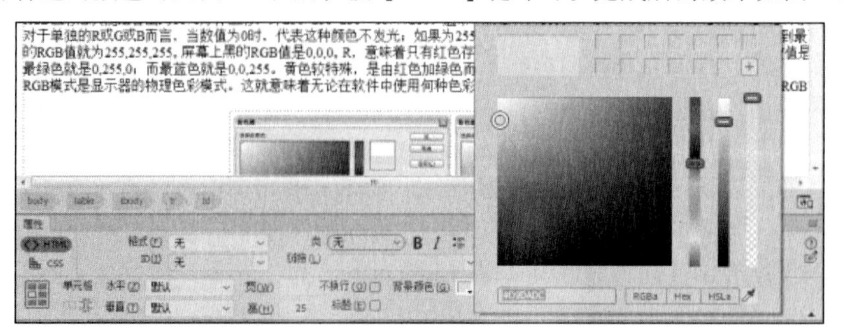

图5.4 设置分隔单元格背景颜色

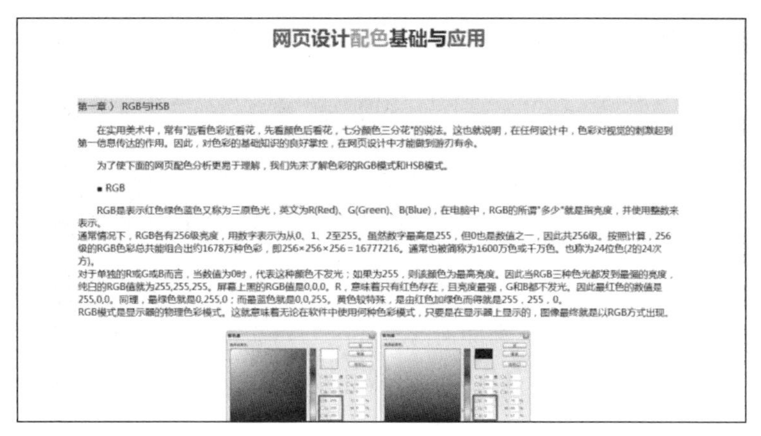

图5.5　设置分隔色块后效果图

5.2　自制导航条

Dreamweaver CC 2018 取消了导航条功能，但是在网站设计工作中，发现网站中的所有网页中都应该有一个像图书目录的部分，用于全面了解网站目录结构，也方便快速跳转到所需的页面。因此，本章单列此小节，以保证网站的使用方便快捷。

5.2.1　文本导航条

导航条可以使用文本制作的一个目录，再加上后续超链接相关内容就可以方便地实现跳转功能。

【例 5.2】为例 5.1 制作的 RGB01.html 文件制作文本导航条。

（1）打开 RGB01.html 网页文件，在预留做导航条的空白单元格插入表格。表格的行列根据网站目录结构设置，此处插入 2 行 6 列的表格。

（2）选择“插入”→Table 命令，打开 Table 对话框，设置“行数”为 2，“列”为 6，“表格宽度”为 100%，“边框粗细”为 0，“单元格边距”为 0，“单元格间距”为 0，如图 5.6 所示。

（3）调整外层单元格的高度，与所插入表格匹配。

（4）分别在各个单元格输入网站规划时设置的目录名称，并设置为“粗体”，预览效果如图 5.7 所示。在学习后续超链接知识之后，就可以真正实现导航功能。

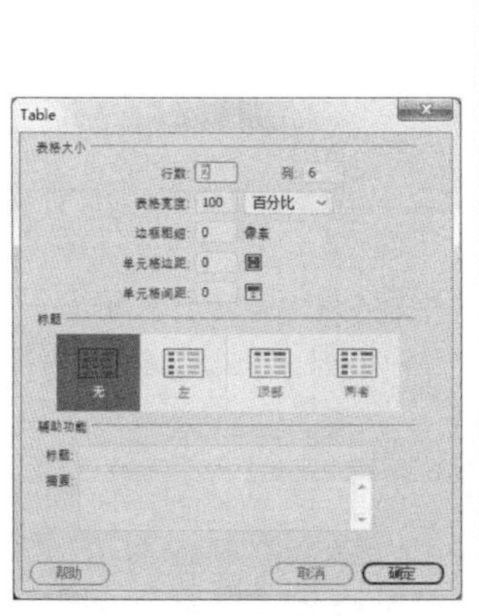

图5.6　Table对话框

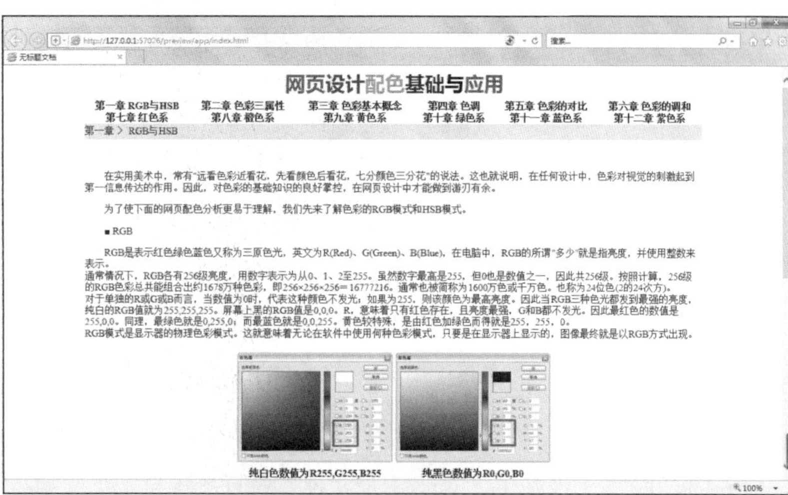

图5.7　文本导航条

5.2.2 图像导航条

可以利用文本创建导航条，在事先准备好图像文件的前提下也可以用图像文件或鼠标经过图像创建导航条。

【例 5.3】为某栏目创建该栏目的图像导航条。

（1）打开例 5.2 完成的 RGB01.html 文件，将其另存为 red 文件夹下的 Red 文件。根据前文，对于有较多内容、相对独立的栏目，在规划站点时，设置单独的文件夹用于存放相关的各种文件。因此，规划站点时，已经创建了 red 文件夹用于存放此栏目。同样，事先准备好用于导航的图像文件，也应该存放在该目录下的 images 文件夹内。

（2）参照 5.1 节的方法，删除主体内容，将网页位置修改为“第七章红色系”，上方表格中的文本导航暂时不变。

（3）将空白区域的一个大单元格拆分成两列，左侧 1 列用于竖排若干导航图像，右侧 1 列则为主体内容区域。单击空白单元格，在“属性”面板左下角单击“拆分单元格为行或列”按钮，在打开的“拆分单元格”对话框中选中“列”单选按钮后，在下方设置“列数”为 2，如图 5.8 所示。

（4）单击“确定”按钮，空白单元格已经拆分成两列，调整左侧单元格的“宽”为 125 像素，右侧单元格“宽”为 875 像素，如图 5.9 所示。

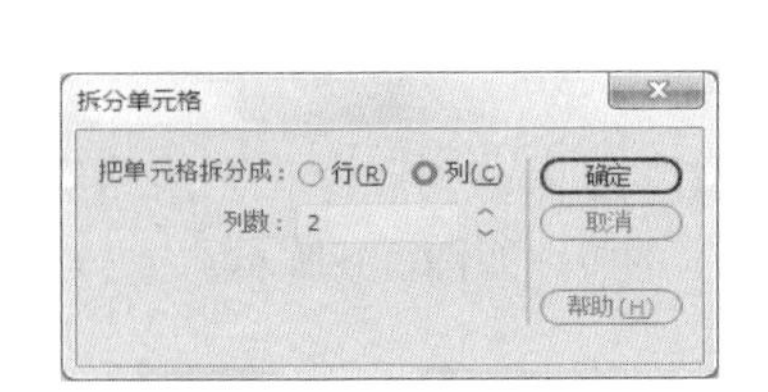

图5.8 “拆分单元格”对话框

图5.9 设置单元格宽度

（5）此目录下，预计有 8 个页面，因此，左侧单元格内嵌套一个 9 行 1 列的表格，第 1 行用于留白，其他 8 行用于安排竖向导航条，高度暂时不考虑调整，如图 5.10 所示。

图5.10 插入表格

（6）展开“文件”面板，在“本地文件”栏目下找到 red 文件夹，双击展开，再进入 images 文件夹，可以看到事先准备好的导航图像正在其中，如图 5.11 所示。可以将“本地文件”中的图像文件图标直接拖放到对应的单元格中，完成插入图像文件的操作。

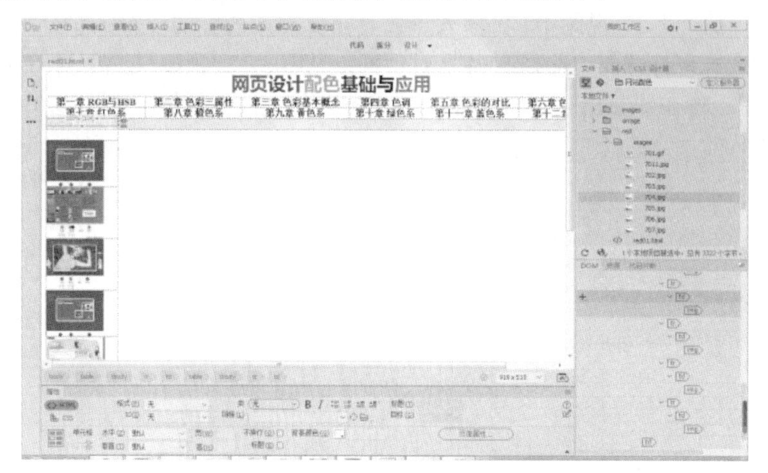

图5.11　从“本地文件”中拖放图像文件

（7）选中图像文件所在的整列表格，修改“水平”属性为“居中对齐”。到此为止，本栏目的图像导航条的制作完毕，超链接的设置将在后续章节完成。

读者也可以使用鼠标经过图像来自制导航条。

5.3　插入Flash动画

Flash 动画是网页上最流行的动画格式。在 Dreamweaver CC 2018 中，Flash 动画也是最常用的多媒体插件之一，它将声音、图像和动画等内容加入到一个文件中，同时使用了优化的算法将多媒体数据进行压缩，使文件变得很小，因此非常适合在网上传播。

5.3.1　认识Flash文件

常用的 Flash 文件有以下几种，有些可以在网页中直接使用，有些则不能。

1. FLA 文件（.fla）

FLA 文件是 Flash 的源文件，使用 Flash 创作工具创建。此类型的文件只能在 Flash 中打开（而无法在 Dreamweaver CC 2018 或浏览器中打开）。需要时，可以在 Flash 中打开 FLA 文件，然后将其发布为 SWF 或 SWT 文件以在浏览器中使用。

2. SWF 文件（.swf）

SWF 文件是 FLA (.fla) 文件的编译版本，已进行优化，可以在 Web 上查看。SWF 文件可以在浏览器中播放并且可以在 Dreamweaver CC 2018 中进行预览，但不能在 Flash 中编辑此文件。

3. FLV 文件（.flv）

FLV 文件是一种视频文件，它包含经过编码的音频和视频数据，用于通过 Flash Player 进行传送。例如，如果具有 QuickTime 或 Windows Media 视频文件，可以使用编码器（如 Flash Video Encoder 或 Sorenson Squeeze）将该视频文件转换为 FLV 文件。

5.3.2　插入SWF 文件

使用 Dreamweaver CC 2018 可向页面中添加 SWF 文件，然后在文档或浏览器中预览这些文件。还可以在“属性”面板中设置 SWF 文件的属性。

1. 插入 SWF 文件

在“文档”窗口的“设计”视图中，将插入点放置在要插入内容的位置，选择“插入”→“HTML”\“Flash SWF”命令，在打开的“选择 SWF”对话框（见图 5.12）中，选择一个 SWF 文件 (.swf)，单击“确定”按钮。将在“文档”窗口中显示一个 SWF 文件占位符，如图 5.13 所示。

图5.12 “选择SWF”对话框

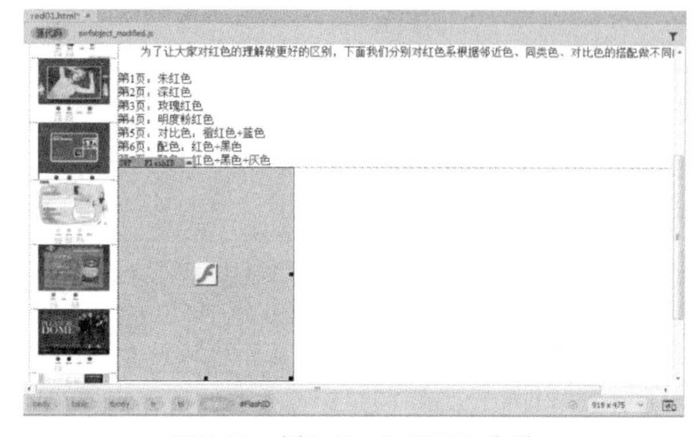

图5.13 插入Flash SWF 文件

此时，按【F12】键预览该网页，在打开确认保存网页文件的提示框之后，还会打开“复制相关文件”对话框，Dreamweaver CC 2018 提示正在将两个相关文件（expressInstall.swf 和 swfobject_modified.js）保存到站点中的 Scripts 文件夹，如图 5.14 所示。在将 SWF 文件上传到 Web 服务器时，不要忘记上传这些文件，否则浏览器无法正确显示 SWF 文件。

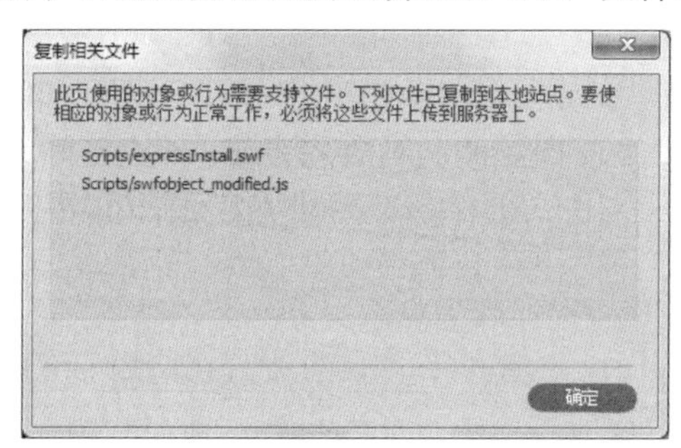

图5.14 “复制相关文件”对话框

Dreamweaver CC 2018 中预览 SWF 文件，只能通过浏览器预览。在页面中插入 SWF 文件时，Dreamweaver 会插入检测用户是否拥有正确的 Flash Player 版本的代码。如果没有，则页面会显示默认的替代内容，提示用户下载最新版本。

2. 设置 SWF 文件属性

在 Dreamweaver CC 2018 中可以使用“属性”面板设置 SWF 文件的属性。这些属性也适用于 Shockwave 影片。选择一个 SWF 文件或 Shockwave 影片，然后在“属性”面板中设置选项，如图 5.15 所示。

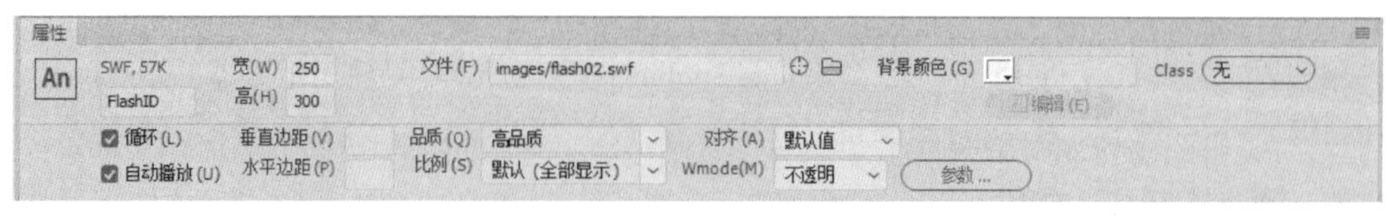

图5.15 SWF 文件“属性”面板

其中参数选项的含义如下：

- Flash ID：为 SWF 文件指定唯一 ID。在“属性”面板最左侧的未标记文本框中输入 ID。
- “宽”和“高”：以像素为单位指定影片的宽度和高度。
- 文件：指定 SWF 文件或 Shockwave 文件的路径。单击文件夹图标可浏览到某一文件，或者输入路径。
- 背景颜色：指定影片区域的背景颜色。在不播放影片时（在加载时和在播放后）也显示此颜色。
- 编辑：启动 Flash 以更新 FLA 文件（使用 Flash 创作工具创建的文件）。如果计算机上没有安装 Flash，则会禁用此选项。
- Class：可用于对影片应用 CSS 类。
- 循环：使影片连续播放。如果没有选择循环，则影片将播放一次，然后停止。
- 自动播放：在加载页面时自动播放影片。
- 垂直边距和“水平边距”：指定影片上、下、左、右空白的像素数。
- 品质：在影片播放期间控制抗失真。高品质设置可改善影片的外观，但高品质设置的影片需要较快的处理器才能在屏幕上正确呈现。低品质设置会首先照顾到显示速度，然后才考虑外观，而高品质设置首先照顾到外观，然后才考虑显示速度。自动低品质会首先照顾到显示速度，但会在可能的情况下改善外观。自动高品质开始时会同时照顾显示速度和外观，但以后可能会根据需要牺牲外观以确保速度。
- 比例：确定影片如何适合在宽度和高度文本框中设置的尺寸。“宽”设置为显示整个影片。
- 对齐：确定影片在页面上的对齐方式。
- Wmode：为 SWF 文件设置 Wmode 参数以避免与 DHTML 元素（如 Spry Widget）相冲突。默认值是不透明，这样在浏览器中，DHTML 元素就可以显示在 SWF 文件的上面。如果 SWF 文件包括透明度，并且希望 DHTML 元素显示在它们的后面，可选择“透明”选项。选择“窗口”选项可从代码中删除 Wmode 参数并允许 SWF 文件显示在其他 DHTML 元素的上面。
- “参数”按钮：打开一个对话框，可在其中输入传递给影片的附加参数。影片必须已设计好，可以接收这些附加参数。

5.3.3 Flash Video视频

Flash Video 视频并不是 Flash 动画，它的出现是为了解决 Flash 以前对连续视频只能使用 JPEG 图像进行帧内压缩，并且压缩效率低，文件很大，不适合视频存储的弊端。Flash Video 视频采用帧间压缩的方法，可以有效地缩小文件大小，并保证视频的质量。在 Dreamweaver 中选择“插入”→“HTML”→“Flash Video”命令，打开“插入 FLV”对话框，完成参数设置即可在网页中插入 Flash Video 视频。

Dreamweaver CC 2018 提供了以下选项，用于将 FLV 视频传送给站点访问者：

- 累进式下载视频：将 FLV 文件下载到站点访问者的硬盘上，然后进行播放。但是，与传统的“下载并播放”视频传送方法不同，累进式下载允许在下载完成之前就开始播放视频文件。
- 流视频：对视频内容进行流式处理，并在一段可确保流畅播放的很短的缓冲时间后在网页上播放该内容。若要在网页上启用流视频，必须具有访问 Adobe Flash Media Server 的权限。

必须有一个经过编码的 FLV 文件，然后才能在 Dreamweaver CC 2018 中使用它。可以插入使用以下两种编解码器（压缩/解压缩技术）创建的视频文件：Sorenson Squeeze 和 On2。

与常规 SWF 文件一样，在插入 FLV 文件时，Dreamweaver CC 2018 将插入检测用户是否拥有可查看视频的正确 Flash Player 版本的代码。如果用户没有正确的版本，则页面将显示替代内容，提示用户下载最新版本的 Flash Player。

若要查看 FLV 文件，用户的计算机上必须安装 Flash Player 8 或更高版本。如果没有安装所需的 Flash Player 版本，则浏览器将显示 Flash Player 快速安装程序，而非替代内容。如果用户拒绝快速安装，则页面会显示替代内容。

1. 设置累进式下载视频的选项（见图 5.16）

- URL：指定 FLV 文件的相对路径或绝对路径。若要指定相对路径（例如，mypath/myvideo.flv），可单击“浏览”按钮，导航到 FLV 文件并将其选定。若要指定绝对路径，可输入 FLV 文件的 URL。
- 外观：指定视频组件的外观。所选外观的预览会显示在“外观”弹出菜单的下方。
- 宽度：FLV 文件的宽度（以像素为单位）。Dreamweaver CC 2018 可以确定 FLV 文件的宽度，该字段会自动显示宽度。
- 高度：FLV 文件的高度（以像素为单位）。Dreamweaver CC 2018 可以自动优化 FLV 文件的高度，该字段会自动显示高度。

注意：“包括外观”是 FLV 文件的宽度和高度与所选外观的宽度和高度相加得出的和。

- 限制高宽比：保持视频组件的宽度和高度之间的比例不变。默认情况下会选择此选项。
- 自动播放：指定在网页打开时是否播放视频。
- 自动重新播放：指定播放控件在视频播放完之后是否返回起始位置。

2. 设置流视频选项（见图 5.17）

“插入 FLV”对话框允许为插入网页中的 FLV 文件设置流视频下载选项。

图5.16 “插入FLV”对话框-累进式下载视频

图5.17 “插入FLV”对话框-流视频

- 服务器 URI：以 rtmp://某域名/app_name/instance_name 的形式指定服务器名称、应用程序名称和实例名称。
- 流名称：指定想要播放的 FLV 文件的名称（例如，myvideo.flv），扩展名 .flv 是可选的。

- 外观：指定视频组件的外观。所选外观的预览会显示在“外观”弹出菜单的下方。
- 宽度：FLV 文件的宽度（以像素为单位）。
- 高度：FLV 文件的高度（以像素为单位）。
- 限制高宽比：保持视频组件的宽度和高度之间的比例不变。默认情况下会选择此选项。
- 实时视频输入：指定视频内容是否是实时的。如果选择了“实时视频输入”，则 Flash Player 将播放从 Flash Media Server 流入的实时视频流。实时视频输入的名称是在“流名称”文本框中指定的名称。

注意：要启用“实时视频输入”，必须从“外观”字段中选择一个光晕外观选项。如果选择了“实时视频输入”，组件的外观上只会显示音量控件，因为无法操纵实时视频。此外，“自动播放”和“自动重新播放”选项也不起作用。

- 自动播放：指定在网页打开时是否播放视频。
- 自动重新播放：指定播放控件在视频播放完之后是否返回起始位置。
- 缓冲时间：指定在视频开始播放之前进行缓冲处理所需的时间（以秒为单位）。默认的缓冲时间设置为 0，这样在单击了“播放”按钮后视频会立即开始播放。如果选择“自动播放”，则在建立与服务器的连接后视频立即开始播放。如果要发送的视频的比特率高于站点访问者的连接速度，或者 Internet 通信可能会导致带宽或连接问题，则可能需要设置缓冲时间。例如，如果要在网页播放视频之前将 15s 的视频发送到网页，可将缓冲时间设置为 15。

选择“插入”\HTML\Flash Video 命令生成一个视频播放器 SWF 文件和一个外观 SWF 文件，它们用于在网页上显示视频内容。这些文件与视频内容所添加到的 HTML 文件存储在同一目录中。该命令还会生成一个 main.asc 文件，必须将该文件上传到 Flash Media Server。上传包含 FLV 文件的 HTML 页面时，不要忘记将 SWF 文件上传到 Web 服务器，将 main.asc 文件上传到 Flash Media Server。

可以轻松地上传所有所需的媒体文件，方法是在 Dreamweaver 的“文档”窗口中选择视频组件占位符，然后在“属性”面板中单击“上传媒体”按钮。若要查看所需文件的列表，可单击“显示所需的文件”按钮。

注意：“上传媒体”按钮不会上传包含视频内容的 HTML 文件。

【例 5.4】新建一个网页文件，在合适的位置插入 FLV 视频文件。

（1）新建一个空白网页文件。

（2）选择“插入”→HTML→Flash Video 命令，在打开的“插入 FLV”对话框中选择文件。

（3）在“文档”窗口可以看到 FLV 文件标记，如图 5.18 所示。

（4）实时预览效果如图 5.19 所示。

图5.18　插入FLV文件

图5.19　预览效果

5.4 插入 HTML5 Video 和 HTML5 Audio

Dreamweaver CC 2018 允许在网页中插入 HTML5 视频 Video 和 HTML5 Audio，以使用户能够在浏览器中播放视频和音频文件，而无须使用外部增效工具或播放器。

5.4.1 插入 HTML5 Video

HTML5 视频元素提供一种将电影或视频嵌入网页中的标准方式。

选择“插入”→HTML→HTML5 Video 命令，HTML5 视频元素将会插入指定位置。在“属性”面板中，指定各种选项的值，如图 5.20 所示。

图5.20 HTML5 Video “属性”面板

HTML5 Video 各项属性含义如下：

- ID：为视频指定 ID。
- Class：可用于对视频应用 CSS 类。
- W：输入视频的宽度（像素）。
- H：输入视频的高度（像素）。
- 源/Alt 源 1/Alt 源 2：在“源”中，输入视频文件的位置。或者，单击文件夹图标从本地文件系统中选择视频文件。对视频格式的支持在不同浏览器上有所不同。如果源中的视频格式在浏览器中不被支持，则会使用“Alt 源 1”或“Alt 源 2”中指定的视频格式。浏览器选择第一个可识别格式来显示视频。

注意： 要快速向这 3 个字段中添加视频，可使用多重选择。当从文件夹中为同一视频选择 3 个视频格式时，列表中的第一个格式将用于“源”。列表中的下列的格式用于自动填写“替换源 1”和“替换源 2”。

有关浏览器和支持视频格式的详细信息，如表 5.1 所示。

表 5.1 浏览器和支持视频格式表

浏 览 器	MP4	WebM	Ogg
Internet Explorer 9	是	否	否
Firefox 4.0	否	是	是
Google Chrome 6	是	是	是
Apple Safari 5	是	否	否
Opera 10.6	否	是	是

- Poster：用于指定视频的封面图片文件的位置。当插入图像时，宽度和高度值是自动填充的。
- Title：用于为视频指定标题。
- 回退文本：提供浏览器不支持 HTML5 时显示的文本。
- Controls：选择是否要在 HTML 页面中显示视频控件，如播放、暂停和静音。
- Loop：如果希望视频连续播放，直到用户停止播放影片，请选择此选项。
- AutoPlay：选择是否希望视频一旦在网页上加载后便开始播放。

- Muted：如果希望视频的音频部分静音，请选择此选项。
- Preload：指定关于在页面加载时视频应当如何加载的作者首选参数。选择“自动”会在页面下载时加载整个视频。选择“元数据”会在页面下载完成之后仅下载元数据。
- Flash 回退：对于不支持 HTML 5 视频的浏览器选择 SWF 文件。

虽然可以在网页中嵌入任何视频，但“实时”视图并非始终呈现所有视频，往往只显示一个 HTML5 Video 图标，如图 5.21 所示。Dreamweaver CC 2018 使用 Apple QuickTime 增效工具来支持音频和视频标签。在 Windows 中，如果已安装 Apple QuickTime 插件，网页会呈现媒体播放器和媒体内容，如图 5.22 所示；否则不会呈现媒体内容。

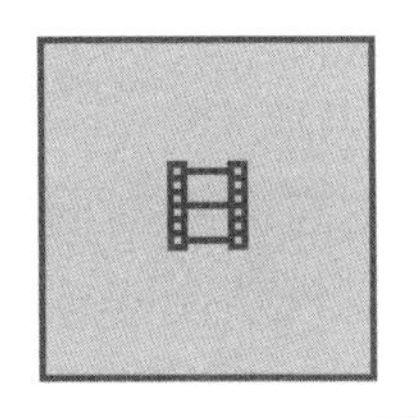

图5.21　HTML5 Video图标

图5.22　预览网页时的HTML5 Video

5.4.2　插入 HTML5 Audio

HTML5 音频元素提供一种将音频内容嵌入网页中的标准方式。选择“插入”→“HTML”→“HTML5 Audio”命令。音频文件将会插入到指定位置，此时，“文档”窗口出现音频文件图标，如图 5.23 所示。在网页中预览的效果如图 5.24 所示。

图5.23　HTML5 Audio图标

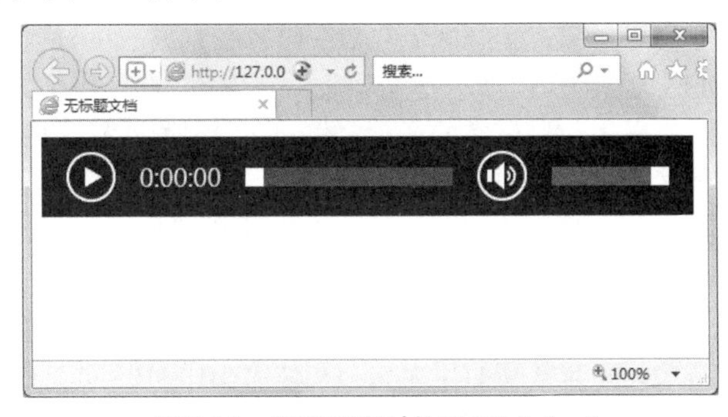

图5.24　预览网页时的HTML5 Audio

在“属性”面板中，不难发现 HTML5 Audio 的相关属性和 HTML5 Vedio 类似，只是少了“W”、“H”、“Poster”和“Flash 回退”4 个属性。

有关浏览器和支持常见音频格式的详细信息如表 5.2 所示。

表 5.2　浏览器和支持常见音频格式表

浏　览　器	MP3	Wav	Ogg
Internet Explorer 9	是	否	否
Firefox 4.0	否	是	是
Google Chrome 6	是	是	是
Apple Safari 5	是	是	否
Opera 10.6	否	是	是

5.5　插入插件

现在浏览器支持的多媒体文件越来越多，文件也越来越小，但是表现的效果却一点也不逊色于以前。在 Dreamweaver CC 2018 中，允许在网页中通过插入插件的方式嵌入音频和视频。

5.5.1　网页中的音频格式

在网页中常用的音频格式主要有以下几种。读者可以根据要添加声音的目的、文件大小、声音品质等要素，来选择不同类型的音频文件。

1. MP3 格式

MP3 格式的音频文件最大的特点就是能以较小的比特率、较大的压缩比达到近乎完美的 CD 音质。CD 是以 1.4 MB/s 的数据流量来表现其优异的音质的。而 MP3 仅需要 112 KB/s 或 128 KB/s 就可以达到逼真的 CD 音质。所以，可以用 MP3 格式对 WAV 格式的音频文件进行压缩，既可以保证音质效果，也达到了减小文件容量的目的。

2. WAV 格式

WAV 格式的音频文件具有较好的声音品质，许多浏览器都支持此格式，并且不要求安装插件。可以利用 CD、磁带、传声器等获取 WAV 文件。但是，WAV 文件容量通常较大，严格限制了可以在 Web 页面上使用的声音剪辑的长度。

3. AIF 格式

与 WAV 格式类似，AIF 格式的音频文件也具有较好的声音品质，大多数浏览器都支持该格式，并且不要求安装插件。也可以从 CD、磁带、传声器等获取 AIF 文件。但是，该格式文件夹的容量通常较大。

4. MIDI 格式

这种格式一般用于器乐类的音频文件。许多浏览器都支持 MIDI 格式的文件夹，并且不要求安装插件。尽管其声音品质非常好，但根据声卡的不同，声音效果也会有所不同。较小容量的 MIDI 文件也可以提供较长时间的声音剪辑。MIDI 文件不能录制并且必须使用特殊的硬件和软件在计算机上进行合成。

5. .ra、.ram、.rpm 或 Real Audio

这几种格式具有非常高的压缩比，文件大小比 MP3 小，歌曲文件可以在合理的时间范围内下载，必须下载并安装 RealPlayer 软件才能播放。

5.5.2　插入音频

要在网页中加入声音，选择“插入”→“HTML”→“插件”命令，打开“选择文件”对话框，选中要插入的音频文件，单击“确定”按钮即可，如图 5.25 所示。在“文档”窗口的“设计”视图，只能看到插件图标，并不会显示播放声音的状态，如图 5.26 所示。只有在实时预览时才能看到播放器，如图 5.27 所示。

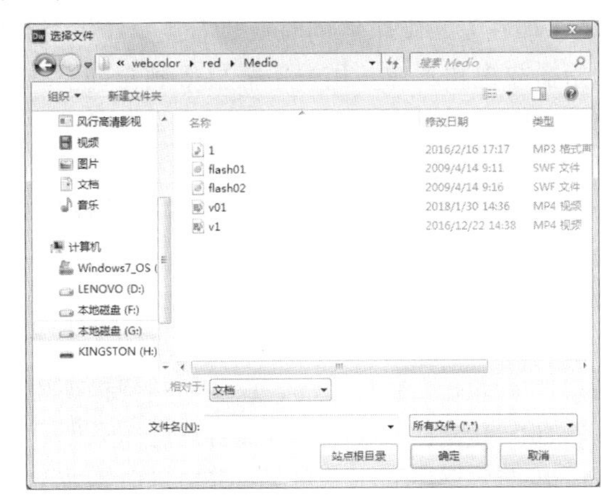

图5.25　“选择文件”对话框

图5.26　插件图标

插件的默认“宽”和“高”的值均为 32，如图 5.28 所示。因此，在实时预览只能看到播放器的部分，那么需要对插件修改大小，以便网页中能完整地显示播放器。修改插件大小可以直接用鼠标拖放插件的定位标尺，也可以在“属性”面板设置“宽”和“高”属性的值为合适大小。

图5.27　实时预览时的音频文件

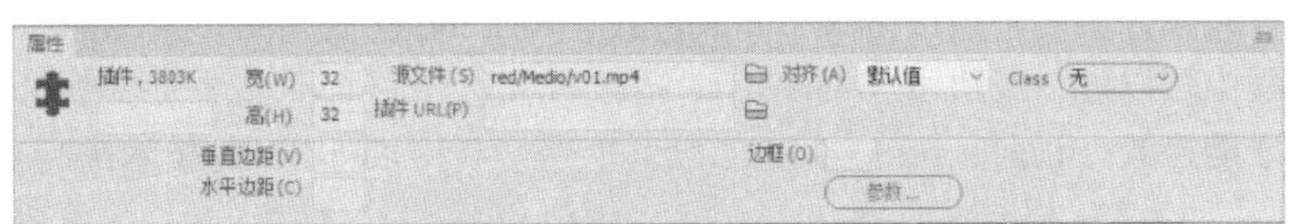

图5.28　插件的“属性”面板

5.5.3　网页中的视频格式

视频文件的格式和种类越来越多，本书仅列举一部分，读者可参考使用。

1. AVI 格式

音频视频交错（Audio Video Interleaved，AVI）格式是由 Microsoft 公司开发的一种数字音频与视频文件格式，原来仅用于微软的视窗视频操作环境，现在已被大多数操作系统所支持。AVI 格式允许视频和音频交错在一起同步播放，但 AVI 文件没有限定压缩标准，由此就造就了 AVI 文件格式不具有兼容性。不同压缩标准生成的 AVI 文件，必须使用相应的解压缩算法才能将其播放出来。网页中经常使用 AVI 格式，主要用于让用户欣赏新影片的精彩片段。

2. MOV 格式（QuickTime）

QuickTime 格式是 Apple 公司开发的一种音频、视频文件格式。QuickTime 用于保存音频和视频信息。QuickTime 文件格式支持 25 位彩色，支持领先的集成压缩技术，提供 150 多种视频效果，并配有提供了 200 多种 MIDI 兼容音响和设备的声音装置。新版的 QuickTime 进一步扩展了原有功能，包含了基于 Internet 应用的关键特性。QuickTime 因具有跨平台、存储空间要求小等技术特点，得到业界的广泛认可，目前已成为数字媒体软件技术领域事实上的工业标准。

MOV 还可以作为一种流文件格式。QuickTime 能够通过 Internet 提供实时的数字化信息流、工作流与文件回放功能，为了适应这一网络多媒体应用，QuickTime 为多种流行的浏览器软件提供了相应的 QuickTime Viewer 插件（Plug－in），能够在浏览器中实现多媒体数据的实时回放。该插件的“快速启动（Fast Start）”功能，可以令用户几乎能在发出请求的同时便收看到第一帧视频画面，而且，该插件可以在视频数据下载的同时就开始播放视频图像，用户不需要等到全部下载完毕就能进行欣赏。

3. MPEG/MPG/DAT 格式

MPEG 是 Moving Pictures Experts Group(动态图像专家组)的缩写，由国际标准化组织(International Standards Organization，ISO)与国际电工委员会(International Electronic Committee，IEC)于 1988 年联合成立，专门致力于运动图像（MPEG 视频）及其伴音编码（MPEG 音频）标准化工作。MPEG 是运动图像压缩算法的国际标准，现已几乎被所有的计算机平台所支持。和前文某些视频格式不同的是，MPEG 采用有损压缩方法减少运动图像中的冗余信息从而达到提高压缩比的目的，当然这些是在保证影像质量的基础上进行的。MPEG 压缩标准是针对运动图像而设计的。MPEG 的平均压缩比为 50：1，最高可达 200：1，压缩效率之高由此可见一斑。同时图像和音响的质量也非常好，并且在计算机上有统一的标准格式，兼容性相当好。MPEG 标准包括 MPEG 视频、MPEG 音频和 MPEG 系统（视频、音频同步）三部分，MP3 音频文件就是 MPEG 音频的一个典型应用，而 Video CD（VCD）、Super VCD（SVCD）、DVD（Digital Versatile Disk）则是全面采用 MPEG 技术所产生出来的新型消费类电子产品。

4. RM(Real Media)格式

RM 格式是 RealNetworks 公司开发的一种新型流式视频文件格式。RealVideo 文件除了可以普通的视频文件形式播放之外，还可与 RealServer 服务器相配合。首先由 RealEncoder 负责将已有的视频文件实时转换成 RealMedia 格式，RealServer 则负责广播 RealMedia 视频文件。在数据传输过程中可以边下载边由 RealPlayer 播放视频影像，而不必像大多数视频文件那样，必须先下载然后才能播放。目前，Internet 上已有不少网站利用 RealVideo 技术进行重大事件的实况转播。

5. ASF 格式

Microsoft 公司推出的 ASF(Advanced Streaming Format，高级流格式)，也是一个在 Internet 上实时传播多媒体的技术标准。ASF 的主要优点包括：本地或网络回放、可扩充的媒体类型、部件下载及扩展性等。ASF 应用的主要部件是 NetShow 服务器和 NetShow 播放器。由独立的编码器将媒体信息编译成 ASF 流，然后发送到 NetShow 服务器，再由 NetShow 服务器将 ASF 流发送给网络上的所有 NetShow 播放器，从而实现单路广播或多路广播。这和 Real 系统的实时转播大同小异。

目前，很多视频数据要求通过 Internet 来进行实时传输，但视频文件的体积往往比较大，客观因素限制了视频数据的实时传输和实时播放，于是流式视频（Streaming Video）格式应运而生。这种流式视频采用一种“边传边播”的方法，即先从服务器上下载一部分视频文件，形成视频流缓冲区后实时播放，同时继续下载，为接下来的播放做好准备。这种“边传边播”的方法避免了用户必须等待整个文件从 Internet 上全部下载完毕才能观看的缺点。到目前为止，Internet 上使用较多的流式视频格式主要包括 MOV 格式、RM 格式和 ASF 格式。

5.5.4 插入视频

要在网页中加入视频，除了上文讲解的插入 FLV 文件和 HTML5 Video 文件以外，还可以选择“插入”→“HTML”→“插件”命令，打开“选择文件”对话框，选中要插入的视频文件，单击“确定”按钮即可。在“文档”窗口的“设计”视图，只能看到默认 32×32 像素大小的插件图标，因此必须拖放插件大小，以便完整地播放视频。实时预览时才能看到播放器和完整的视频，如图 5.29 所示。

图5.29 插入插件——视频文件效果

网页上播放的音乐或影片等多媒体文件，并不是依靠浏览器本身播放的，而是依赖于浏览器所安装的插件播放。大多数多媒体文件在播放时都有相应的播放器，如 Windows MediaPlayer、RealPlayer 等。因此，实时预览时选择不同的浏览器可能出现不能播放的情况。

5.6 背景音乐

上文提到在 Dreamweaver CC 2018 中，可以通过插入 HTML5 Audio 或者插件的方式在网页中使用声音。但是声音毕竟不是可见的，有时希望能听到音乐，但是不要有播放器出现，那么可以采用背景音乐的方式。

5.6.1 插件隐身

在 Dreamweaver CC 2018 中可以通过插入插件的方法将音频文件插入网页，然后将该插件的“宽”和“高”的属性值都设为 0。此时，预览网页，可以发现在网页打开时音乐也同时开始播放，但是网页上看不到音频文件的痕迹，也看不到播放器。

5.6.2 设置背景音乐

在 Dreamweaver CC 2018 中可以在代码中设置背景音乐。选择“查看”→“代码”命令，切换到“代码”视图。在<body>标签后输入“<”，Dreamweaver CC 2018 会自动弹出一个下拉列表，在下拉列表中选择 bgsound 标签，如图 5.30 所示。

在 bgsound 标签后按空格键，再次弹出一个下拉列表，这是 bgsound 标签的属性列表。从中选择 src 属性指定音频文件的路径，如图 5.31 所示。

选择 src 属性后，会再次弹出一个下拉列表，如图 5.32 所示。可以选择“浏览”命令跳转到“选择文件”对话框选中所需的音频文件，也可以拖动滚动条到下方的文件目录中选中音频文件。

选完音频文件后，继续按空格键，在弹出的属性下拉列表中可以看到以下属性：

- balance：设置或获取表明背景声音的音量如何分配在左右扬声器的值。
- delay：设置或获取播放声音时的延时。
- loop：设置或获取声音或视频剪辑在激活时的循环播放次数。
- volume：设置或获取声音的音量设置。

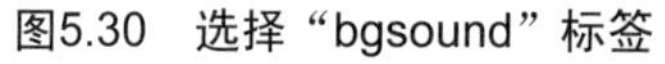

图5.30　选择“bgsound”标签

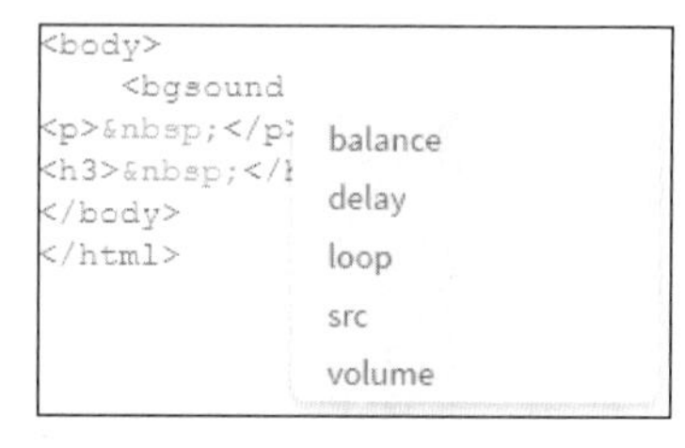

图5.31　选择“src”属性

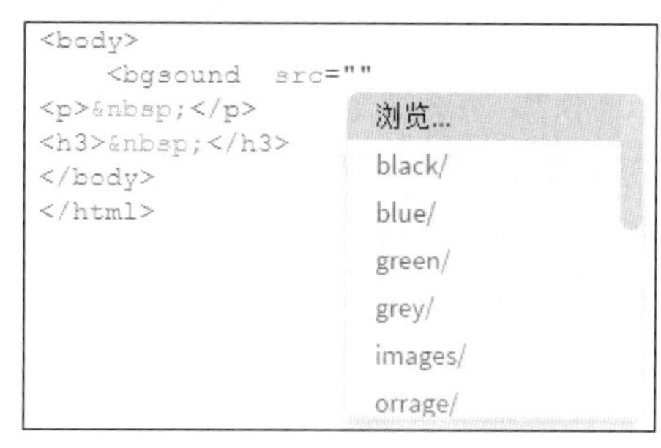

图5.32　“src”属性下拉列表

5.7　滚动条

滚动条在 Dreamweaver CC 2018 中是不常用到的元素，但是在网页中经常能看到一些滚动信息。

5.7.1　插入滚动条

在 Dreamweaver CC 2018 中，可以在“代码”视图中输入正确的代码，添加滚动条。滚动条代码如下，文本内容“这里是滚动条”即为滚动条显示信息，也可以插入其他元素代替。

```
<marquee>这里是滚动条</marquee>
```

实时预览加入了上述代码的网页，可以看到这几个文字正在滚动，如图 5.33 所示。

图5.33　滚动条效果

【例 5.5】新建一个网页文件，在文档中插入一张图片，并使图片滚动起来。

（1）新建一个网页文件，在文档中插入一张图片。

（2）选择“查看”→“代码”命令，切换到“代码”视图，如图 5.34 所示。

（3）找到其中的<img>标签，在标签前面和后面分别加入<marquee>和</marquee>，如图 5.35 所示。

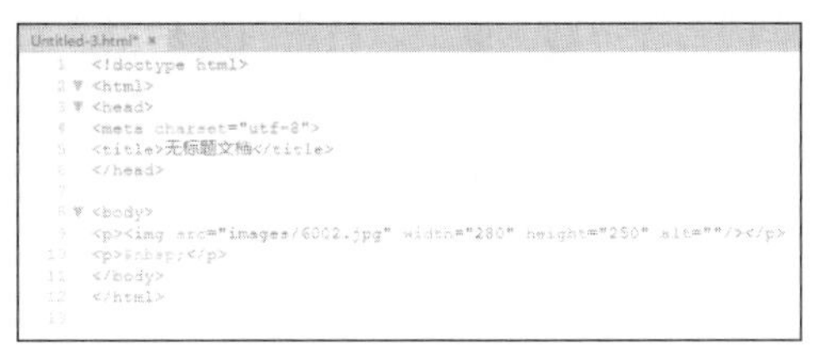

图5.34 “代码”视图

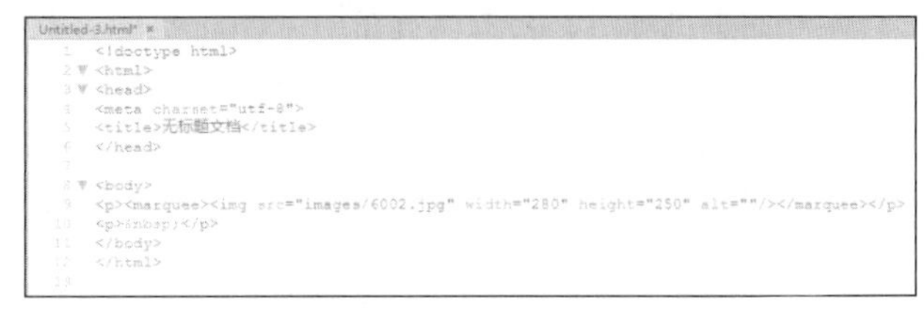

图5.35　加入<marquee>标签

（4）实时预览网页，如图 5.36 所示。

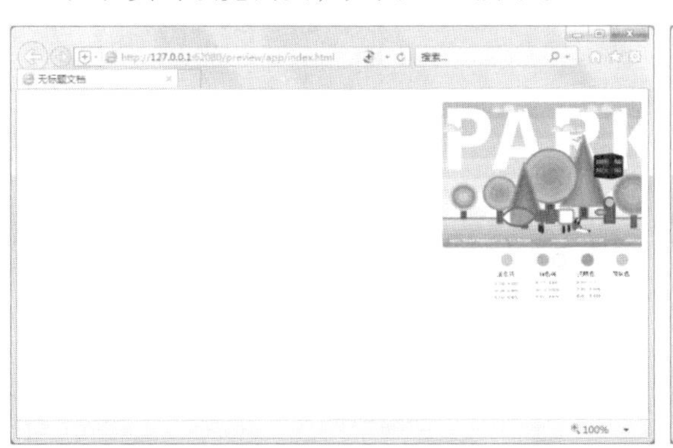

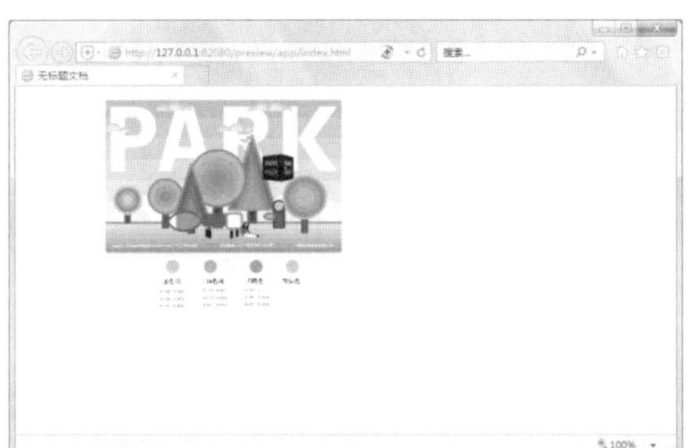

图5.36　预览网页效果

滚动条<marquee>标签中还可以包括其他网页元素，读者可以尝试使表格或者其他元素滚动起来。

5.7.2　HTML<marquee>标签属性

滚动条<marquee>标签除了默认的从右往左水平方向滚动各种 HTML 元素外，还可以通过修改属性的值，设置为不同的滚动方式。其属性如下：

- direction：滚动的方向，值可以是 left、right、up、down，默认为 left。
- behavior：滚动的方式，值可以是 scroll（连续滚动）、slide（滑动一次）、alternate（往返滚动）。
- loop：循环的次数，值是正整数，默认为无限循环。
- scrollamount：运动速度，值是正整数，默认为 6。
- scrolldelay：停顿时间，值是正整数，默认为 0，单位是毫秒。
- align：元素的垂直对齐方式，值可以是 top、middle、bottom，默认为 middle。
- bgcolor：运动区域的背景色，值是十六进制的 RGB 颜色，默认为白色。
- height、width：运动区域的高度和宽度，值是正整数（单位是像素）或百分数，默认 width=100%，height 为标签内元素的高度。
- hspace、vspace：元素到区域边界的水平距离和垂直距离，值是正整数，单位是像素。

还可以通过设置行为和动作来控制滚动条的滚动和停止，具体内容可参考后续章节。

5.8 上机练习

本章的上机练习，要求读者在第 4 章上机练习及本章例题练习的基础上，利用网页复用并插入多媒体内容，快速地完成一个栏目各个页面的制作。

【例 5.6】打开例 5.3 完成的 Red 网页文件，在内容区域为其添加 Flash 动画，在动画下方合适位置添加滚动字幕，并设置为从左往右滚动，滚动速度为“2”。

（1）打开 Red 网页文件。

（2）观察网页，在内容部分下方合适的位置单击，选择“插入”→“HTML”→“FLASH SWF”命令。

（3）在打开的“选择 SWF”对话框中选择“flash1”SWF 文件，单击“确定”按钮，如图 5.37 所示。

（4）在打开的“对象标签辅助功能属性”对话框中单击“确定”按钮，如图 5.38 所示。

图5.37 “选择SWF”对话框

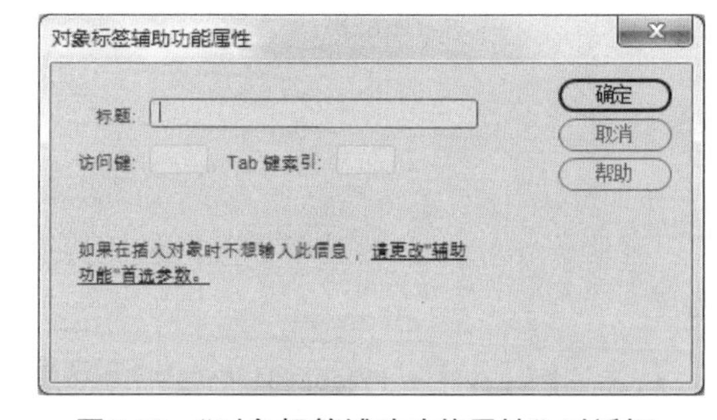

图5.38 “对象标签辅助功能属性”对话框

（5）此时“文档”窗口已经显示插入的“FLASH SWF”图标，状态栏也可以看到<object#FlashID>标签，如图 5.39 所示。

（6）单击“实时预览”按钮，选择浏览器，在打开的是否保存更改信息框中单击“是”按钮，（见图 5.40），从而保存对该文件的更改，并打开浏览器浏览该网页文件。

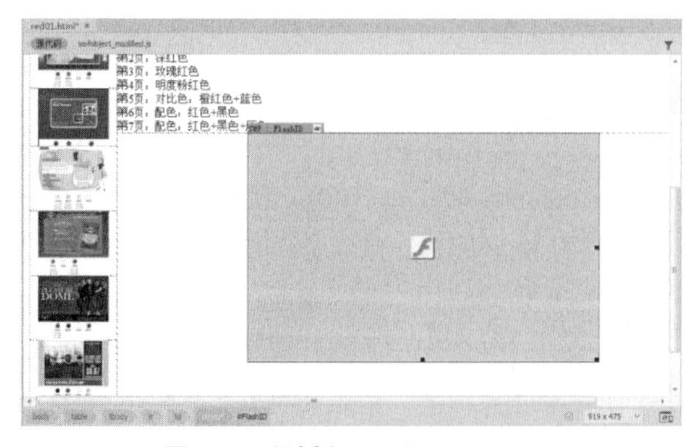

图5.39 已插入FLASH SWF

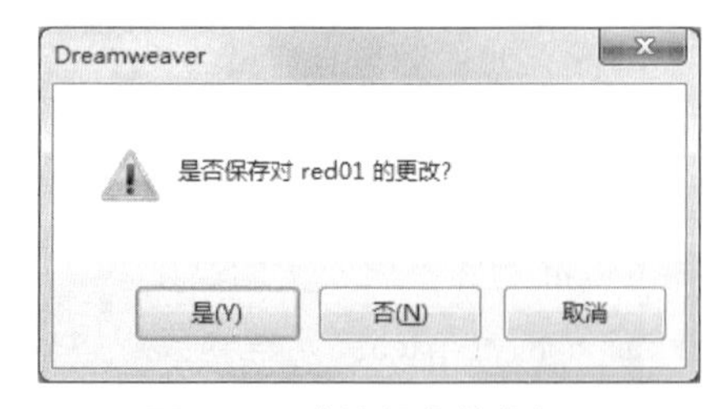

图5.40 确认保存信息框

（7）预览效果如图 5.41 所示，可以看到 Flash 动画自动播放。

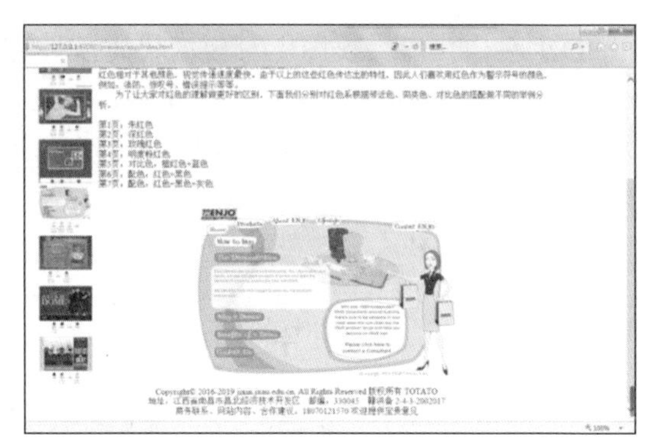

图5.41　插入SWF文件后的预览效果

（8）回到 Dreamweaver CC 2018 的“文档”窗口，在 FLASH SWF 文件后单击，并按【Enter】键，输入“欢迎进入红色配色课堂”文本后，单击“文档”窗口上方的“拆分”按钮。

（9）此时“文档”窗口拆分为上下两栏，上栏为“设计”视图，下栏为“代码”视图，如图 5.42 所示。

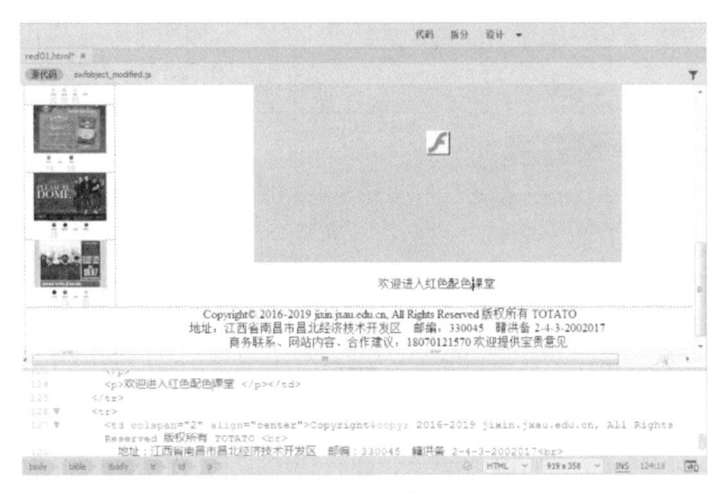

图5.42　“拆分”视图

（10）在“设计”视图拖动右侧滚动条，双击选中步骤（8）输入的文本，可以发现“代码”视图中对应的代码也被选中，如图 5.43 所示。

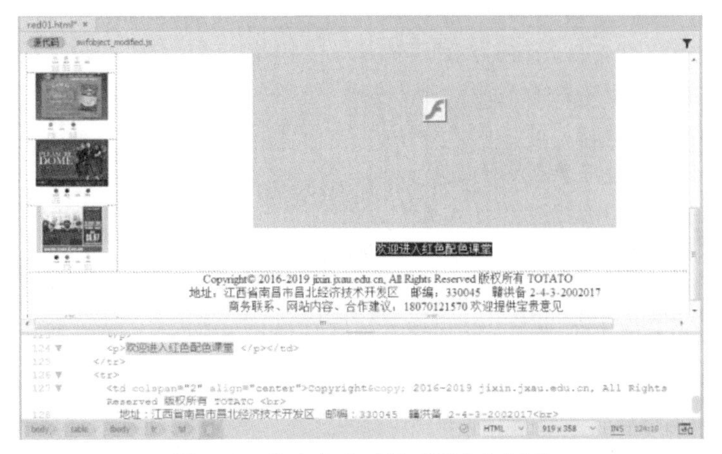

图5.43　选中文本时的“拆分”视图

（11）在“代码”视图中对应的代码前后分别加入滚动条的开始标签<marquee>和结束标签</marquee >后，将插入点设置在<marquee>标签的“>”之前。

（12）按空格键后（见图 5.44），从弹出的属性下拉列表选择 direction 再选择 right，继续按空格键，选择 scrollamount 后输入值 2。

（13）预览网页文件，如图 5.45 所示。

```
<p><marquee >欢迎进入红色配色课堂 </m
</tr>        contextmenu
<tr>
  <td colspan=   dir           "">Co
  Reserved 版权  direction
   地址：江西省南昌市昌北经济技术开发区
```

图5.44　设置<marquee>标签属性

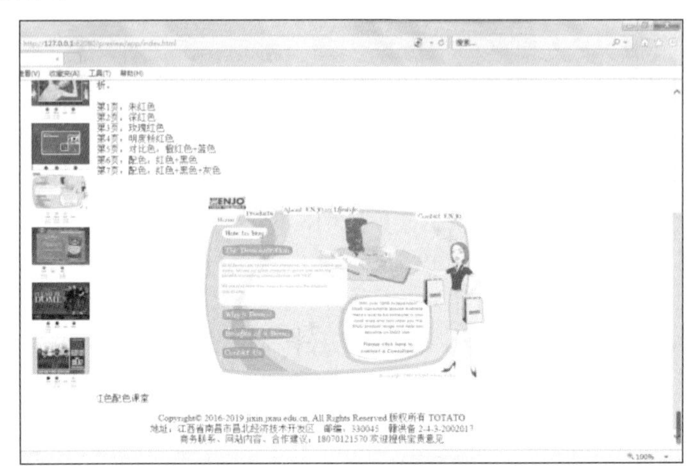

图5.45　预览效果

习题

一、填空题

1. 能在网页中使用的 Flash 文件是____________文件和____________文件。

2. Dreamweaver CC 2018 允许在网页中插入____________和____________，以使用户能够在浏览器中播放视频和音频文件。

3. 在网站中常用的音频格式主要有____________、____________、____________、____________和____________。

4. 在网站中常用的视频格式主要有____________、____________、____________、____________和____________。

二、选择题

1. 下面关于使用视频数据流的说法错误的是（　　）。

   A. 浏览器在接收到第一个包时就开始播放

   B. 动画可以使用数据流的方式进行传输

   C. 音频可以使用数据流的方式进行传输

   D. 文本不可以使用数据流的方式进行传输

2. 资讯类的网站页面中比重最大的构成元素为（　　）。

   A. 文字　　B. 图像　　C. 视频　　D. 音效

3. 除了（　　）格式，其他 3 种格式都可以直接插入网页。

   A. WAV　　B. AVI　　C. RAR　　D. SWF

4. 以下（　　）属性用于设置背景音乐。

   A. bgsound　　B. bgcolor　　C. beijing　　D. marquee

5. 滚动条的HTML代码是（　　）。

A. marquee　　B. gundongtiao　　C. beijing　　D. table

三、操作题

1. 练习在网页中插入背景音乐。
2. 练习在网页中插入视频。
3. 练习在网页中插入Flash动画。

第6章 超链接的创建与管理

本章重点

当网页制作完成后，各网页是单独存在的，要使得它们能够成为一个整体，构成网站，并且让网站活起来，就需要在页面中创建链接。链接是一个网站的“灵魂”，网页设计者不仅要知道如何去创建页面之间的链接，更应了解链接地址的真正意义。

本章主要介绍 Dreamweaver CC 2018 中有关超链接的使用。

学习目标

- 了解超链接的类型与路径；
- 创建文本超链接；
- 创建图像超链接；
- 管理超链接。

6.1 超链接的基础知识

超链接是网页中重要的组成部分，其本质上属于一个网页的一部分，它是一种允许网页访问者与其他网页或站点之间进行连接的元素。各个网页链接在一起后，才能真正构成一个网站。所谓的超链接是指从一个网页指向一个目标的连接关系，这个目标可以是另一个网页，也可以是相同网页上的不同位置，还可以是一个图片、一个电子邮件地址、一个文件、甚至是一个应用程序。而在一个网页中用来超链接的对象，可以是一个字、一个词、一段文本或者一个图片。当浏览者单击已经链接的文字或图片后，链接目标将显示在浏览器上，并且根据目标的类型来打开或运行。

当把鼠标指针移动到网页中的某个链接上时，箭头会变为一只小手。在标签<a>中使用 href 属性来描述链接的地址。

6.1.1 超链接的概念

超链接与 URL 及网页文件的存放路径是紧密相关的。URL（Uniform Resoure Locator，统一资源定位器）可以简单地称为网址，顾名思义，就是 Internet 文件在网上的地址，定义超链接其实就是指定一个 URL 地址来访问它指向的 Internet 资源。URL 是使用数字和字母按一定顺序排列来确定的 Internet 地址，由访问方法、服务器名、端口号，以及文档位置组成。格式为 scheme://host.domain:port/path/filename。

其中：

- scheme：定义因特网服务的类型。最常见的类型是 http，更多的因特网服务类型如表 6.1 所示。
- host：定义域主机（http 的默认主机是 www）。
- domain：定义因特网域名，如 runoob.com。
- :port：定义主机上的端口号（http 的默认端口号是 80）。
- path：定义服务器上的路径（如果省略，则文档必须位于网站的根目录中）。
- filename：定义文档/资源的名称。

表 6.1 常见的 URL Scheme

Scheme	访问协议	说明
http	超文本传输协议	以 http:// 开头的普通网页，不加密
https	安全超文本传输协议	安全网页，加密所有信息交换
ftp	文件传输协议	用于将文件下载或上传至网站
file	—	计算机上的文件

6.1.2 超链接的类型

在 Dreamweaver CC 2018 中，可以创建下列几种类型的链接。

- 页间链接：利用该链接可以跳转到其他文档或文件，如图形、电影、PDF 或声音文件。
- 页内链接：也称为锚点链接，利用它可以跳转到本站点指定网页文档内的特定位置。
- E-mail 链接：使用该链接，可以启动外部电子邮件程序，允许用户书写电子邮件，并发送到指定地址。
- 空链接及脚本链接：允许用户附加行为至对象或创建一个执行 JavaScript 代码的链接。

6.1.3 超链接的路径

从作为链接起点的文档到作为链接目标的文档之间的文件路径，对于创建链接至关重要。

路径指文件存放的位置，在网页中利用路径可以引用文件、插入图像、视频等。一般来说，链接路径可以分为绝对路径与相对路径两类。

绝对路径为以 Web 站点根目录为参考基础的目录路径。之所以称为绝对，意指当所有网页引用同一个文件时，所使用的路径都是一样的。通常直接使用“/”代表从根目录开始的目录路径。

相对路径是以引用文件之网页所在位置为参考基础，而建立出的目录路径。因此，当保存于不同目录的网页引用同一个文件时，所使用的路径将不相同，故称为相对。

绝对路径与相对路径的不同之处，在于描述目录路径时所采用的参考点不同。由于对网站上所有文件而言，根目录这个参考点对所有文件都是一样的，因此，运用以根目录为参考点的路径描述方式才称为绝对路径。

在制作网站时不能使用绝对路径，因为链接应该指向真正的域名而不是测试的域名。制作网站时，如果所有内容页面都使用绝对路径，那么要修改一个文件，其他页面上的路径无法变化，这样是比较麻烦的。

相对路径的优点在于：容易移动内容，可以整个目录移动；本地计算机测试方法比较灵活、方便。所以，在网站制作时可选择使用相对路径。

为了避免在制作网页时出现路径错误，可以使用 Dreamweaver CC 2018 的站点管理功能来管理站点。这样在站点中移动文件时，与这些文件关联的连接路径都会自动更改。

【例 6.1】 假设一个站点的结构如图 6.1 所示，分析其相对路径。

若要从 contents.html 链接到 hours.html（两个文件位于同一文件夹中），可使用相对路径 hours.html。

若要从 contents.html 链接到 tips.html（在 resources 子文件夹中），可使用相对路径 resources/tips.html。每出现一个斜杠（/），表示在文件夹层次结构中向下移动一个级别。

若要从 contents.html 链接到 index.html（位于父文件夹中 contents.html 的上一级），可使用相对路径../index.html。两个点和一个斜杠（../）可在文件夹层次结构中向上移动一个级别。

若要从 contents.html 链接到 catalog.html（位于父文件夹的不同子文件夹中），可使用相对路径 ../products/catalog.html。其中，../可向上移至父文件夹，而 products/可向下移至 products 子文件夹中。

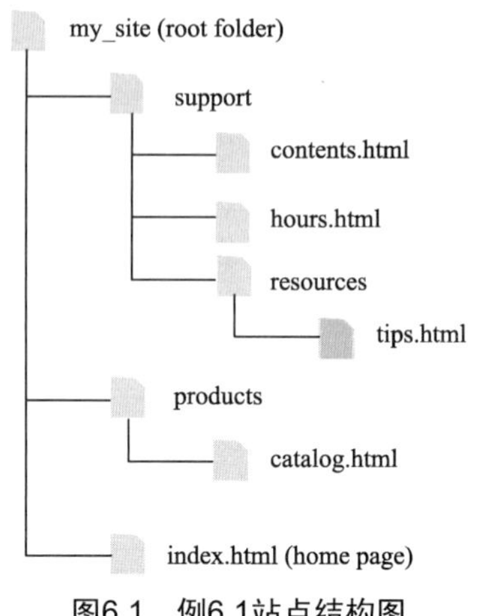

图6.1 例6.1站点结构图

6.2 创建超链接

Dreamweaver CC 2018 使用文档相对路径创建指定站点中其他网页的链接，可以在本地站点内移动或重命名文档时能自动更新指向文档的链接。

6.2.1 创建超链接的常用方法

在 Dreamweaver CC 2018 中，可以通过多种方法来创建超链接，可以在“属性”面板中创建、使用菜单命令创建或使用“指向文件”图标来创建超链接。

1. 使用“属性”面板“链接”文本框直接输入文件路径

可以使用“属性”面板的文件夹图标或“链接”框创建从图像、对象或文本到其他文档或文件的链接。

在“文档”窗口的“设计”视图中选择文本或图像，其“属性”面板如图 6.2 所示。

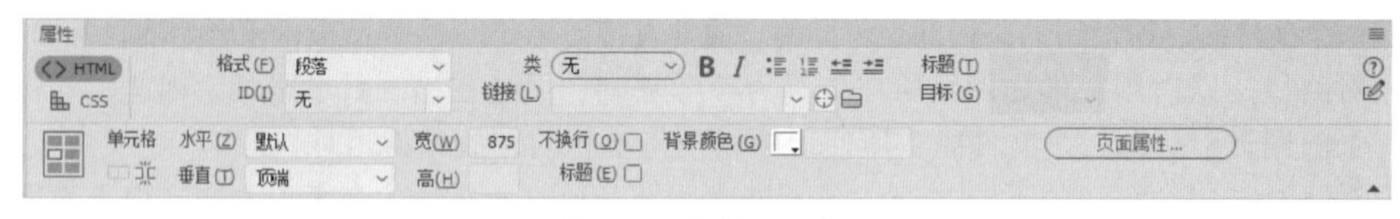

图6.2 “属性”面板

在“属性”面板的“链接”文本框中输入链接的文件路径，从“目标”下拉列表框中选择文档打开的位置即可，如图 6.3 所示。若要链接到站点内的文档，可输入文档相对路径或站点根目录相对路径。若要链接到站点外的文档，可输入包含协议（如 http://）的绝对路径。此种方法可用于输入尚未创建的文件的链接。

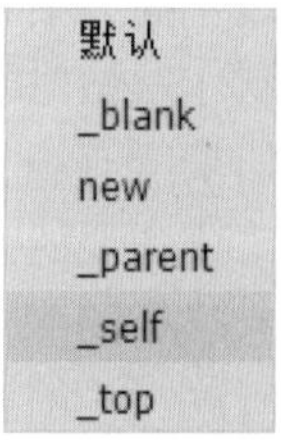

默认
_blank
new
_parent
_self
_top

图6.3 “目标”下拉列表框

“目标”下拉列表框选项及其含义如下：

- _blank：将链接的文档载入一个新的、未命名的浏览器窗口。
- _parent：将链接的文档加载到该链接所在框架的父框架或父窗口。如果包含链接的框架不是嵌套框架，则所链接的文档加载到整个浏览器窗口。

- _self：将链接的文档载入链接所在的同一框架或窗口。此目标是默认的，所以通常不需要指定。
- _top：将链接的文档载入整个浏览器窗口，从而删除所有框架。
- new：将链接文档载入一个新的窗口。

2. 使用“属性”面板“指向文件”图标

作为初学者，可能不知道在文本框中输入怎样的路径才是正确的，因此，Dreamweaver CC 2018提供了更加方便的方法。

单击“链接”文本框右侧的“指向文件”图标，拖动鼠标，会出现一条带箭头的细线，指示要拖动的位置，指向链接的文件后，释放鼠标，就完成了到该文件的链接创建，指向所链接的文档的路径显示在“链接”文本框中，如图6.4所示。

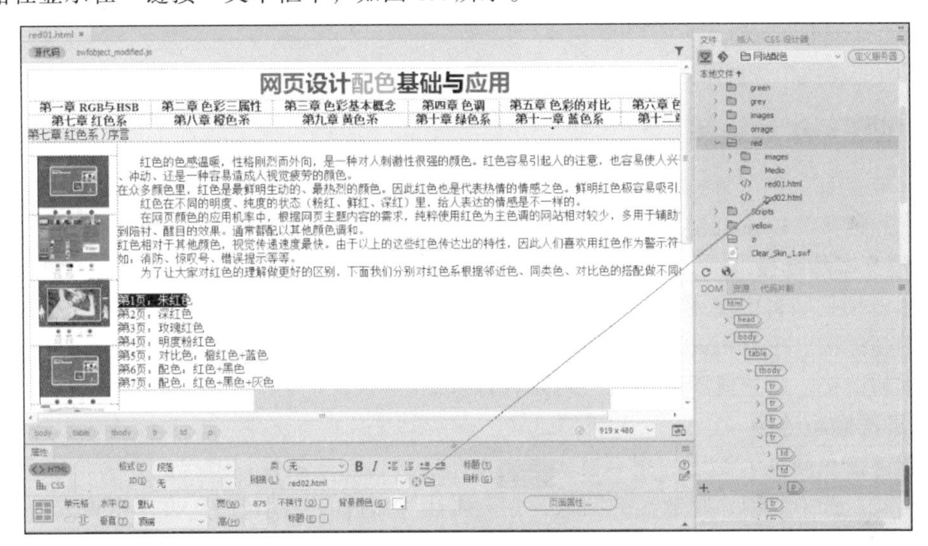

图6.4　指向文件创建超链接

3. 使用“属性”面板“浏览文件”图标

如果“文件”面板未能展开，或者不能在“本地文件”看到要链接的目标文件，可以单击“链接”文本框右侧的“浏览文件”按钮，在打开的“选择文件”对话框中浏览并选择一个文件，如图6.5所示。

4. 使用菜单命令创建超链接

选中要创建超链接的对象，选择“插入”→Hyperlink命令，打开Hyperlink对话框，完成各项设置，单击“确定”按钮，如图6.6所示。

各选项说明如下：

- “文本”文本框：此时显示所选中的文本对象，也可以在此修改文本。
- “链接”下拉菜单：从中选择要链接到的文件的名称。或者单击文件夹按钮浏览要链接到的文件。
- “目标”下拉列表：选择链接打开的目标窗口或框架。
- “标题”文本框：输入链接的标题。
- “访问键”文本框：输入可用来在浏览器中选择该链接的等效键盘键（一个字母）。
- “Tab 键索引”文本框：输入 Tab 顺序的编号。

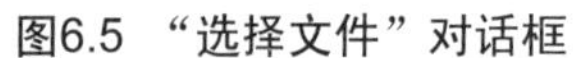
图6.5 “选择文件”对话框

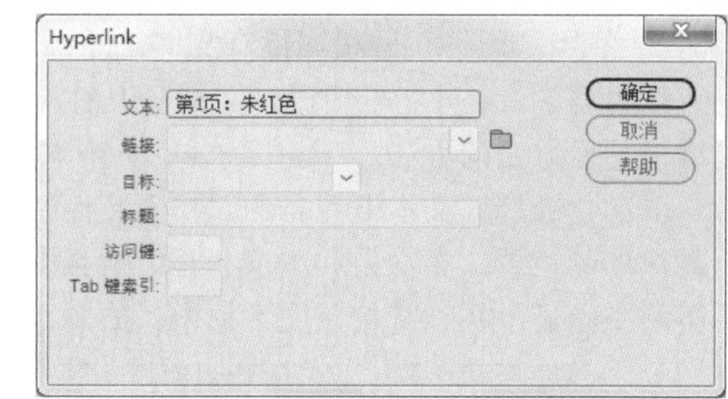

图6.6 Hyperlink对话框

6.2.2 创建各类超链接

在对超链接有一定了解的基础上，分类介绍各种超链接的方法，包括创建文本超链接、图像超链接、锚点链接、E-mail 链接、空链接和脚本链接。

1. 创建文本超链接

文本超链接是网页中使用最多的一类超链接，顾名思义，文本超链接是指从文本出发链接到其他文件的超链接。在 Dreamweaver CC 2018 中，只要先选中文本，然后采用前面介绍的方法就可以创建文本超链接，此处就不再累述，请读者自行练习。

2. 创建图像超链接

图像超链接在网页中使用的频率仅次于文本超链接，创建图像超链接的方法与创建文本超链接的方法相同。选中要创建超链接的图像，在“属性”面板的“超链接”文本框输入链接的 URL 地址，或者使用“指向文件”按钮和“浏览文件”按钮都可以。

3. 创建锚点链接

为了方便浏览者阅读网页，目前流行的网页页面的高度一般都不会太高，一般在 2~3 个屏幕的高度。因此，在 Dreamweaver CC 2018 中将使用效率不高的命名锚点按钮缺省了。但是，偶尔在页面较长，不宜分页的情况下，还是需要锚点链接来实现页面内部不同位置的跳转。因此，读者仍然可以通过“代码”视图命名锚点，并链接锚点。

【例 6.2】新建一个网页，通过命名锚点的方法实现页面不同位置的跳转。

（1）新建一个网页文件，在文档中任意输入若干文本，并插入图片。因为插入多个图像，所以该网页较长，如图 6.7 所示。从浏览器右侧滚动条不难发现，显示比例为 50%网页预览仍有较多内容在下方无法显示。

（2）回到 Dreamweaver CC 2018 中，切换到“拆分”视图，如图 6.8 所示。

（3）在“设计”视图最上方的文字后方单击，在下方的“代码”视图中可以看到对应代码被选中。在“代码”视图对应代码其后输入<a name="TOP"></a>，在“设计”视图空白处单击，可发现文本下方出现符号。将该符号选中，下方“代码”视图中刚输入的代码也被选中，此时命名了锚点 TOP，如图 6.9 所示。

（4）此时，再次预览发现，锚点符号并未出现，文本和图像直接的空隙也和步骤（1）时预览一样。因为锚点是网页中的不可见元素。

图6.7　显示比例为50%的预览效果

图6.8　“拆分”视图

（5）参考网页预览效果，计划每隔两个图像高度命名一个锚点。因此，在“设计”视图下第二个图像下方文本的后方空白处继续插入锚点，并依次每隔两个图像插入一个锚点。

（6）在最上方文字后面输入已插入锚点的相应文本，如图 6.10 所示。

图6.9　命名锚点

图6.10　插入文本

（7）在下方“代码”视图，在“二教”文本前单击，输入“<a href="xyfg.html#2j">”；在文本之后输入“</a>”，如图 6.11 所示。预览网页，如图 6.12 所示，插入超链接的文本为蓝色带下画线。此处超链接中“#2j”表示锚点“2j”。

图6.11 “代码”视图插入超链接

图6.12 预览效果

（8）依此类推，分别为其他文本插入超链接。

（9）全部文本都链接上了对应的锚点之后，读者预览网页，可以发现，的确可以跳转到页面内部不同的位置，但是跳过去之后，就没法跳回来了。

为什么呢？因为之前只插入了从页面最上方的文本跳转到不同锚点的超链接。要实现不同位置能互相跳转，就需要在每个位置都设置好已经插入超链接的文本。

（10）切换到“设计”视图，将已插入超链接的文本复制并粘贴到每个锚点符号后方，如图6.13所示。

（11）再次预览，不难发现，页面各处都有文本链接，可实现页面不同部分随意跳转，如图6.14所示。

图6.13 复制已插入超链接的文本

图6.14 预览效果

4. 创建E-mail链接

E-mail链接是一种特殊的链接，它并不是直接链接到电子邮件的地址，而是激活某个电子邮件收发软件，将指定的电子邮件地址自动填写到收件人处，以便用户直接撰写电子邮件后发送。

在Dreamweaver CC 2018中，可以选中文本后在“属性”面板的“链接”文本框中输入“mailto: 电子邮件地址”创建E-mail链接；也可以选择“插入”→HTML→“电子邮件链接”命令。

【例6.3】 打开index.html，创建E-mail链接。

（1）打开index.html。

（2）选中页面最下方文本中的“欢迎提供宝贵意见”，选择“插入”→HTML→“电子邮件链接”命令，如图6.15所示。

（3）在打开的“电子邮件链接”对话框的“文本”文本框中已经有上一步骤所选中的文本，在“电子邮件”文本框中输入正确的电子邮件地址，如图6.16所示。

图6.15　“插入”菜单命令

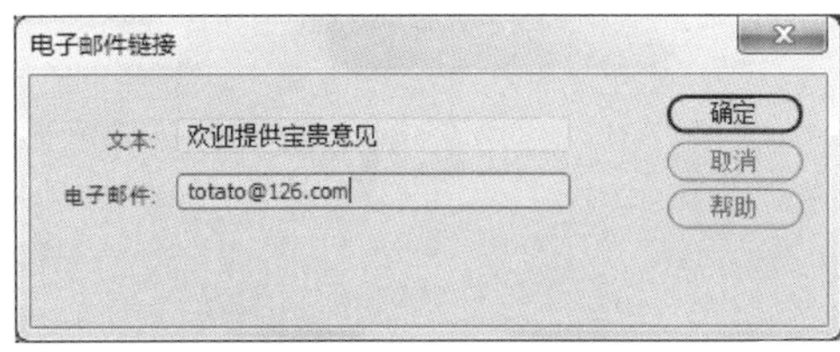

图6.16　“电子邮件链接”对话框

（4）保存网页文档，预览网页。在浏览器中单击已经创建超链接的文本，会激活本地计算机已安装的电子邮件收发软件，打开发送邮件对话框，如图 6.17 所示。

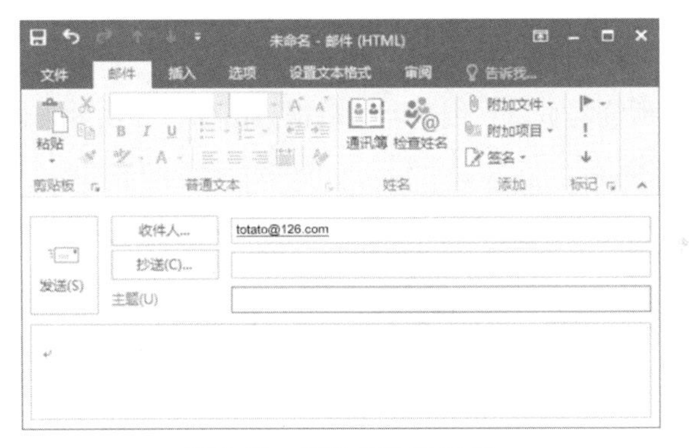

图6.17　发送邮件对话框

5. 创建空链接

空链接是未指派的链接，用于向页面上的对象或文本附加行为。一旦对象或文本被激活，当光标经过该链接时，可以附加行为来交换图片或显示层。

在 Dreamweaver CC 2018 中，要创建空链接，选中文本或图像后，在“属性”面板的“链接”文本框中输入“#”或者“JavaScript:;”（JavaScript 一词后依次接一个冒号和一个分号，中间不能有空格）即可。

在使用“#”号时要注意，当单击空链接时，某些浏览器可能调到页面的顶端。单击 JavaScript 空链接则不会产生任何效果，因此最好采取 JavaScript 空链接。

6. 创建脚本链接

脚本链接用于执行 JavaScript 代码或调用 JavaScript 函数。创建脚本链接后，能够在不离开当前页面的情况下为访问者提供有关某项的附加信息。脚本链接还可用于在访问者单击特定项时，执行计算、验证表单和完成其他处理任务。

在 Dreamweaver CC 2018 中，要创建脚本链接和创建 JavaScript 空链接类似，只不过“;”用具体的代码或者函数替换（在冒号与代码或函数之间不能有空格）。

【例 6.4】 打开 index.html，使用脚本链接为某个未完成超链接的图像添加显示“网站栏目中……敬请期待”的消息警告框。

（1）打开 index.html。

（2）选中页面中某个未完成超链接的图像，在“属性”面板的“链接”文本框内输入“JavaScript:alert(‘网站栏目中……敬请期待’)”，如图 6.18 所示。

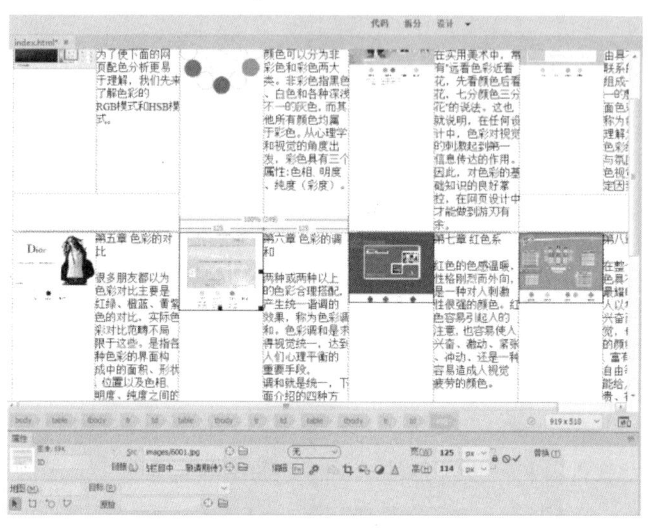

图6.18　创建脚本链接

（3）保存网页文档，预览网页。在浏览器中单击该图像，弹出警告框，如图 6.19 所示。

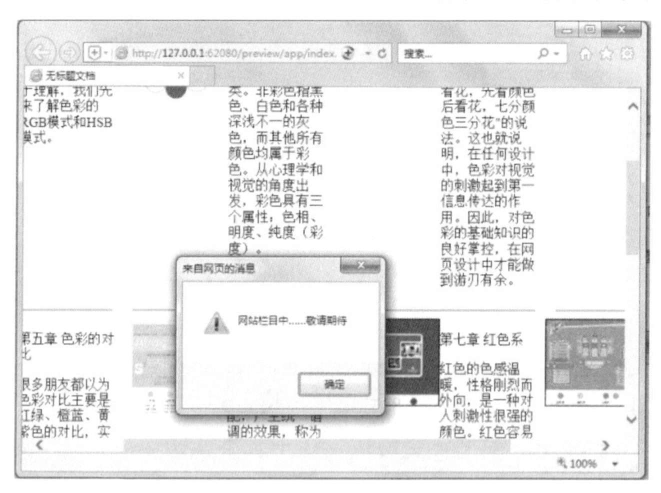

图6.19　脚本链接预览效果

7. 创建 FTP 链接

FTP 是一种文件传输协议，它是计算机与计算机之间能够相互通信的语言，通过 FTP 可以获得 Internet 上丰富的资源。

在 Dreamweaver CC 2018 中，要创建 FTP 链接，选中文本或图像后，在“属性”面板的“链接”文本框中输入对方的 FTP 链接地址（如 ftp://210.35.135.124）即可。

8. 创建站外链接

在 Dreamweaver CC 2018 中，要创建站外链接，选中文本或图像后，在“属性”面板的“链接”文本框中输入站点外部的 URL 即可。

6.2.3　创建图像地图

图像地图其实也是一种超链接，但是和图像链接不一样。图像链接是一个图像文件链接一个目标文件，而图像地图则是一个图像文件的不同部位链接不同的目标文件。这就需要用到篇幅稍微大点的图像文件。

创建图像地图，可以在图像上创建不规则区域的 2 个环节或某个部分区域的链接。图像地图是将图像分为若干个区域，这些区域也称为热点，单击不同的热点可以跳转到不同的链接，这样的链接就称为图像地图，也成为热点链接。

在 Dreamweaver CC 2018 中，要创建图像地图，只需要选中图像文件后，在“属性”面板中单击“热点”按钮就可以快速便捷的实现。

【例 6.5】新建一个网页文档，插入图像，创建图像地图链接到不同的其他网页文档。

（1）新建一个网页文档，空白处输入若干文字，换行后，选择“插入”→Image 命令，在网页文档中插入 jxaumap.png 作为图像地图，如图 6.20 所示。

（2）选中图像，在“属性”面板，单击左下角的“矩形热点工具”按钮。

（3）将光标移至图像上，光标显示为十字形状，在合适的位置拖动图像热点区域，如图 6.21 所示。

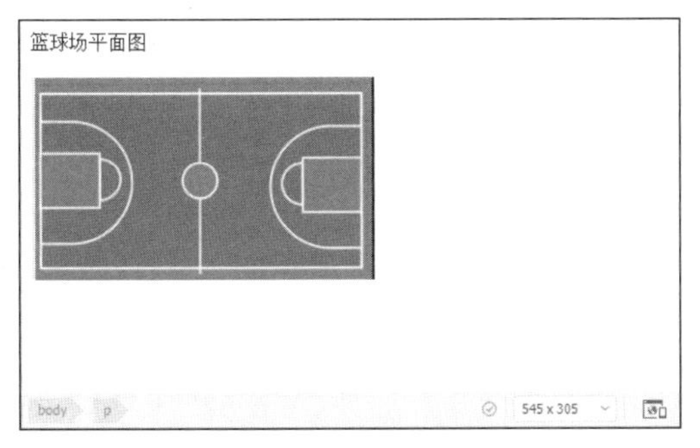

图6.20　插入图像

图6.21　绘制图像热点区域

（4）创建图像热点区域后，“属性”面板显示为“热点”的属性，其中“链接”文本框中自动出现“#”。

（5）拖动“链接”文本框右侧的“指向文件”按钮到预先完成的网页文件 1j.html，即完成一个图像热点链接。

（6）依次在图像上绘制多个图像热点区域，并链接到相应的网页文件，如图 6.22 所示。读者也可以尝试使用圆形热点工具或多边形热点工具绘制热点区域。

（7）保持网页文档，并预览网页，将光标移至创建图像热点上方时，会显示手形符号，单击，可以跳转到目标页面。

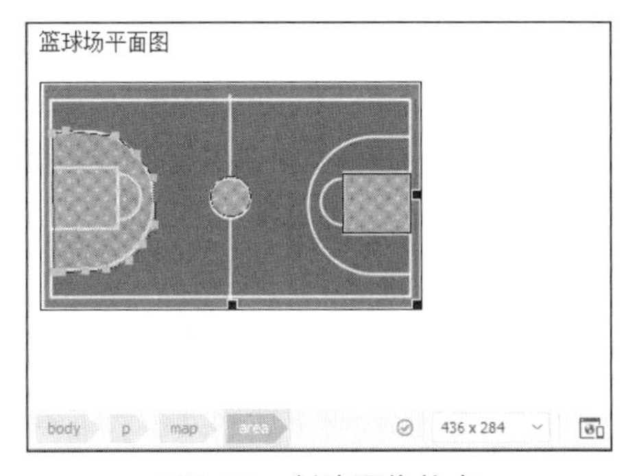

图6.22　创建图像热点

6.2.4　创建音频和视频链接

在 Dreamweaver CC 2018 中，网页文档中的文本或者图像文件还可以链接音频和视频文件。网页文档链接音乐或视频文件时，单击链接之后浏览器会自动运行内嵌的播放软件，从而播放相关内容，不同的浏览器打开的播放软件不同，如图 6.23 所示。

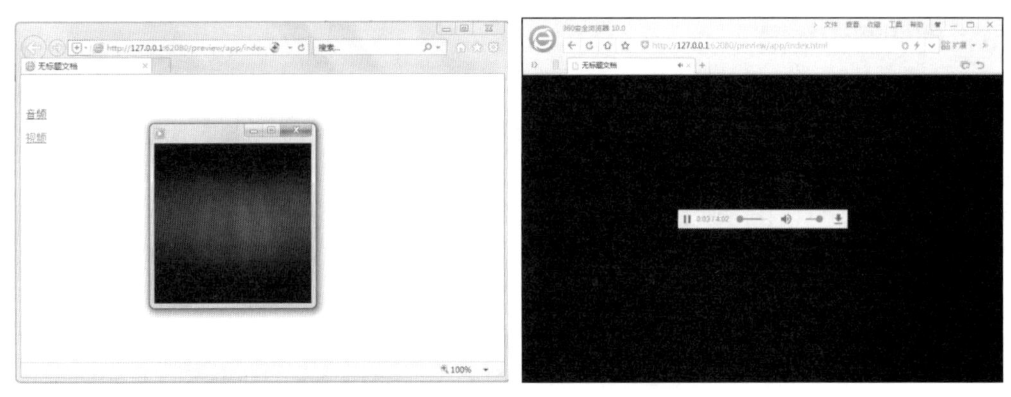

图6.23　不同浏览器单击音频链接

如果链接的是 MP3 或 MP4 文件，IE 浏览器内嵌 Windows Media Player 的播放器不一定能播放，此时弹出警告框（见图 6.24），表示该播放器无法正常播放 MP3 文件，需要重新下载新的插件播放器才能播放。此时，也可以在该链接上右击，在弹出的快捷菜单中选择“目标另存为”命令。打开“另存为”对话框，如图 6.25 所示，选择该文件保存的文件夹后，单击“保存”按钮即可将该文件保存到本地计算机中。

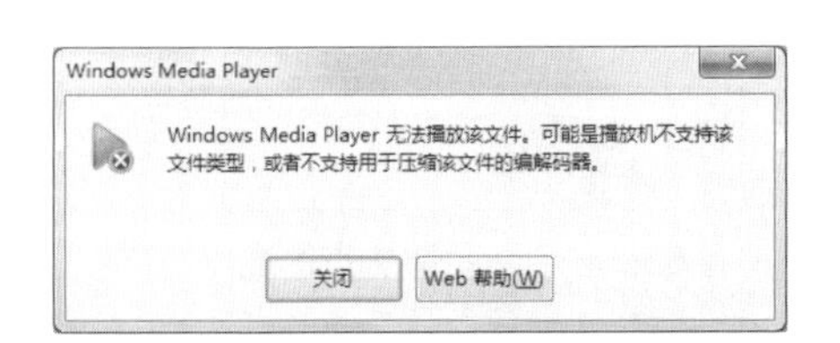

图6.24　Windows Media Player 警告框

图6.25　“另存为”对话框

在 Dreamweaver CC 2018 中，选中要创建音频或视频链接的文本或图像后，在“属性”面板的“链接”文本框中输入相应的音频或视频文件的路径即可，或者拖动“指向文件”按钮指向相应的音频或视频文件，也可单击“浏览文件”按钮，在弹出的“选择文件”对话框中选中相应的音频或视频文件。

6.2.5　创建文件下载链接

在软件和源代码下载网站中，下载链接是必不可少的，该链接可以帮助访问者下载相关的资料。在 Dreamweaver CC 2018 中，创建下载链接的方法很简单。和音频、视频链接一样，目标文件指向要下载的某个软件或者压缩文件即可。

可以作为目标文件的文件类型有很多，如 Word 文档、Excel 文档、PowerPoint 文档、Zip 文档、Rar 文档等，只要浏览器不能直接打开的文件类型，就可以以文件下载的方式创建链接。

在不同浏览器中，单击创建了文件下载链接的文本或者图像，会采用不同的方式提示是否打开或保存该文件。例如，IE 浏览器打开“要打开或保存……”对话框（见图 6.26），而 360 浏览器则打开“新建下载任务”对话框，如图 6.27 所示。

创建文件下载链接本书不再举例，请读者自行练习。

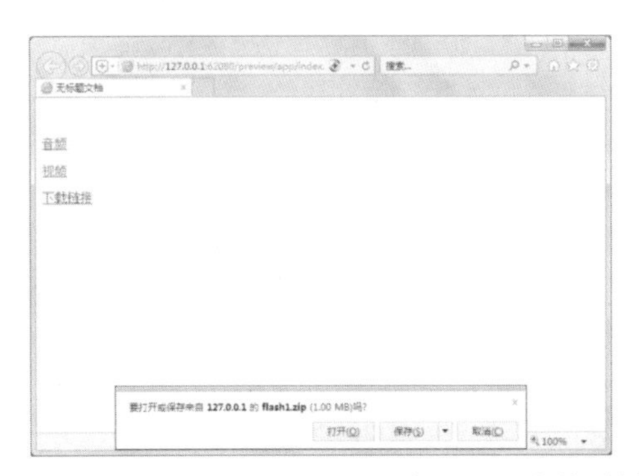

图6.26　IE浏览器“要打开或保存……”文件对话框

图6.27　360浏览器“新建下载任务”对话框

6.3　管理超链接

通过管理网页中的超链接，可以对网页进行相应的管理。管理超链接操作主要包括自动更新超链接、修改超链接和测试超链接。

6.3.1　自动更新超链接

移动或重命名本地站点内的文档时，Dreamweaver CC 2018 可更新来自和指向该文档的链接。在将整个站点（或其中完全独立的一个部分）存储在本地磁盘上时，此项功能最适用。Dreamweaver CC 2018 直到将本地文件放在远程服务器上或将其存回远程服务器后才更改远程文件夹中的文件。

为了加快更新过程，Dreamweaver CC 2018 可创建缓存文件，从中存储有关本地文件夹中所有链接的信息。在添加、更改或删除本地站点上的链接时，该缓存文件以不可见的方式进行更新。

在 Dreamweaver CC 2018 中，选择“编辑”→“首选项”命令。在“首选项”对话框中，默认左侧的“分类”列表中是“常规”分类，如果不是请单击“常规”分类。在右侧“常规”分类的“文档选项”部分，从“移动文件时更新链接”下拉菜单中选择一个选项，如图 6.28 所示。

选项说明如下：

- “总是”：每当移动或重命名选定文档时，自动更新起自和指向该文档的所有链接。
- “从不”：在移动或重命名选定文档时，不自动更新起自和指向该文档的所有链接。
- “提示”：显示一个对话框，列出此更改影响到的所有文件。默认是该选项，当站点中某个超链接发生变化时，会自动打开“更新文件”对话框，如图 6.29 所示。单击“更新”按钮可更新这些文件中的链接，而单击“不更新”按钮将保留原文件不变。

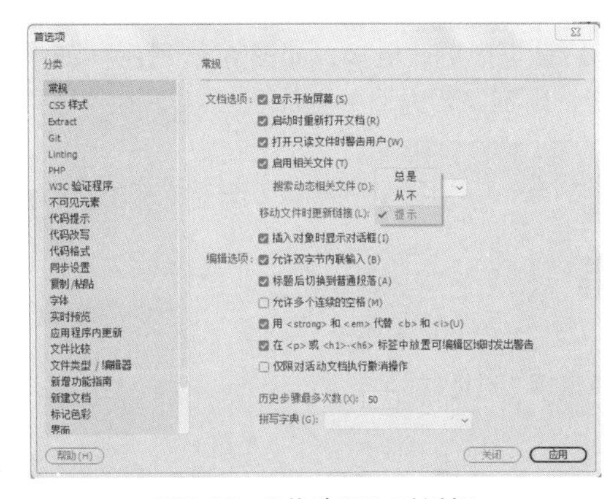

图6.28　“首选项”对话框

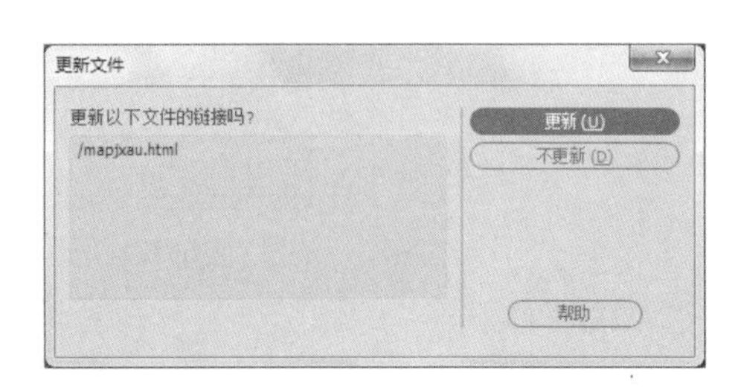

图6.29　“更新文件”对话框

6.3.2 为站点创建缓存文件

在 Dreamweaver CC 2018 中，选择“站点”→“管理站点”命令，在打开的“管理站点”对话框中选中某个站点，然后单击左下方“编辑”按钮，如图 6.30 所示。然后，在打开的“站点设置对象”对话框中，展开“高级设置”并选择“本地信息”类别，在右侧选中“启用缓存”复选框，如图 6.31 所示。

图6.30 “管理站点”对话框

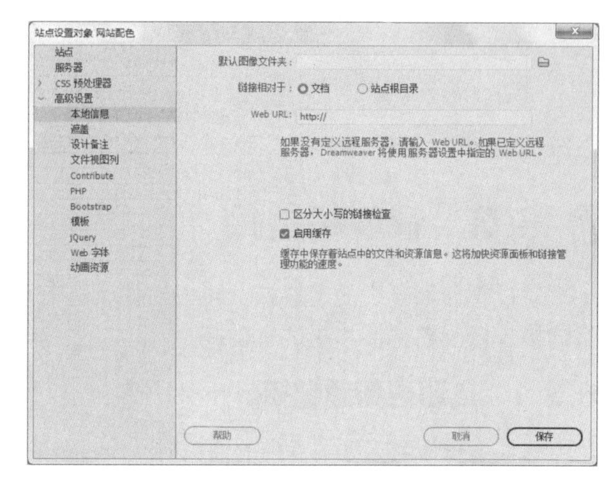

图6.31 “站点设置对象”对话框

启动 Dreamweaver CC 2018 后首次更改或删除指向本地文件夹中文件的链接时，提示加载缓存。如果单击“是”按钮，则 Dreamweaver CC 2018 加载缓存，并更新所有指向刚更改的文件的链接。如果单击“否”按钮，则将更改记入缓存，但 Dreamweaver CC 2018 不加载缓存或更新链接。

在大型站点上加载缓存可能耗时几分钟，因为 Dreamweaver CC 2018 必须通过比较本地站点上文件的时间戳与缓存中记录的时间戳，判断缓存是否为最新。如果没有在 Dreamweaver CC 2018 之外更改任何文件，则显示“停止”按钮时，可放心地单击该按钮。

在 Dreamweaver CC 2018 中，如果需重新创建缓存，选择“站点”→“高级”→“重建站点缓存”命令即可。

6.3.3 修改超链接

除移动或重命名文件时 Dreamweaver CC 2018 会自动更新链接之外，还可手动修改所有链接，使其指向其他某个文件或 URL。

在“文件”面板的“本地文件”选中一个文件后，选择“站点”→“站点选项”→“改变整个站点链接”命令，在打开的“更改整个站点链接”对话框中更改链接，如图 6.32 所示。如果更改的是电子邮件链接、FTP 链接、空链接或脚本链接，则不需要先选中文件。

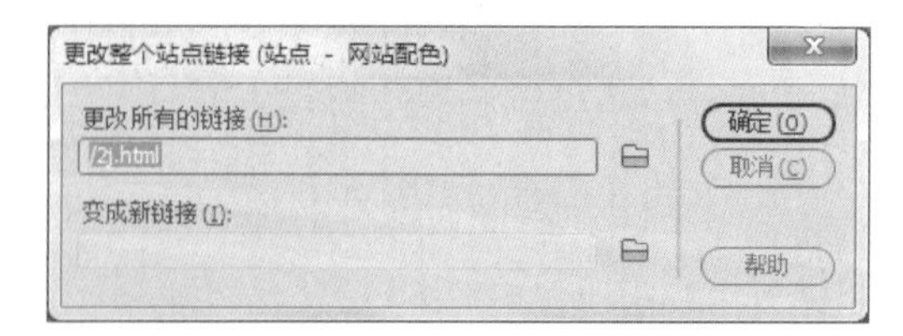

图6.32 “更改整个站点链接”对话框

选项说明如下：

- “更改所有的链接”文本框：单击文件夹图标，浏览并选择要取消链接的目标文件。如果更改的是电子邮件链接、FTP 链接、空链接或脚本链接，则输入要更改的链接的完整文本。
- “变成新链接”文本框：单击文件夹图标，浏览并选择要链接到的新文件。如果更改的是电子邮件链接、FTP 链接、空链接或脚本链接，请输入替换链接的完整文本。

Dreamweaver CC 2018 更新任何链接到所选文件的文档，其中沿用已在文档中使用的路径格式，使这些文档指向新文件。

在整个站点范围内更改某个链接后，本地硬盘上就没有任何文件指向该文件，此时所选文件变为孤立文件。这时可安全地删除该文件，而不会破坏本地 Dreamweaver CC 2018 站点中的任何链接。

6.3.4 测试链接

在 Dreamweaver CC 2018 中是无法显示链接对象的，也无法单击链接跳转到其他网页，只可以在浏览器中预览网页时显示链接对象，可以通过测试链接操作来检查所有链接是否成功。右击链接，在弹出的快捷菜单中选择“打开链接页面”命令，即可在新窗口中打开链接的网页文档。此时要注意，测试页面必须保存在本地站点中。

6.4 上机练习

本章的上机练习主要是在网页文档中创建各种超链接的方法。

【例 6.6】 打开例 5.6 完成的 Red 网页文档，修改为 red01.html 文档，并设置文本链接将其链接起来。根据网站规划本目录下还将有 red02.html~red07.html 等文档未创建，预先在 Red 网页文档设置文本链接将其他网页文档链接起来。

（1）打开 Red 网页文档。

（2）修改内容，并另存为 red01.html 网页文档，如图 6.33 所示。注意：除了正文内容的文字和图片要修改外，导航条下方的本页位置等也要修改。

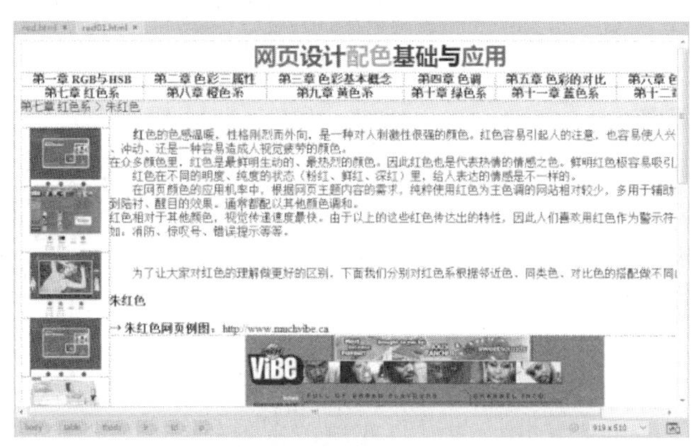

图6.33 red01.html网页文档

（3）回到 Red 网页文档窗口，选中“第 1 页：朱红色”文本，将“属性”面板的“指向文件”按钮拖动到“文件”面板“本地文件”中的 red01.html，如图 6.34 所示。

（4）此时，因为文本已经创建超链接，变为蓝色带下画线的形式，其“属性”面板的“链接”文本框内容为 red01.html。右击该文本，在弹出的快捷菜单中选择“打开链接页面”命令，如图 6.35 所示。发现当前编辑的文档窗口已经跳转到 red01.html 的网页文档窗口。

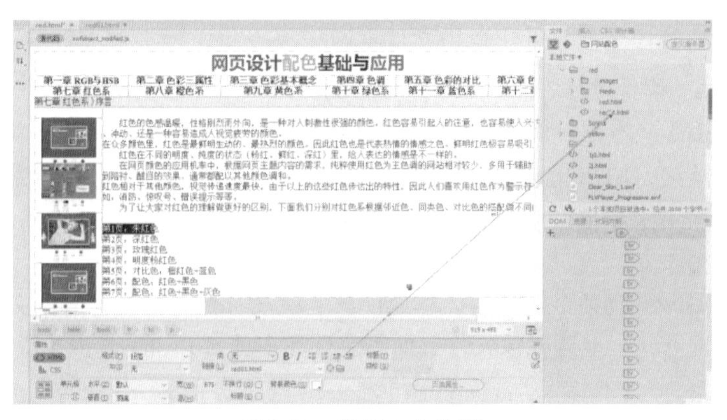

图6.34　设置文本链接

（5）选中文档中的 http://www.muchvibe.ca 文本，在“属性”面板的“链接”文本框中输入 http://www.muchvibe.ca，如图 6.36 所示。此时，该文本变化为蓝色带下画线的形式。

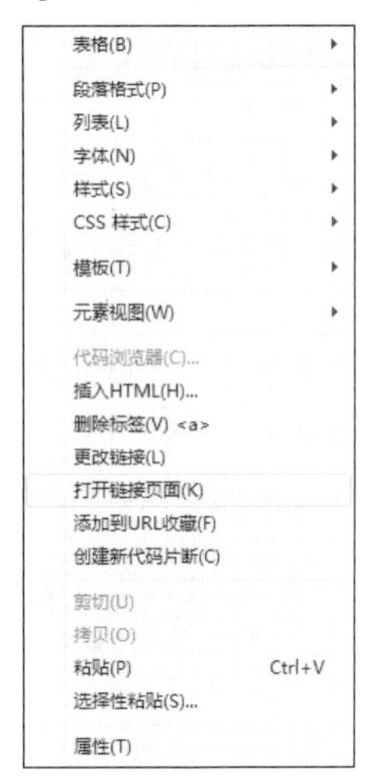

图6.35　打开链接页面

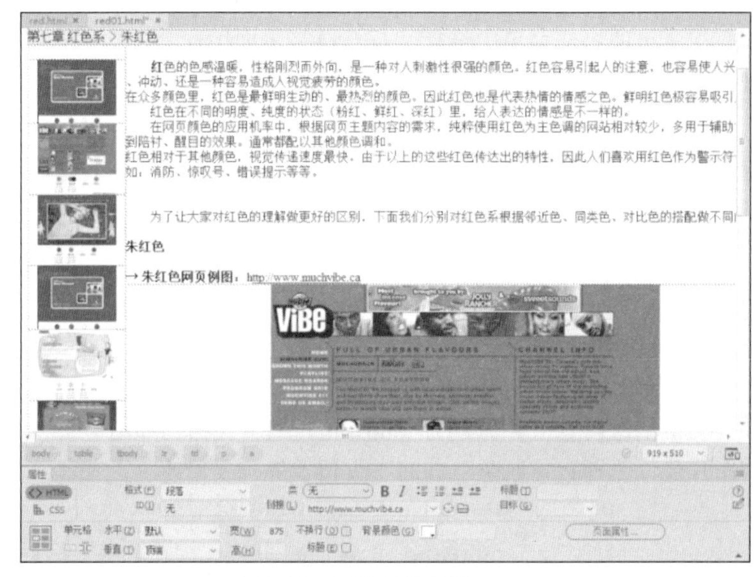

图6.36　创建站外链接

（6）保存 red01.html 网页文档，预览该网页，单击站外链接，将跳转外部网页。

（7）返回 Red 网页文档窗口，选中“第 2 页：深红色”等文本，在“属性”面板的“链接”文本框中输入 red02.html。

（8）依次选中第 3 页~第 7 页的文本，分别在相应“属性”面板的“链接”文本框中输入相对路径 red03.html~red07.html，结果如图 6.37 所示。

（9）步骤（7）、（8）的链接目标因为还未创建，因此暂时无法跳转。

【例 6.7】打开 Red.html 文档，为网页左侧的图像导航条中的图像创建超链接，并完成 red01.html 中图像和文本的链接。

（1）打开 Red 网页文档。

（2）选中左侧图像导航条中的第 1、2 个图像，分别拖动其“属性”面板的“指向目标”按钮到“文件”面板“本地文件”中的 red.html 和 red01.html 文件。

（3）依次选中左侧图像导航条中的第 3~8 个图像，分别在相应“属性”面板的“链接”文本框中输入相对路径 red03.html~red07.html。

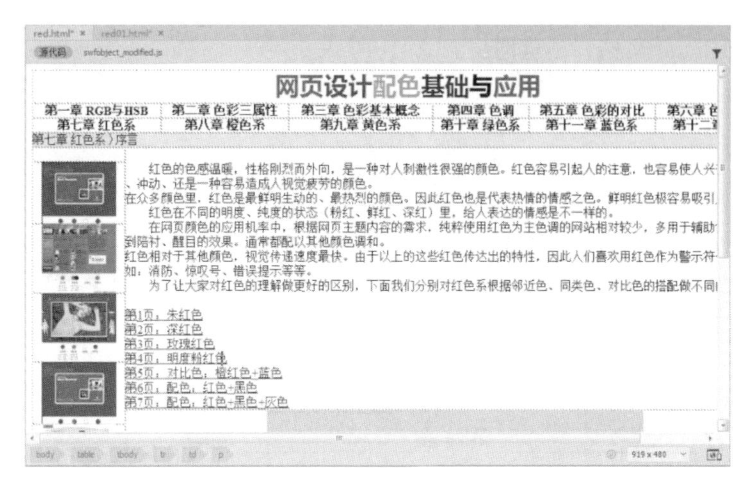

图6.37　设置文本链接

（4）选中左侧图像导航条中的某个图像，在左下状态栏中选择<table>标签，此时“设计”视图中，插入了图像导航条的表格被选中，如图 6.38 所示。

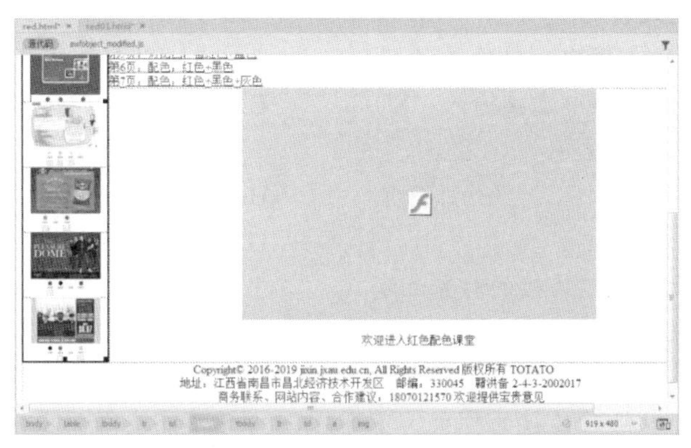

图6.38　选中表格复制对象

（5）选择“编辑”→“拷贝”命令，单击 red01.html 选项卡，选中左侧图像导航条中的某个图像，在左下状态栏中选择<table>标签，选择“编辑”→“粘贴”命令。此时，已将设置好链接的图像导航条复制到 red01.html 文档中。

（6）参照步骤（4）、（5）将 Red.html 中已设置好超链接的文本复制、粘贴到 red01.html 文档中相应的位置，如图 6.39 所示。

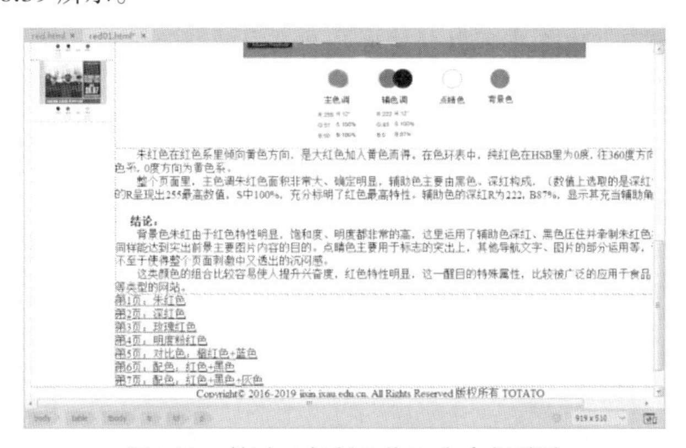

图6.39　粘贴已复制图像和文本超链接

（7）保存 red01.html 文档，预览网页。

习题

一、填空题

1. URL(Uniform Resource Locator，统一资源定位器)可以简单地称为______________。
2. 利用______________可以跳转到本站点指定网页文档内的特定位置。
3. ______________是指以 Web 站点根目录为参考基础的目录路径。
4. ______________是指以引用文件之网页所在位置为参考基础，而建立出的目录路径。
5. 在 Dreamweaver CC 2018 中，可以创建______________链接、______________链接、______________链接、______________链接和______________链接。

二、选择题

1. 在制作文本超链接时，建立了超链接的文本（　　）发生了变化，并且多了一条下画线。
   A. 字体　　B. 大小　　C. 颜色　　D. 位置
2. 以下能够创建空链接的是（　　）。
   A. 在“链接”文本框中直接输入“#”　　B. 在“链接”文本框中直接输入“!”
   C. 在“链接”文本框中直接输入“$”　　D. 在“链接”文本框中直接输入“@”
3. 以下不是热点工具的是（　　）。
   A. 矩形热点工具　　B. 圆形热点工具
   C. 多边形热点工具　　D. 菱形热点工具
4. 源端点不能用于附加超链接的对象组有（　　）。
   A. 文本、图像、按钮　　B. 文本、图像、单元格
   C. 文本、图像、Flash 动画　　D. 文本、图像、图层
5. 通过页面属性可以修改链接的样式，下列（　　）不能在页面属性里设置。
   A. 链接的各种状态颜色　　B. 链接的文字样式
   C. 链接的下画线　　D. 链接文字的底纹样式
6. 下列路径中属于绝对路径的是（　　）。
   A. http://www.jxau.edu.cn/index.html　　B. /student/webpage/10.html
   C. 10.html　　D. webpage/10.html

三、问答题

1. 在 Dreamweaver CC 2018 中可以创建哪几种类型的超链接？
2. 如何创建文本超链接？
3. 如何创建图像超链接？

第 7 章

制作表单页面

本章重点

表单提供了从网页浏览者那里收集信息的方法，用于调查、订购和搜索等。一般表单由两部分组成：一部分是描述表单元素的 HTML 源代码；另一部分是客户端脚本或者服务器端用来处理用户信息的程序。

学习目标

- 表单的基础知识；
- 在网页中创建表单；
- 设置表单的属性；
- 在表单中插入对象。

7.1　表单的基础知识

表单在网页中是提供给访问者填写信息的区域，从而可以收集客户端信息，使网页更加具有交互功能。

表单一般被设置在一个 HTML 文档中，访问者填写相关信息后提交表单，表单内容会自动从客户端的浏览器传送到服务器上，经过服务器上的 ASP 或 CGI 等程序处理后，再将访问者所需的信息传送到客户端的浏览器上。几乎所有网站都应用表单，如登录框、搜索栏、论坛和订单等。

一个表单有 3 个基本组成部分：

（1）表单标签：这里面包含了处理表单数据所用 CGI 程序的 URL 以及数据提交到服务器的方法。

（2）表单对象：包含了文本框、密码框、隐藏域、多行文本框、复选框、单选框、下拉选择框和文件上传框等。

（3）表单按钮：包括提交按钮、复位按钮和一般按钮；用于将数据传送到服务器上的 CGI 脚本或者取消输入，还可以用表单按钮来控制其他定义了处理脚本的处理工作。

7.2　表单标签

表单用<form></form>来创建，用于定义采集数据的范围，也就是<form>和</form>里面包含的数据将被提交到服务器或者电子邮件里。

HTML 语法：

```
<form action="url" method="get|post" enctype="mime类型" target="...">
. . .</form>
```

主要属性说明如下：

- action=url：用来指定处理提交表单的格式。它可以是一个 URL 地址（提交给程序）或一个电子邮件地址。
- method=get 或 post：指明提交表单的 HTTP 方法。可能的值为：post 方法，在表单的主干包含名称/值对并且无须包含于 action 特性的 URL 中；get 方法，把名称/值加在 action 的 URL 后面并且把新的 URL 送至服务器，这是向前兼容的默认值，这个值由于国际化的原因不赞成使用。
- enctype 属性：指明用来把表单提交给服务器时（当 method 值为"post"）的互联网媒体形式。这个特性的默认值是 application/x-www-form-urlencoded。
- target="..."：指定提交的结果文档显示的位置。

7.3 表单对象

在 Dreamweaver CC 2018 中,表单输入类型称为表单对象。可以在网页中插入表单，并插入各种表单对象。要在网页文档中插入表单对象，可以在“插入”→“表单”菜单中选择相应的命令。表单对象包含文本框、多行文本框、密码框、隐藏域、复选框、单选框和下拉选择框等，用于采集用户的输入或选择的数据。

7.3.1 文本框

文本框是一种让访问者自己输入内容的表单对象，通常用来填写单个字或者简短的回答，如姓名、地址等。在 Dreamweaver CC 2018 中，选择“插入”→“表单”→“文本”命令，即可插入文本框对象，其属性如图 7.1 所示。相应 HTML 代码格式如下：

```
<input type="text" name="..." size="..." maxlength="..." value="...">
```

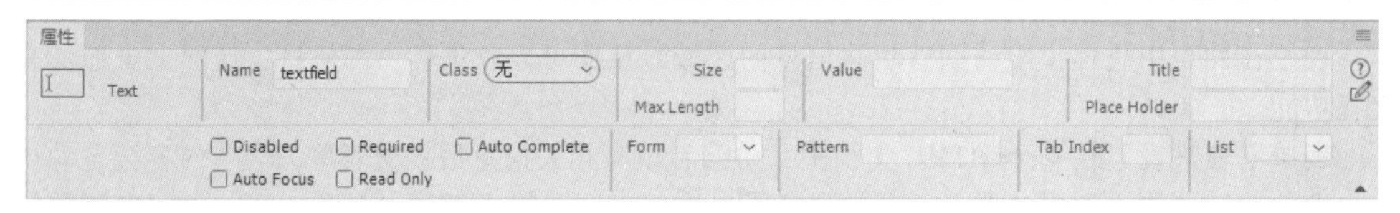

图7.1 “文本框”对象“属性”面板

主要属性说明如下：

- type="text"：定义单行文本输入框。
- name 属性：定义文本框的名称，要保证数据的准确采集，必须定义一个独一无二的名称。
- size 属性：定义文本框的宽度，单位是单个字符宽度。
- maxlength 属性：定义最多输入的字符数。
- value 属性：定义文本框的初始值。

7.3.2 文本区域

文本区域是一种让访问者自己输入内容的表单对象，只不过能让访问者填写较长的内容。

在 Dreamweaver CC 2018 中，选择“插入”→“表单”→“文本区域”命令，即可插入文本区域对象，其属性如图 7.2 所示。相应 HTML 代码格式如下：

```
<textarea name="..." cols="..." rows="..." wrap="virtual"></textarea>
```

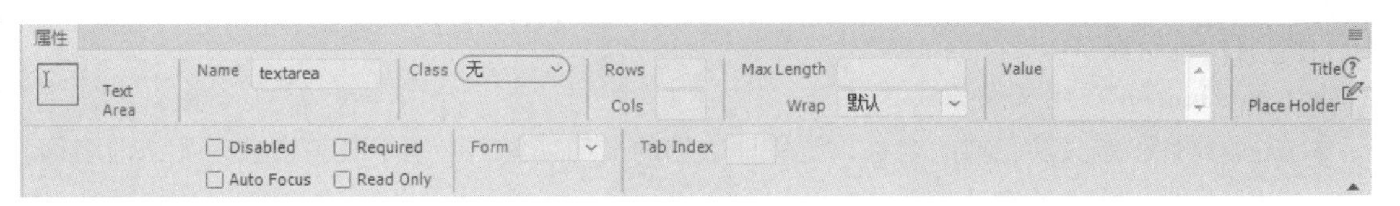

图7.2 “文本区域”对象“属性”面板

主要属性说明如下：

- name 属性：定义多行文本框的名称，要保证数据的准确采集，必须定义一个独一无二的名称。
- cols 属性：定义多行文本框的宽度，单位是单个字符宽度。
- rows 属性：定义多行文本框的高度，单位是单个字符宽度。
- wrap 属性：定义输入内容大于文本域时显示的方式。可选值如下：

默认值是文本自动换行；当输入内容超过文本域的右边界时会自动转到下一行，而数据在被提交处理时自动换行的地方不会有换行符出现；Off，用来避免文本换行，当输入的内容超过文本域右边界时，文本将向左滚动，必须用 return 才能将插入点移到下一行；virtual，允许文本自动换行。physical，让文本换行，当数据被提交处理时换行符也将被一起提交处理。

7.3.3 密码域

密码域是一种特殊的文本域，用于输入密码。当访问者输入文字时，文字会被星号或其他符号代替，而输入的文字会被隐藏。在 Dreamweaver CC 2018 中，选择“插入”→“表单”→“密码”命令，即可插入密码域对象，其属性如图 7.3 所示。相应 HTML 代码格式如下：

```
<input type="password" name="..." size="..." maxlength="...">
```

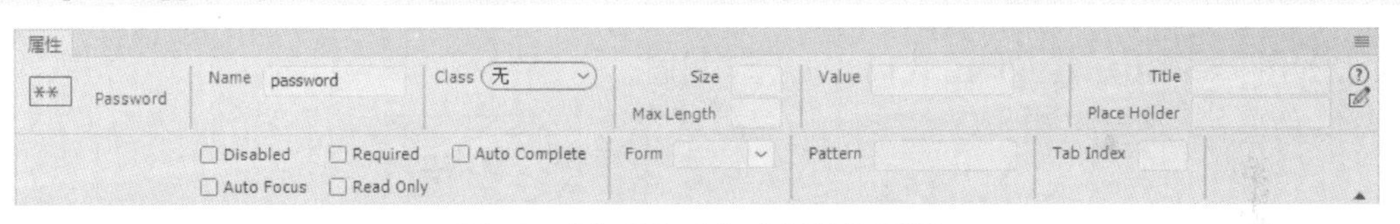

图7.3 “密码”对象“属性”面板

主要属性说明如下：

- type="password"：定义密码框。
- name 属性：定义密码框的名称，要保证数据的准确采集，必须定义一个独一无二的名称。
- size 属性：定义密码框的宽度，单位是单个字符宽度。
- maxlength 属性：定义最多输入的字符数。

7.3.4 隐藏域

隐藏域是用来收集或发送信息的不可见元素，对于网页的访问者来说，隐藏域是看不见的。当表单被提交时，隐藏域就会将信息用设置时定义的名称和值发送到服务器上。在 Dreamweaver CC 2018 中，选择“插入”→“表单”→“隐藏”命令，即可插入隐藏域对象，其属性如图 7.4 所示。相应 HTML 代码格式如下：

```
<input type="hidden" name="..." value="...">
```

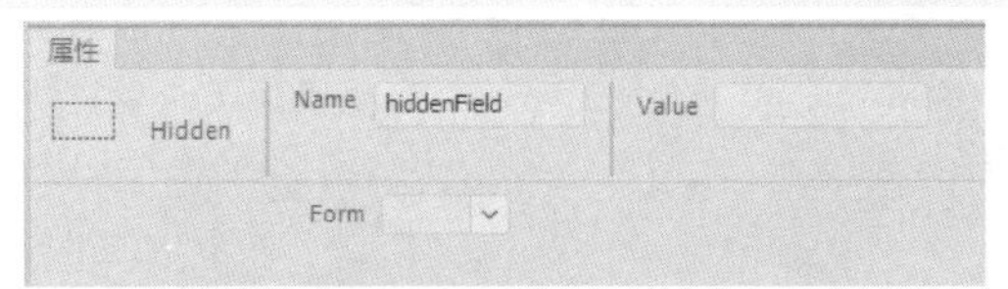

图7.4 “隐藏域”对象“属性”面板

主要属性说明如下：

- type="hidden"：定义隐藏域。
- name 属性：定义隐藏域的名称，要保证数据的准确采集，必须定义一个独一无二的名称。
- value 属性：定义隐藏域的值。

7.3.5 复选框和复选框组

复选框和复选框组允许在待选项中选中一项以上的选项。每个复选框都是一个独立的元素，都必须有一个唯一的名称。在 Dreamweaver CC 2018 中,选择“插入”→“表单”→“复选框”命令，即可插入复选框对象，其属性如图 7.5 所示。相应 HTML 代码格式如下：

```
<input type="checkbox" name="..." value="...">
```

主要属性说明如下：

- type="checkbox"：定义复选框。
- name 属性：定义复选框的名称，要保证数据的准确采集，必须定义一个独一无二的名称。
- value 属性：定义复选框的值。

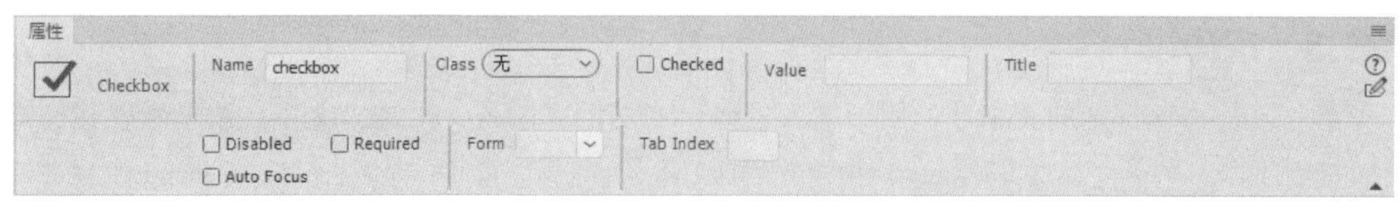

图7.5 “复选框”对象“属性”面板

在 Dreamweaver CC 2018 中，选择“插入”→“表单”→“复选框组”命令，打开“复选框组”对话框，如图 7.6 所示。其 HTML 代码与复选框相同。

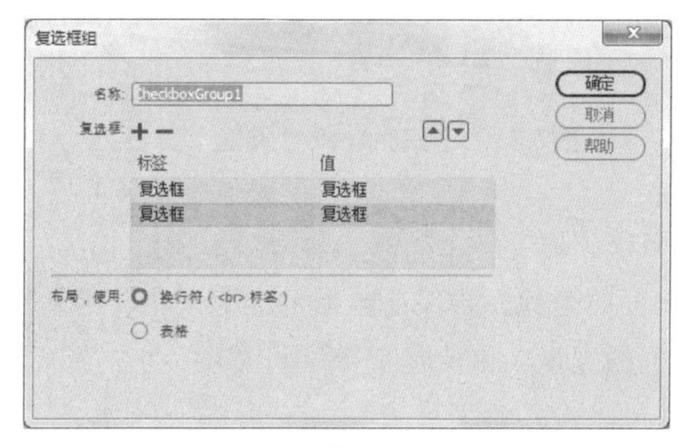

图7.6 “复选框组”对话框

7.3.6 单选按钮和单选按钮组

当需要访问者在单选项中选择唯一的答案时，就需要用到单选按钮。在 Dreamweaver CC 2018 中，选择“插入”→“表单”→“单选按钮”命令，即可插入单选按钮对象，其属性如图 7.7 所示。相应 HTML 代码格式如下：

```
<input type="radio" name="..." value="...">
```

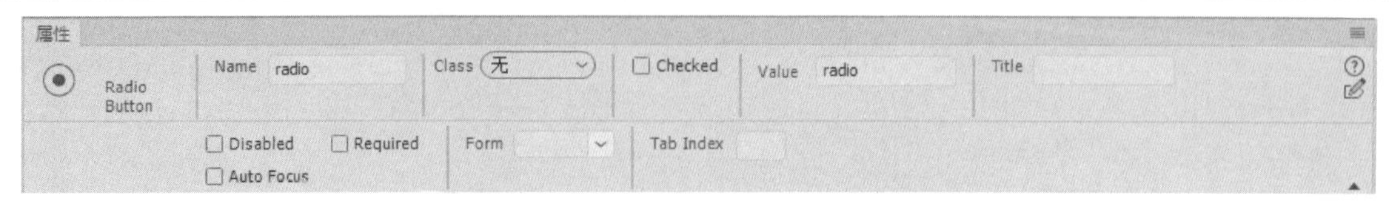

图7.7 “单选按钮”对象“属性”面板

主要属性说明如下：

- type="radio"：定义单选按钮。
- name 属性：定义单选按钮的名称，要保证数据的准确采集，单选按钮都是以组为单位使用的，在同一组中的单选项都必须用同一个名称。
- value 属性：定义单选按钮的值，在同一组中，它们的域值必须是不同的。

在 Dreamweaver CC 2018 中,选择“插入”→“表单”→“单选按钮组”命令，打开“单选按钮组”对话框，如图 7.8 所示。其 HTML 代码与单选按钮相同。

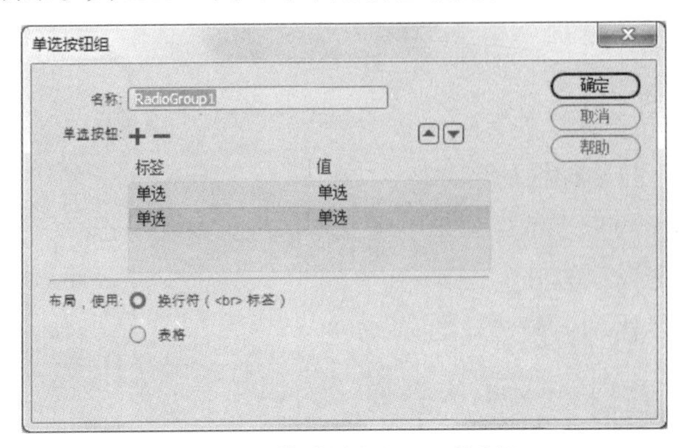

图7.8 “单选按钮组”对话框

7.3.7 文件域

有时，需要用户上传自己的文件，文件上传框和其他文本域差不多，只是多包含了一个“浏览”按钮。访问者可以通过输入需要上传的文件的路径或者单击“浏览”按钮选择需要上传的文件。在 Dreamweaver CC 2018 中，选择“插入”→“表单”→“文件”命令，即可插入文件域对象，其属性如图 7.9 所示。相应 HTML 代码格式如下：

```
<input type="file" name="..." size="15" maxlength="100">。
```

在使用文件域以前，先确定服务器是否允许匿名上传文件。表单标签中必须设置 enctype="multipart/form-data"来确保文件被正确编码；另外，表单的传送方式必须设置成 post。

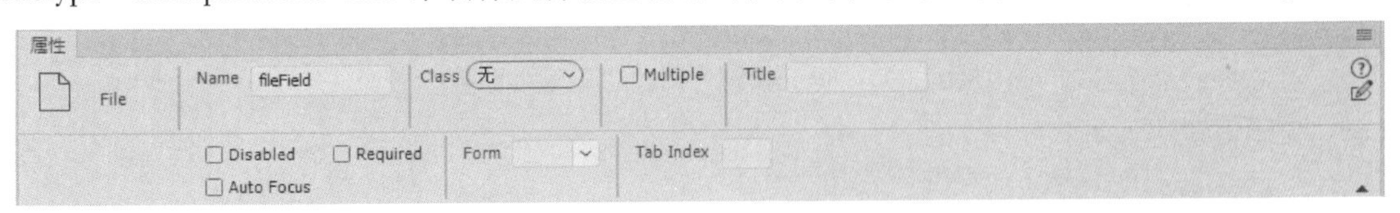

图7.9 “文件域”对象“属性”面板

主要属性说明如下：

- type="file"：定义文件上传框。
- name 属性：定义文件上传框的名称，要保证数据的准确采集，必须定义一个独一无二的名称。
- size 属性：定义文件上传框的宽度，单位是单个字符宽度。
- maxlength 属性：定义最多输入的字符数。

7.3.8 选择框

选择框允许用户在一个有限的空间设置多种选项。在 Dreamweaver CC 2018 中，选择“插入”→“表单”→“选择”命令，即可插入选择框对象，其属性如图 7.10 所示。相应 HTML 代码格式如下：

```
<select name="..." size="..." multiple>
<option value="..." selected>...</option>
...
</select>
```

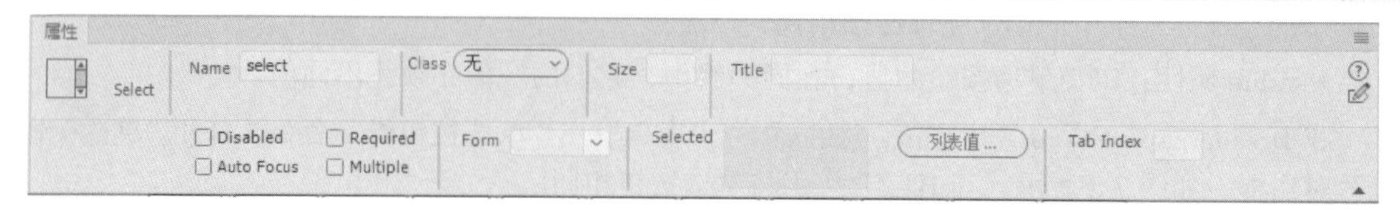

图7.10 “选择框”对象“属性”面板

主要属性说明如下：

- size 属性：定义下拉选择框的行数。
- name 属性：定义下拉选择框的名称。
- multiple 属性：表示可以多选，如果不设置本属性，只能单选。
- value 属性：定义选择项的值。
- selected 属性：表示默认已经选择本选项。

7.4 表单按钮

7.4.1 提交按钮

提交按钮用来将输入的信息提交到服务器。在 Dreamweaver CC 2018 中，选择“插入”→“表单”→“提交按钮”命令，即可插入“提交”按钮对象，其属性如图 7.11 所示。相应 HTML 代码格式如下：

```
<input type="submit" name="..." value="...">
```

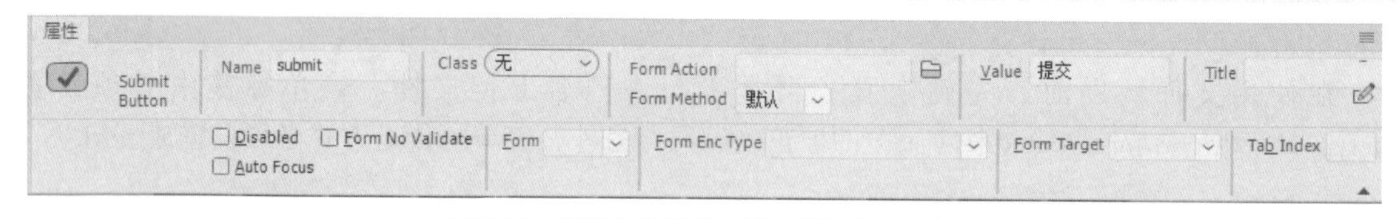

图7.11 “提交按钮”对象“属性”面板

主要属性说明如下：

- type="submit"：定义“提交”按钮。
- name 属性：定义“提交”按钮的名称。
- value 属性：定义按钮的显示文字。

7.4.2 重置按钮

重置按钮用来重置表单。在 Dreamweaver CC 2018 中，选择“插入”→“表单”→“重置按钮”命令，即可插入重置按钮对象，其属性如图 7.12 所示。相应 HTML 代码格式如下：

```
<input type="reset" name="..." value="...">
```

主要属性说明如下：

- type="reset"：定义复位按钮。
- name 属性：定义复位按钮的名称。

- value 属性：定义按钮的显示文字。

图7.12　“重置按钮”对象“属性”面板

7.4.3　一般按钮

一般按钮用来控制其他定义了处理脚本的处理工作。在 Dreamweaver CC 2018 中，选择“插入”→“表单”→“按钮”命令，即可插入一般按钮对象，其属性如图 7.13 所示。相应 HTML 代码格式如下：

```
<input type="button" name="..." value="..." onClick="...">
```

图7.13　“按钮”对象“属性”面板

主要属性说明如下：

- type="button"：定义一般按钮。
- name 属性：定义一般按钮的名称。
- value 属性：定义按钮的显示文字。
- onClick 属性：也可以是其他的事件，通过指定脚本函数来定义按钮的行为。

7.4.4　图像按钮

图像按钮用来控制其他定义了处理脚本的处理工作，与一般按钮一样，只是在网页文档上显示效果为所选图片。在 Dreamweaver CC 2018 中,选择“插入”→“表单”→“图像按钮”命令，打开“选择图像源文件”对话框，选择图像，如图 7.14 所示。图像按钮对象的属性如图 7.15 所示。相应 HTML 代码格式如下：

```
<input type="image" name="..." id="..." src="...">
```

图7.14　“选择图像源文件”对话框

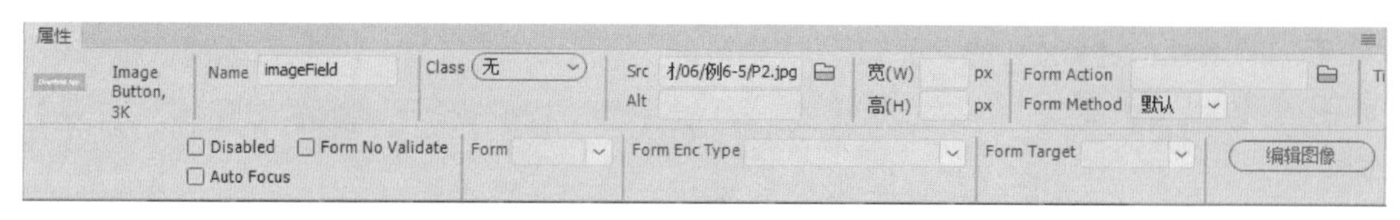

图7.15 “图像按钮”对象“属性”面板

如图 7.15 所示，其主要属性说明如下：

- Name 属性：定义一般按钮的名称。
- Src 属性：定义图像的路径。
- Form Action 属性：也可以是其他的事件，通过指定脚本函数来定义按钮的行为。
- Form Method 属性：指明表单方法。

7.5 上机练习

本章上机练习主要介绍在网页文档中插入各类表单对象的方法。

【例 7.1】新建网页文档，在文档中插入表单对象，制作一个注册页面。

（1）新建一个网页文档。

（2）插入表单。选择“插入”→“表单”→“表单”命令，在文档窗口中，可以看到红色虚线显示的表单，如图 7.16 所示。

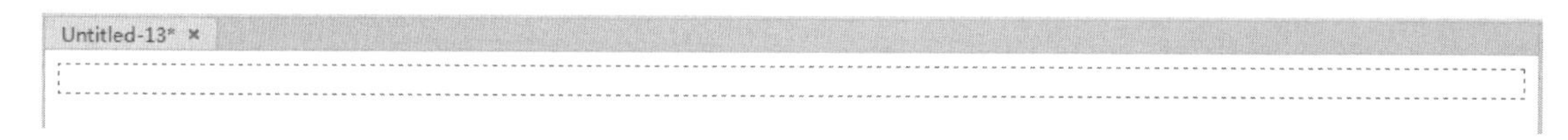

图7.16 插入的表单

（3）单击表单的红色虚线框，选中表单，然后在“属性”面板中设置表单参数，如图 7.17 所示。

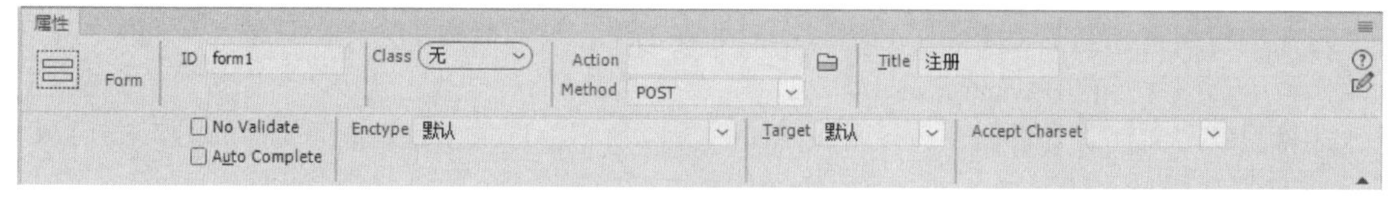

图7.17 设置表单属性

（4）将光标置入表单，选择“插入”→Table 命令，插入表格。在打开的 Table 对话框中设置表格属性，“行数”为 14，“列”为 2，“表格宽度”为 80、“百分比”，“边框粗细”为 0，“单元格边距”为 2，“单元格间距”为 2，如图 7.18 所示。

（5）单击“确定”按钮，将表格插入页面。表格默认位于页面左上角，且默认处于“选中”状态。选择插入的表格，然后在“属性”面板中设置表格的其他属性，Align 对齐方式为“居中对齐”，如图 7.19 所示。

（6）切换到“拆分”视图，在状态栏选择<table>标签，可以看到“设计”视图中表格被选中，同样，在下方“代码”视图中对应的 HTML 代码也被选中，如图 7.20 所示。

（7）在“代码”视图中的“<table”之后按空格键，在弹出的菜单中选择 bgcolor，再选择“color picker...”命令。在弹出的拾色器中选择合适的颜色，如图 7.21 所示。

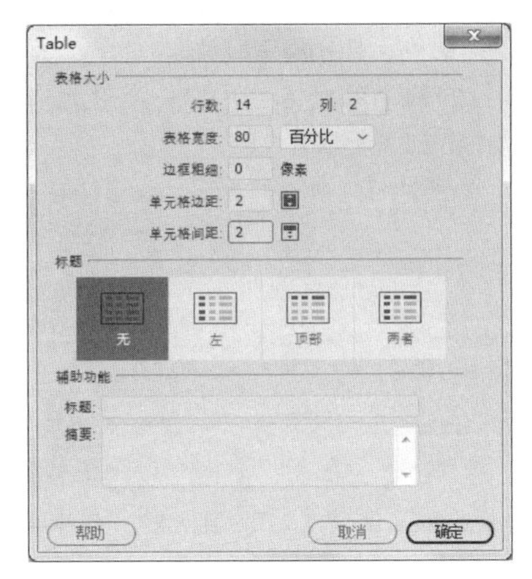

图7.18　Table对话框

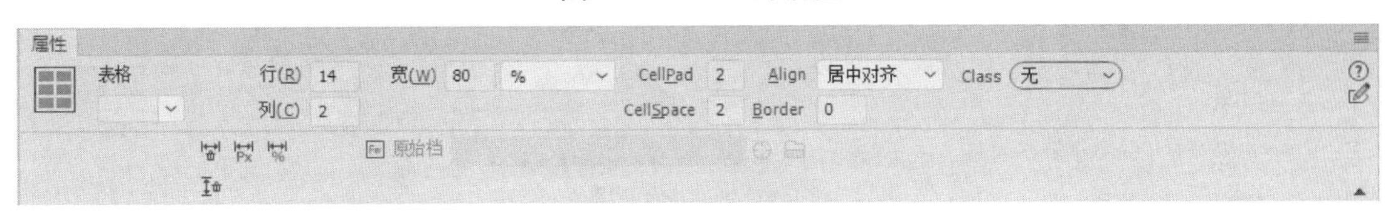

图7.19　设置表格属性

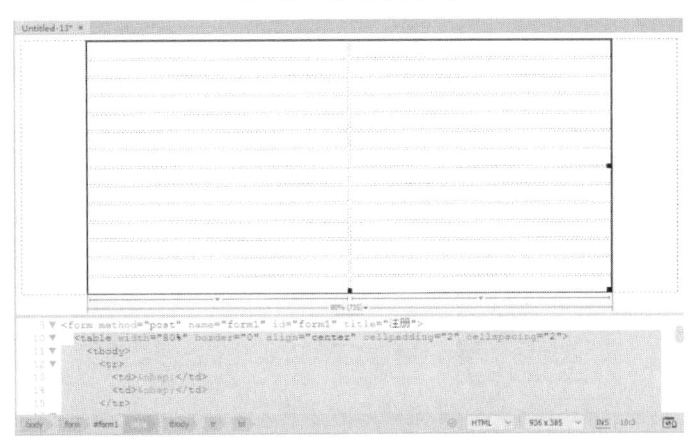

图7.20　“拆分”视图

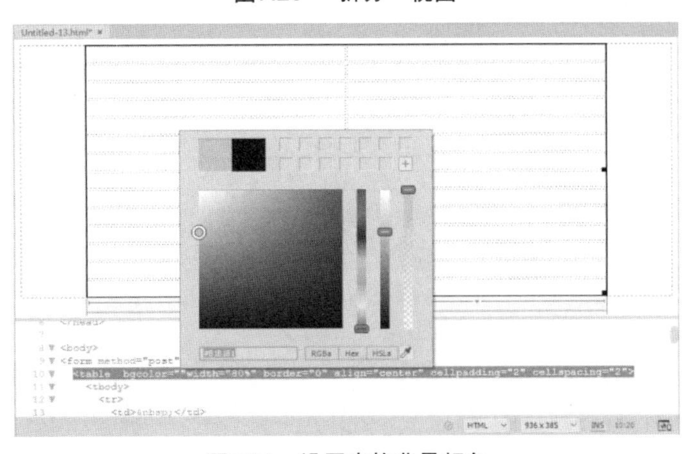

图7.21　设置表格背景颜色

（8）此时，整个表格设置好背景色，如图 7.22 所示。

（9）分别将第 1、5、8、14 行的两个单元格合并为一个单元格。选中所有单元格，在“属性”面板中设置“背景颜色”，效果如图 7.23 所示。

图7.22　设置背景色的表格

图7.23　合并单元格并设置单元格背景颜色

（10）将未合并的单元格背景色设置为#FFFFFF，并调整列宽，设置完成的表格如图 7.24 所示。

（11）在相应的单元格中输入相应文本，如图 7.25 所示。

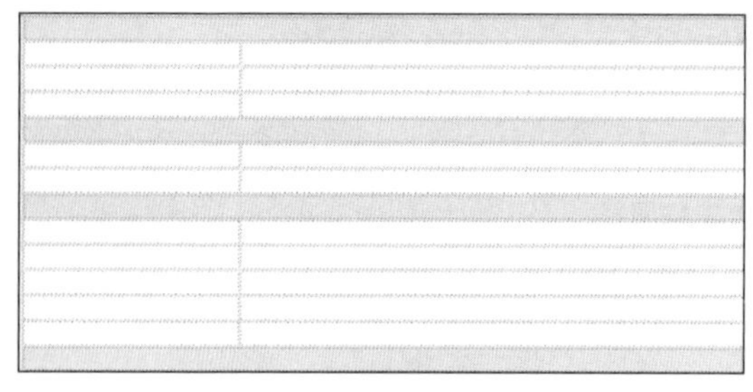

图7.24　设置完成的表格

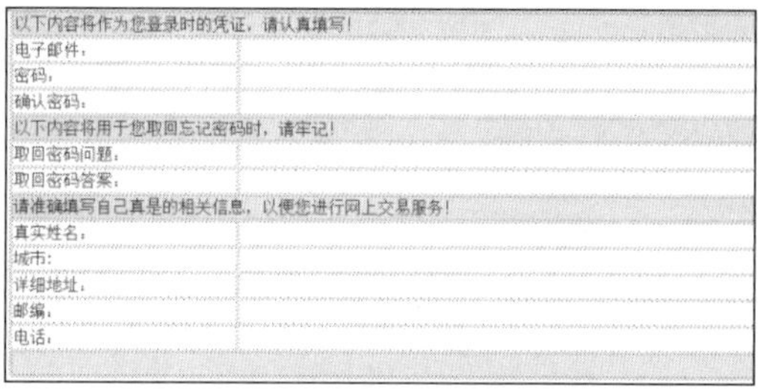

以下内容将作为您登录时的凭证，请认真填写！
电子邮件：
密码：
确认密码：
以下内容将用于您取回忘记密码时，请牢记！
取回密码问题：
取回密码答案：
请准确填写自己真是的相关信息，以便您进行网上交易服务！
真实姓名：
城市：
详细地址：
邮编：
电话：

图7.25　输入相应文本

（12）按住【Ctrl】键将第 2~4、6~7、9~13 行左侧单元格逐一选中，在“属性”面板中设置“水平对齐”为“右对齐”，如图 7.26 所示。

Untitled-13.html*
以下内容将作为您登录时的凭证，请认真填写！
电子邮件：
密码：
确认密码：
以下内容将用于您取回忘记密码时，请牢记！
取回密码问题：
取回密码答案：
请准确填写自己真是的相关信息，以便您进行网上交易服务！
真实姓名：
城市：
详细地址：
邮编：
电话：
右对齐
默认
#FFFFFF

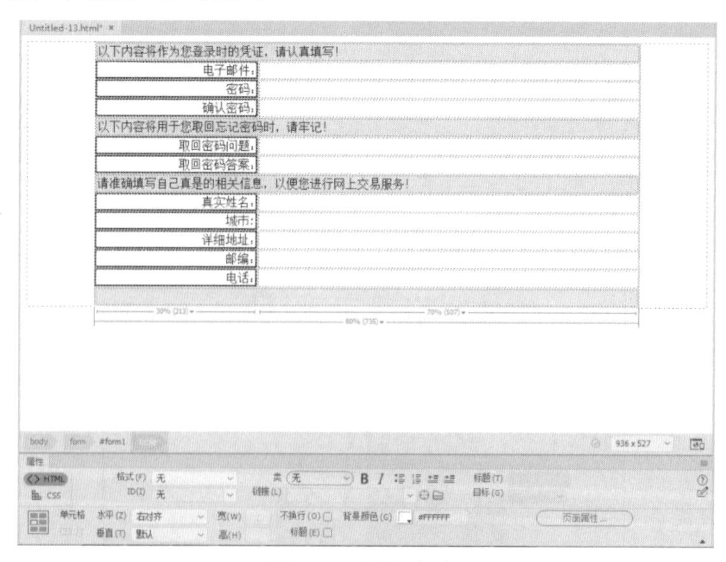

图7.26　添加文本

（13）将光标设置在第 2 行右侧单元格中，选择“插入”→“表单”→“电子邮件”命令，将左侧文本删除，并在“属性”面板中设置相关属性，如图 7.27 所示。

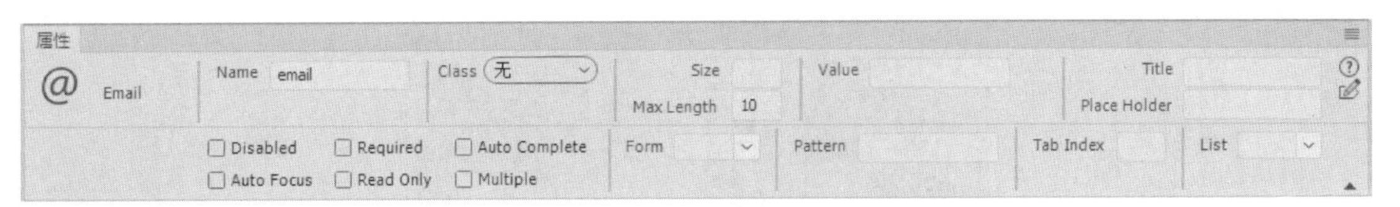

图7.27 设置“电子邮件”的属性

（14）将光标分别设置在第 3、4 行右侧单元格中，选择“插入”→“表单”→“密码”命令，将左侧文本删除，并在“属性”面板中设置 Name 分别为 password、comfpass,Maxlength 设为 10，如图 7.28 所示。

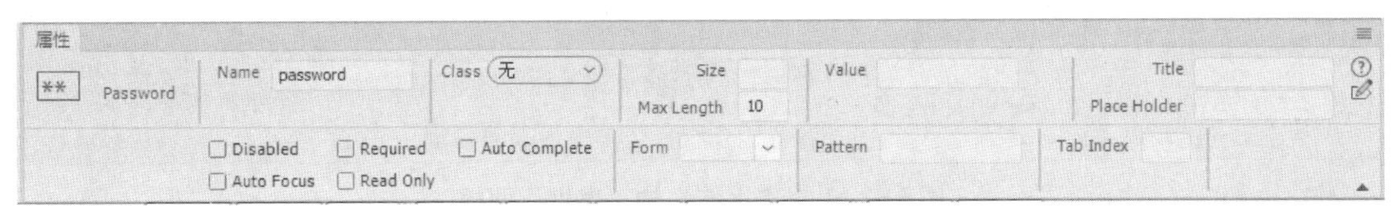

图7.28 设置“密码”的属性

（15）将光标分别设置在第 6、7 行右侧单元格中，选择“插入”→“表单”→“文本”命令，将左侧文本删除，并在“属性”面板中设置 Name 分别为 wenti、daan,Maxlength 设为 100，如图 7.29 所示。

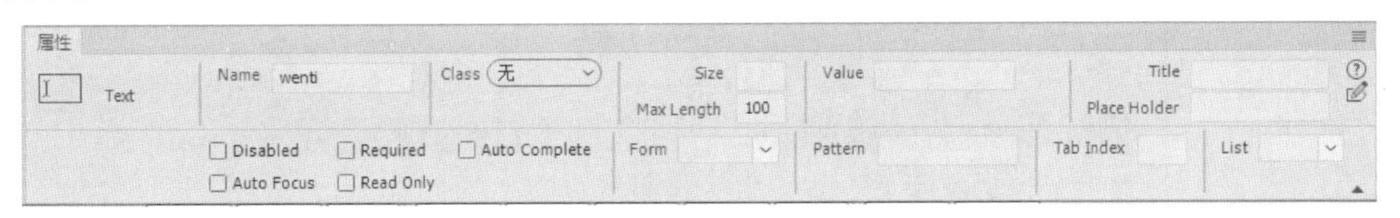

图7.29 设置取回密码问题、答案文本框的属性

（16）将光标分别设置在第 9、12、13 行右侧单元格中，选择“插入”→“表单”→“文本”命令，将左侧文本删除，并在“属性”面板中设置 Name 分别为 name、youbian、tel,Maxlength 设为 50，如图 7.30 所示。

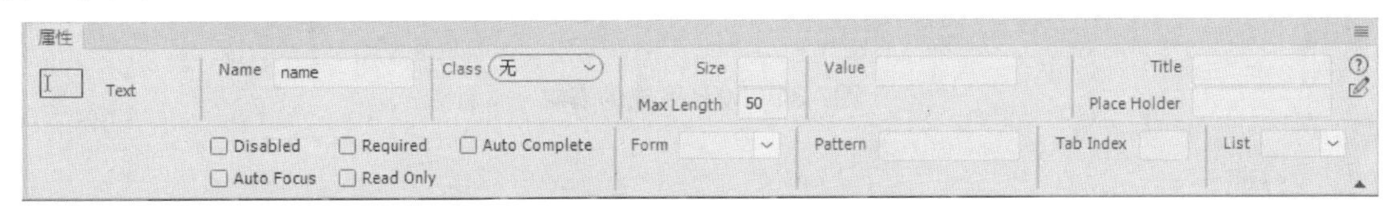

图7.30 设置姓名、邮编、电话文本框的属性

（17）将光标分别设置在第 10 行右侧单元格中，选择“插入”→“表单”→“选择”命令，将左侧文本删除，并在“属性”面板中单击“列表值”按钮，如图 7.31 所示。

图7.31 “选择”的“属性”面板

（18）在打开的“列表值”对话框中，单击“+”按钮，在“项目标签”和“值”文本框中输入各个城市的名称后，单击“确定”按钮。要求项目标签和值的名称相同，如图 7.32 所示。

（19）将光标分别设置在第 11 行右侧单元格中，选择“插入”→“表单”→“文本区域”命令，将左侧文本删除，并在“属性”面板中设置相关属性，如图 7.33 所示。

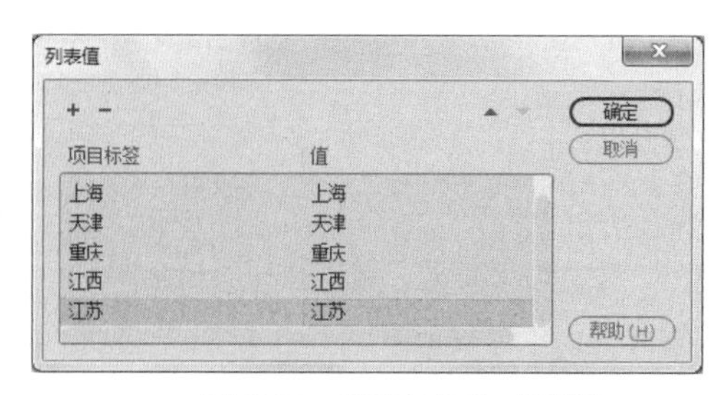

图 7.32 “列表值”对话框

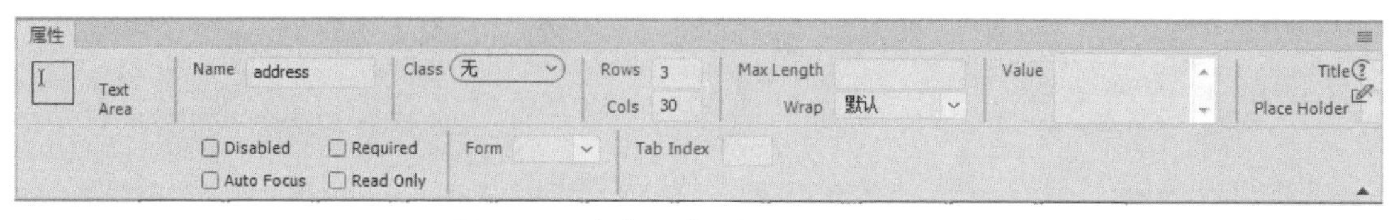

图7.33 “文本区域”的“属性”面板

（20）在表格的最后1行分别选择“插入”→“表单”→“提交按钮”和“重置按钮”命令，插入2个按钮，并将该单元格的“水平对齐”属性设置为“居中对齐”。

（21）设计完成的表单如图7.34所示。

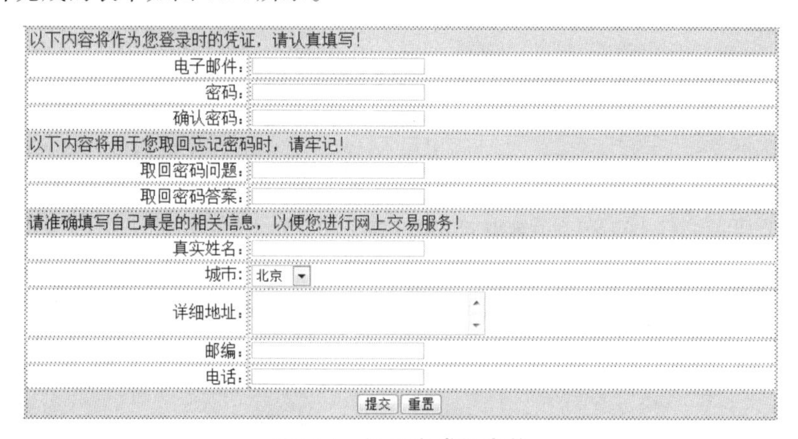

图7.34 设计完成的表单

习题

一、填空题

1. 在网页中________是提供给访问者填写信息的区域，使网页具有交互的功能。
2. 一个表单有三个基本组成部分________、________和________。
3. 表单的标签是________。
4. ________和________都是让访问者自己输入内容的表单对象。
5. ________是一种特殊的文本域，用于输入密码。
6. ________表单控制表单的运作。

二、选择题

1. 表单按钮的种类中不包括（　　）。

   A. 提交按钮　　B. 重置按钮　　C. 开关按钮　　D. 一般按钮

2. 表单对象不包含的对象是（　　）。

A. 文本框　　B. 多行文本框　　C. 复选框　　D. 表格

3. 以下说法中错误的是（　　）。
   A. 复选框和复选框组只允许在待选项中选中一项
   B. 当需要访问者在单选项中选择唯一的答案时，就需要用到单选按钮
   C. 隐藏域是用来收集或发送信息的不可见元素
   D. 选择框允许用户在一个有限的空间设置多种选项

三、问答题

1. 如何启动表单的菜单？
2. “插入”→“表单”菜单中有哪些子菜单，各有什么功能？

四、操作题

在文档中插入各个表单对象，制作一个问卷调查表。

第 8 章 使用行为制作网页特效

本章重点

在网页中使用“行为”可以创建各种特殊的网页效果，例如弹出信息、交换图像、跳转菜单等。行为是一系列使用 JavaScript 程序预定义的页面特效工具，是 JavaScript 在 Dreamweaver CC 2018 中内建的程序库。

学习目标

- 网页行为的基础知识；
- “行为”面板；
- 使用行为。

8.1 认识行为

Dreamweaver CC 2018 网页行为是 Adobe 公司借助 JavaScript 开发的一组交互特效代码库。在 Dreamweaver CC 2018 中，用户可以通过简单的可视化操作对交互特效代码进行编辑，从而创建出丰富的网页应用。

8.1.1 行为的概念

行为是 Dreamweaver CC 2018 中重要的一个部分，通过行为，可以方便地制作许多网页效果，极大地提高了工作效率。行为由事件和动作两部分组成，通过事件的响应而执行对应的动作。

在网页中，事件是浏览器生成的消息，表明该页的访问者执行了某种操作。例如，当访问者将鼠标指针移动到某个链接上时，浏览器为该链接生成一个 onMouseOver 事件。不同的网页元素定义了不同的事件。在大多数浏览器中，onMouseOver 和 onClick 是与链接关联的事件，而 onLoad 是与图像和文档的 body 部分关联的事件。事件由浏览器定义、产生与执行。

8.1.2 事件的分类

Dreamweaver CC 2018 中的行为事件可以分为鼠标事件、键盘事件、表单事件和页面事件。每个事件都含有不同的触发方式。

1. 鼠标事件

鼠标事件包括以下几类：

- onClick：单击选定元素（如超链接、图像、按钮等）将触发该事件。
- onDblClick：双击选定元素将触发该事件。

- onMouseDown：当按下鼠标按钮（不必释放鼠标按钮）时触发该事件。
- onMouseMove：当鼠标指针停留在对象边界时触发该事件。
- onMouseOut：当鼠标指针离开对象边界时触发该事件。
- onMouseOver：当鼠标首次移动指向特定对象时触发该事件。该事件通常用于链接。
- onMouseUp：当按下的鼠标按钮被释放时触发该事件。

2. 键盘事件

键盘事件包括以下几类：

- onKeyPress：当按下并释放任意键时触发该事件。
- onKeyDown：当按下任何键时即触发该事件。
- onKeyUp：按下键后释放该键时触发该事件。

3. 表单事件

表单事件包括以下几类：

- onChange：改变页面中数值时将触发该事件。例如，在菜单中选择了一个项目，或者修改了文本区中的数值，然后在页面任意位置单击均可触发该事件。
- onFocus：当指定元素成为焦点时将触发该事件。例如，单击表单中的文本编辑框将触发该事件。
- onBlur：当特定元素停止作为用户交互的焦点时触发该事件。例如，在单击文本编辑框后，在该编辑框区域以外单击，则系统将产生该事件。
- onSelect：在文本区域选定文本时触发该事件。
- onSubmit：确认表单时触发该事件。
- onReset：当表单被复位到其默认值时触发该事件。

4. 页面事件

页面事件包括以下几类：

- onLoad：当图像或页面完成装载后触发该事件。
- onUnload：离开页面时触发该事件。
- onError：在页面或图像发生装载错误时，将触发该事件。
- onMove：移动窗口或框架时将触发该事件。
- onResize：当用户调整浏览器窗口或框架尺寸时触发该事件。
- onScroll：当用户上、下滚动时触发该事件。

行为是由预先编写的 JavaScript 代码组成的，这些代码执行特定的任务，例如打开浏览器窗口、播放声音或停止播放影片。当事件发生后，浏览器就查看是否存在与该事件对应的动作，如果存在，就执行它，这就是整个行为的过程。

8.2 “行为”面板

在“行为”面板中可以将 Dreamweaver CC 2018 中内置的行为附加到页面元素，并且可以修改以前所附加行为的参数。

选择“窗口”→“行为”命令，打开“行为”面板，如图 8.1 所示。

在“行为”面板中显示了已经附加到当前所选页面元素的行为显示在行为列表中，并按事件以字母顺序列出。如果针对同一个事件列有多个动作，则会按在列表中出现的顺序执行这些动作。如果行为列表中没有显示任何行为，则表示没有行为附加到当前所选的页面元素。“行为”面板中各按钮说明如下：

- “显示设置事件”按钮：单击该按钮，显示当前元素已经附加到当前文档的事件。
- “显示所有事件”按钮：单击该按钮，显示当前元素所有可用的事件。在显示事件菜单项里做不同的选项，可用的事件也不同。一般来说，浏览器的版本越高，可支持的事件越多。
- “添加行为”按钮：单击该按钮，在弹出的下拉菜单中显示了所有可以附加到当前选定元素的动作，如图 8.2 所示。当从该列表中选择一个动作时，将打开相应的对话框，可以在此对话框中指定该动作的参数。
- “删除行为”按钮：单击该按钮，可以从行为列表中将选中的事件和动作删除。
- “增加事件值”按钮和“降低事件值”按钮：在行为列表中上下移动特定事件的选定动作。只能更改特定事件的动作顺序，例如，可以更改 onLoad 事件中发生的几个动作的顺序，但是所有 onLoad 动作在行为列表中都会放置在一起。对于不能在列表中上下移动的动作，箭头按钮将处于禁用状态。
- “事件”：选中事件后，会显示一个下拉按钮，单击该按钮，弹出一个下拉菜单，在该菜单中包含了可以触发该动作的所有事件，如图 8.3 所示。该菜单仅在选中某个事件时可见。根据所选对象的不同，显示的事件也有所不同。

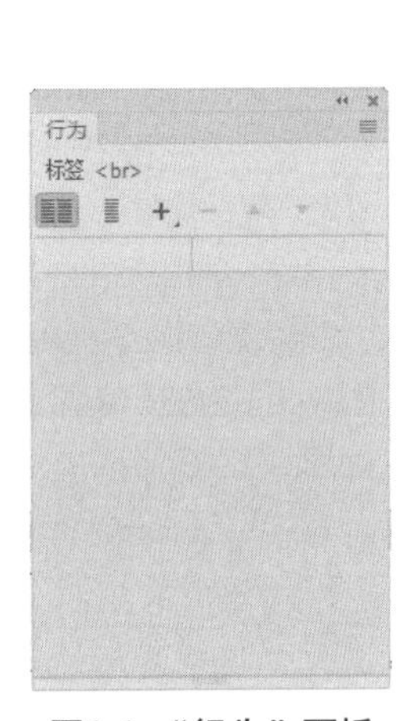

图8.1 “行为”面板

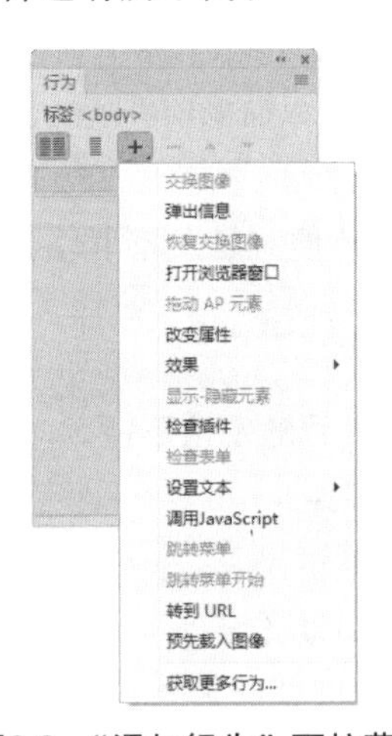

图8.2 “添加行为”下拉菜单

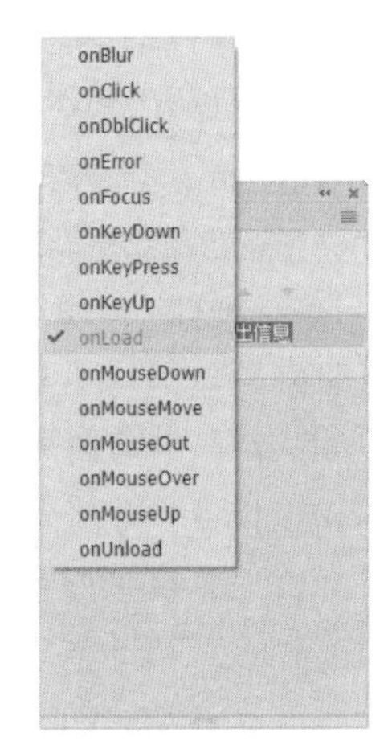

图8.3 显示事件

Dreamweaver CC 2018 内置了许多种行为动作，基本可以满足网页设计的需要。本章将 Dreamweaver CC 2018 中常用内置行为进行分类，分别介绍这些行为的使用方法。

8.3 使用行为应用图像

图像是网页设计中必不可少的元素。在 Dreamweaver 中，可以通过使用行为，以各种各样的方式在网页中应用图像元素，从而制作出富有动感的网页效果。使用行为应用图像，包括“预先载入图像”行为、“交换图像”行为和“恢复交换图像”行为。

8.3.1 “预先载入图像”行为

使用“预先载入图像”行为，可以使浏览器下载那些尚未在网页中显示但是可能显示的图像，并将其存储到本地缓存中，这样可以脱机浏览网页。单击“行为”选项卡面板中的+按钮，在弹出的菜单中选择“预先载入图像”命令，打开“预先载入图像”对话框，如图 8.4 所示。

图8.4 “预先载入图像”对话框

在“预先载入图像”对话框中单击+按钮，可在“预先载入图像”列表中添加一个空白项，在“图像源文件”文本框中输入要预载的图像路径和名称，或单击“浏览”按钮，打开“选择图像源文件”对话框，选择要预载的图像文件，单击“确定”按钮，添加图像文件。

如果要取消对某个图像的预载设置，可选中该选项，单击−按钮。

8.3.2 “交换图像”行为

“交换图像”行为主要用于动态改变图像对应<img>标记的 scr 属性值，利用该动作，不仅可以创建普通的翻转图像，还可以创建图像按钮的翻转效果，甚至可以设置在同一刻改变页面上的多幅图像。

使用“交换图像”行为，在网页文档中选中所需附加行为的图像，单击“行为”选项卡面板上的+按钮，在弹出的菜单中选择“交换图像”命令，打开“交换图像”对话框，如图 8.5 所示。

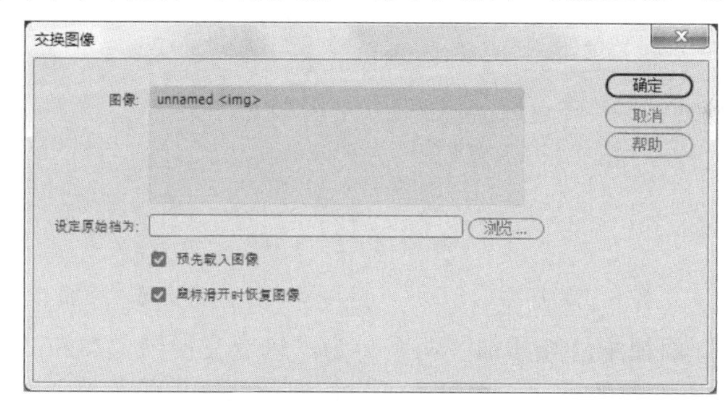

图8.5 “交换图像”对话框

在“交换图像”对话框的“图像”列表框中，可以选择要设置替换图像的原始图像。在“设定原始档为”文本框中，可以输入替换后的图像文件的路径和名称，也可以单击“浏览”按钮，选择图像文件。

8.3.3 “恢复交换图像”行为

与“交换图像”对应，使用“恢复交换图像”动作，可以将所有被替换显示的图像恢复为原始图像。一般来说，在设置替换图像动作时，会自动添加替换图像恢复动作，这样当光标离开对象时自动恢复原始图像。

单击“行为”面板上的+按钮，在弹出的菜单中选择“恢复交换图像”命令，打开“恢复交换图像”对话框，如图 8.6 所示。在“恢复交换图像”对话框中没有参数选项设置，直接单击“确定”按钮，即可为对象附加的替换图像恢复行为。

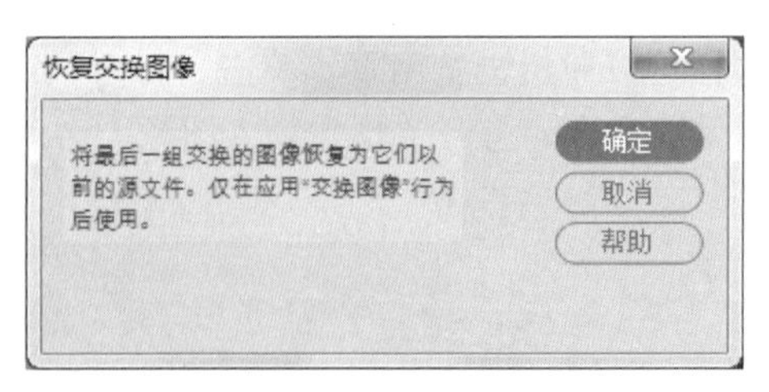

图8.6 “恢复交换图像”对话框

结合“交换图像”和“恢复交换图像”行为，可以创建与鼠标经过图像类似的效果，但是鼠标经过图像只有当光标经过图像时才交换图像，而使用行为，可以设置不同的事件。

【例 8.1】 新建一个网页文档，添加“交换图像”和“恢复交换图像”行为。

（1）新建一个网页文档，选择“插入”→Table 命令，插入一个 3 行 1 列宽度 50%的表格。

（2）在表格第 1 行单元格中插入文本，设置对齐方式为居中对齐，如图 8.7 所示。

（3）将光标移至表格的第二行单元格中，选择“插入”→Image 命令，插入图像文件。

（4）选中插入的图像，选择“窗口”→“行为”命令，打开“行为”选项卡面板。

（5）在“行为”选项卡面板中，单击 + 按钮，在弹出的菜单中选择“交换图像”命令，打开“交换图像”对话框。

（6）单击“设定原始档为”文本框右边的“浏览”按钮，打开“选择图像源文件”对话框，选择交换的图像文件。

（7）选中“预先载入图像”和“鼠标滑开时恢复图像”复选框，单击“确定”按钮，添加“交换图像”行为，如图 8.8 所示。

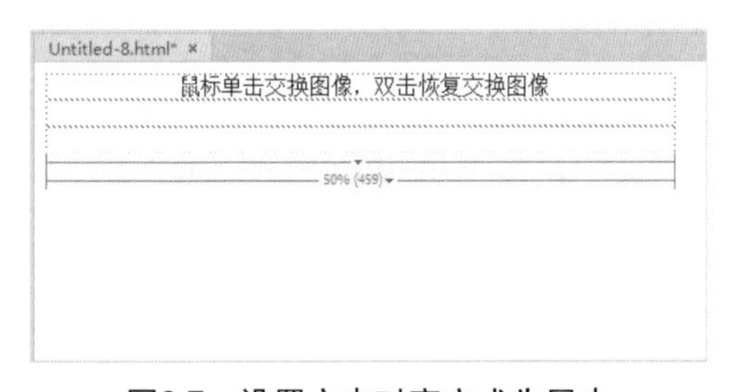

图8.7 设置文本对齐方式为居中

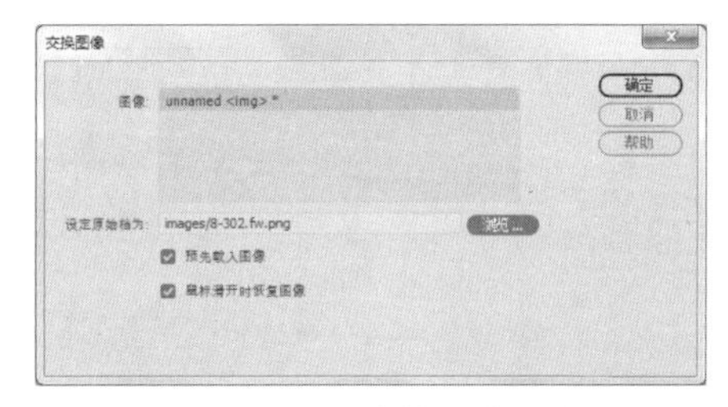

图8.8 添加“交换图像”行为

（8）此时，“行为”面板中已经添加了两个行为“恢复交换图像”和“交换图像”，如图 8.9 所示。单击“交换图像”左边的事件，再单击下拉按钮，从弹出的菜单中选择 onClick 命令。

（9）参照步骤（8）将“恢复交换图像”的事件修改为 onDbClick，如图 8.10 所示。

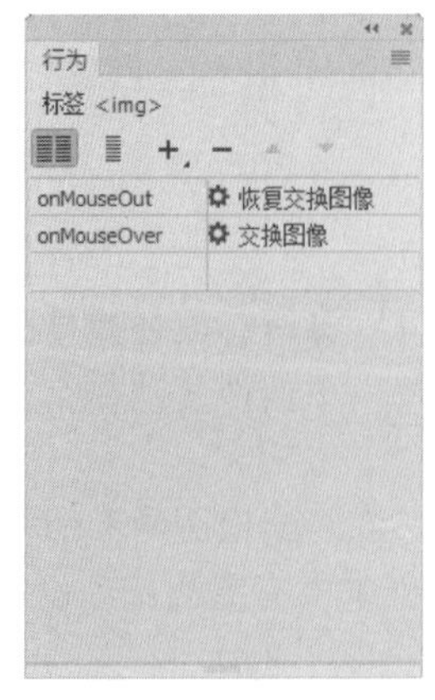

图8.9 “行为”面板

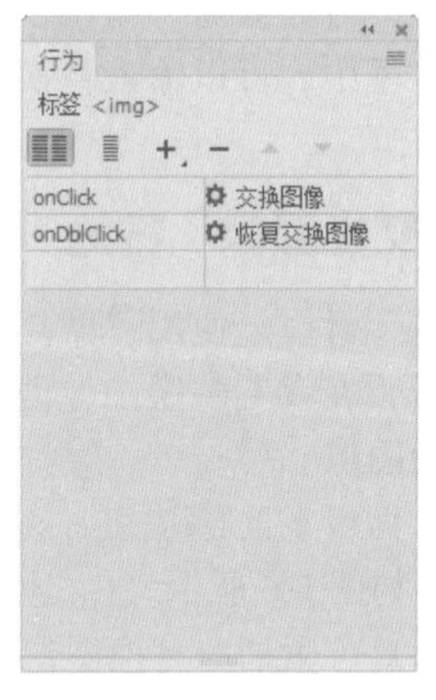

图8.10 修改“行为”

（10）保持网页文档，预览网页。当单击图像时，显示交换图像，再次双击图像时，恢复为初始图像，如图 8.11 所示。

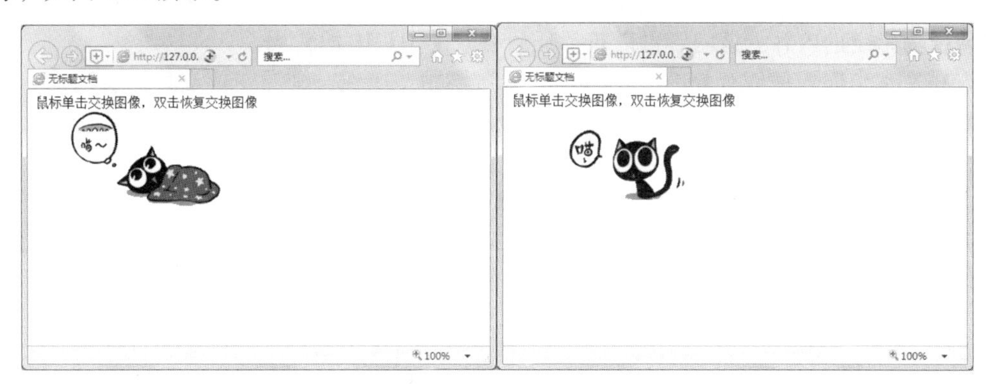

图8.11　预览网页文档

8.4　使用行为显示文本

8.4.1　“弹出信息”行为

使用“弹出信息”行为，可以弹出一个信息框，显示相应的消息文本。单击“行为”选项卡面板中的+按钮，在弹出的菜单中选择“弹出信息”命令，打开“弹出信息”对话框，如图 8.12 所示。在“消息”文本区域中，输入文本后单击“确定”按钮即可。

图8.12　“弹出信息”对话框

8.4.2　“设置状态栏文本”行为

状态栏行为主要可以在浏览器窗口中的状态栏显示文本信息，用于优化网页细节。要对状态栏的文本进行编辑，或者对文本状态进行更多的控制，可以使用“行为”选项卡面板中的“设置状态栏文本”行为。

单击“行为”选项卡面板上的+按钮，在弹出的菜单中选择“设置文本”→“设置状态栏文本”命令，打开“设置状态栏文本”对话框，如图 8.13 所示。在“消息”文本框中输入状态栏文本内容，单击“确定”按钮，即可设置状态栏行为。

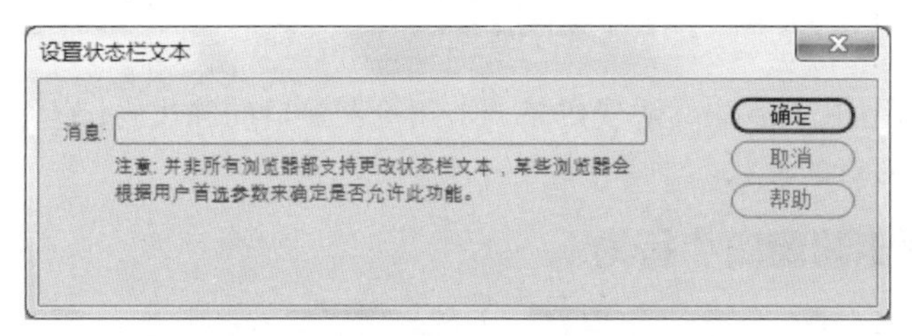

图8.13　“设置状态栏文本”对话框

8.4.3 “设置容器的文本”行为

“设置容器的文本”行为将页面上的现有容器（可以包含文本或其他元素的任何元素）的内容和格式替换为指定的内容。该内容可以包括任何有效的 HTML 源代码。

可以在文本中嵌入任何有效的 JavaScript 函数调用、属性、全局变量或其他表达式。若要嵌入一个 JavaScript 表达式，请将其放置在大括号“{}”中。若要显示大括号，请在它前面加一个反斜杠“\{”。

单击“行为”选项卡面板上的+按钮，在弹出的菜单中选择“设置文本”→“设置容器的文本”命令，打开“设置容器的文本”对话框，如图 8.14 所示。在“容器”下拉菜单中选择容器对象，在“新建 HTML”文本区域中输入 HTML 文本内容，单击“确定”按钮，即可设置容器的文本行为。

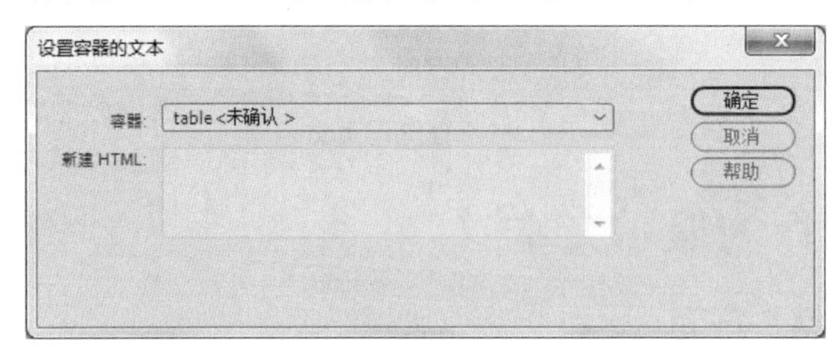

图8.14 “设置容器的文本”对话框

8.4.4 “设置文本域文字”行为

“设置文本域文字”行为可用指定的内容替换表单文本域的内容。可以在文本中嵌入任何有效的 JavaScript 函数调用、属性、全局变量或其他表达式。

当网页文档中已有文本域时，单击“行为”选项卡面板上的+按钮，在弹出的菜单中选择“设置文本”→“设置文本域文字”命令，打开“设置文本域文字”对话框，如图 8.15 所示。在“文本域”下拉菜单中选择文本域后，在“新建文本”文本区域输入 HTML 文本内容，单击“确定”按钮，即可设置文本域的文本行为。

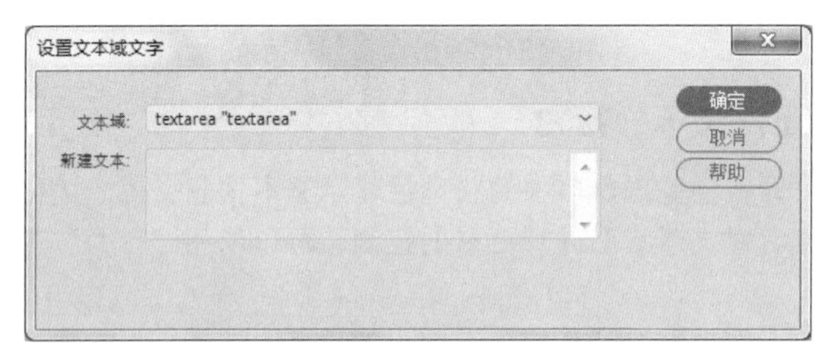

图8.15 “设置文本域文字”对话框

8.5 使用行为调节浏览器窗口

在网页中最常使用的 JavaScript 源代码是调节浏览器窗口的源代码，它可以按照设计者的要求打开新窗口或更换新窗口的形状。

8.5.1 “打开浏览器窗口”行为

使用“打开浏览器窗口”行为，可以在一个新的浏览器窗口中载入位于指定 URL 位置上的文档。同时，还可以指定新打开浏览器窗口的属性，例如大小、是否显示菜单条等。单击“行为”选项卡面板上的+按钮，在弹出的菜单中选择“打开浏览器窗口”命令，打开“打开浏览器窗口”对话框，如图 8.16 所示。

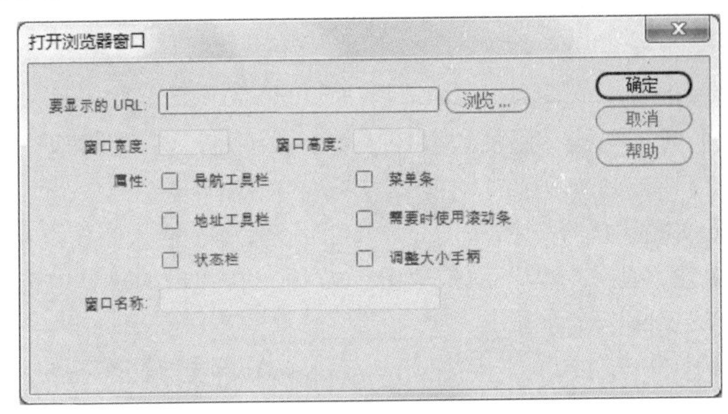

图8.16　“打开浏览器窗口”对话框

在“打开浏览器窗口”对话框中“要显示的 URL”文本框用于输入在新浏览器窗口中载入的 URL 地址，也可以单击“浏览”按钮，选择链接目标文档。“窗口宽度”和“窗口高度”文本框用于输入新浏览器窗口的宽度和高度，单位是像素。“属性”选项区域用于设置新浏览器窗口中是否显示相应的元素，选中复选框则显示该元素，清除复选框则不显示该元素。这些元素包括导航工具栏、地址工具栏、状态栏、菜单条、需要时使用滚动条、调整大小手柄等。还可以在“窗口名称”文本框中为新打开的浏览器窗口定义名称。

8.5.2　“转到URL”行为

“转到 URL”行为可在当前窗口或指定的框架中打开一个新页。此行为适用于通过一次单击更改两个或多个框架的内容。单击“行为”选项卡面板上的+按钮，在弹出的菜单中选择“转到 URL”命令，打开“转到 URL”对话框，如图 8.17 所示。“打开在”列表自动列出当前框架集中所有框架的名称以及主窗口，如果没有任何框架，则主窗口是唯一的选项。在 URL 文本框中输入该文档的路径和文件名或者单击“浏览”按钮，选择链接目标文档。

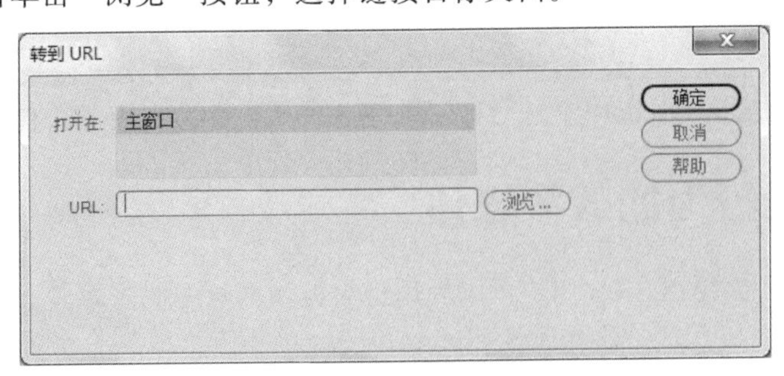

图8.17　“转到URL”对话框

8.5.3　“调用JavaScript”行为

“调用 JavaScript”行为可以设置当触发事件时调用相应的 JavaScript 代码，以实现相应的动作。选中网页中要附加行为的元素，单击“行为”选项卡面板上的+按钮，在弹出的菜单中选择“调用 JavaScript”命令，打开“调用 JavaScript”对话框，如图 8.18 所示。

在 JavaScript 文本框中可以输入需要执行的 JavaScript 代码，或函数的名称，单击“确定”按钮即可。例如，若要创建一个具有“后退”功能的按钮，可以输入 history.back()。

图8.18 “调用JavaScript”对话框

【例 8.2】新建一个网页文档，添加“调用 JavaScript”行为，使得双击某图像后关闭浏览器窗口。

（1）新建一个网页文档，选择“插入”→“Image”命令，插入图像。

（2）选中该图像文件，在“行为”面板单击+按钮，在弹出的菜单中选择“调用 JavaScript”命令，打开“调用 JavaScript”对话框。

（3）在 JavaScript 文本框中输入文本内容 window.close()，单击“确定”按钮，添加“调用 JavaScript”行为，如图 8.19 所示。

（4）在“行为”面板中设置“调用 JavaScript”行为事件为 onDbClick，如图 8.20 所示。

（5）保持网页文档，预览网页。当双击图像时，浏览器窗口将打开一个信息提示框，提示是否关闭窗口，单击“是”按钮，即可关闭浏览器窗口，单击“否”按钮，取消关闭浏览器窗口，如图 8.21 所示。

图8.19 输入调用JavaScript代码

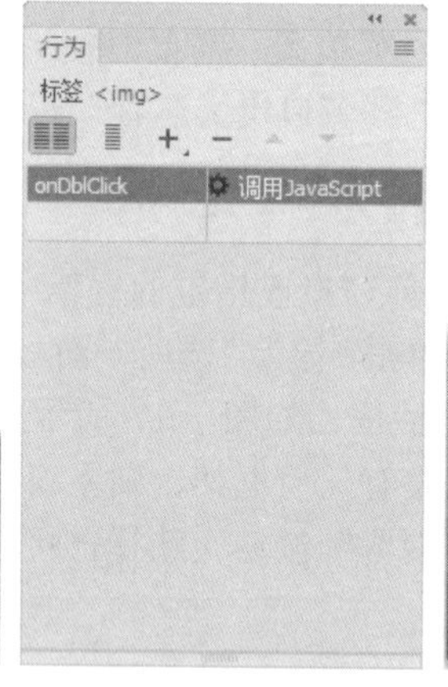

图8.20 设置事件

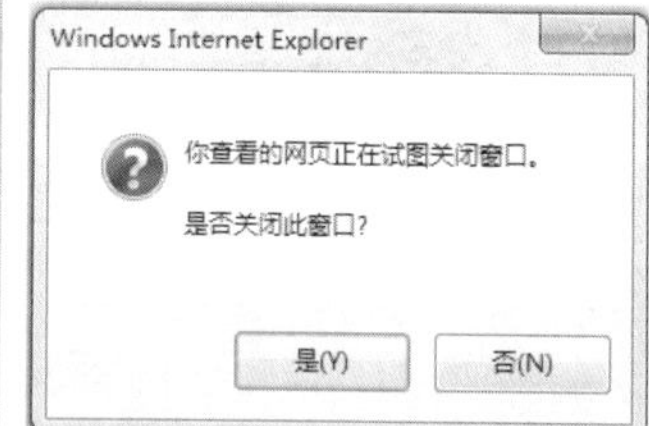

图8.21 信息提示框

8.6 使用行为加载多媒体

在 Dreamweaver CC 2018 中，用户可以利用行为控制网页中的多媒体，包括确认多媒体插件程序是否安装、显示隐藏元素、改变属性等。

8.6.1 检查插件

使用“检查插件”行为，可以检查在访问网页时，浏览器中是否安装有指定插件，通过这种检查，可以分别为安装插件和未安装插件的用户显示不同的页面。单击“行为”选项卡面板上的+按钮，在弹出的菜单中选择“检查插件”命令，打开“检查插件”对话框，如图 8.22 所示。

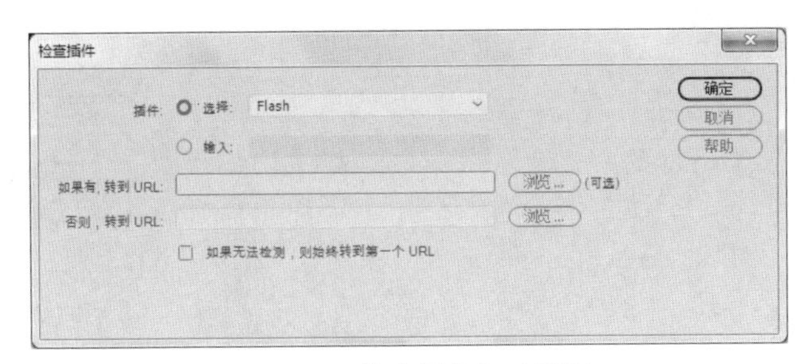

图8.22 “检查插件”对话框

“插件”选项区域用于选择要检查的插件类型。在“选择”下拉列表框中可以选择插件类型；在“输入”文本框中直接输入要检查的插件类型。“如果有，转到 URL”文本框用于设置当检查到用户浏览器中安装了该插件时跳转到的 URL 地址。也可以单击“浏览”按钮选择目标文档。“否则，转到 URL”文本框用于设置当检查到用户浏览器中尚未安装该插件时跳转到的 URL 地址。也可以单击“浏览”按钮选择目标文档。

8.6.2 显示-隐藏元素

给元素附加“显示-隐藏元素”行为，可以显示、隐藏或恢复一个或多个网页元素的默认可见性。此行为用于在进行交互时显示信息。例如，将光标移到一个图像上时，可以显示一个页面元素，此元素给出有关该图像的信息。

选择一个网页元素，单击“行为”选项卡面板上的+按钮，在弹出的菜单中选择“显示-隐藏元素”命令，打开“显示-隐藏元素”对话框，如图 8.23 所示。用于显示-隐藏的元素必须是已经命名的元素。例如，层（HTML 代码<div>）作为常用的显示-隐藏的元素，要使该行为可用，就必须先在该对象的“属性”面板的 ID 文本框中命名该层。

图8.23 “显示-隐藏元素”对话框

在“元素”列表框中选择要显示或隐藏的元素，单击“显示”、“隐藏”或“默认”按钮分别显示、隐藏或恢复默认可见性。

8.6.3 改变属性

使用“改变属性”行为可更改对象某个属性（例如 div 的背景颜色或表单的动作）的值。

选择一个网页元素，单击“行为”选项卡面板上的+按钮，在弹出的菜单中选择“改变属性”命令，打开“改变属性”对话框，如图 8.24 所示。从“元素类型”下拉菜单中选择某个元素类型，以显示该类型的所有标识的元素，然后从“元素 ID”下拉列表中选择一个元素。之后，选中“属性”右侧的“选择”单选按钮后，在下拉列表中选择一个属性；或选中“输入”单选按钮后，在文本框中输入该属性的名称。最后将要改变的属性的值在“新的值”文本框中输入。单击“确定”按钮，验证默认事件是否正确。

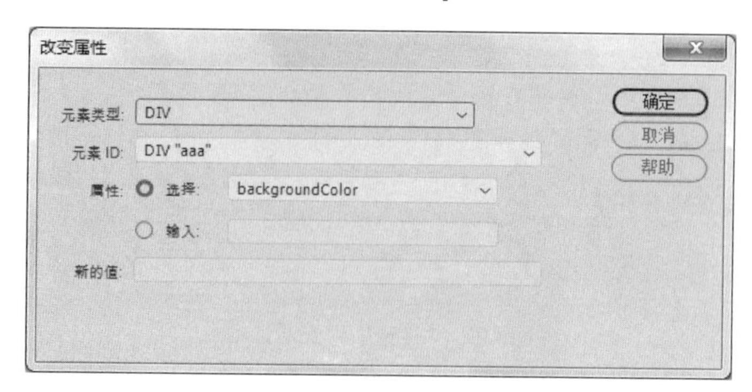

图8.24 “改变属性”对话框

8.7 上机练习

本章上机练习主要介绍 Dreamweaver CC 2018 中内置行为的使用方法，结合页面主题，灵活添加行为。有关本章中其他内容，可参考相应章节进行练习。

【例 8.3】新建一个网页文档，添加“打开浏览器窗口”行为，弹出广告窗口。

（1）新建一个网页文档，插入 FlashSWF 文件，设置网页标题为“广告”，将其保存为 guanggao.html。

（2）新建一个网页文档，添加若干文本。

（3）选择“窗口”→“行为”命令,打开“行为”面板。选中文本后，在“行为”对话框中添加“打开浏览器窗口”行为。

（4）在打开的“打开浏览器窗口”对话框中设置“要显示的 URL”为步骤（1）新建的 guanggao.html，“窗口宽度”和“窗口高度”分别为 300 和 200，“窗口名称”为“广告”，最后单击“确定”按钮，如图 8.25 所示。

（5）在“行为”面板中，设置事件为 onClick，如图 8.26 所示。

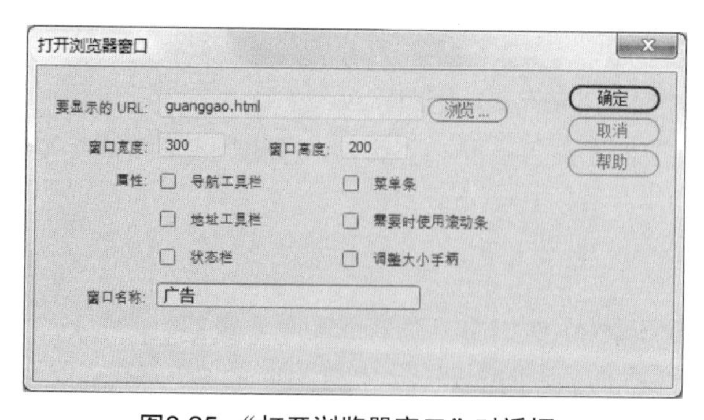

图8.25 “打开浏览器窗口”对话框

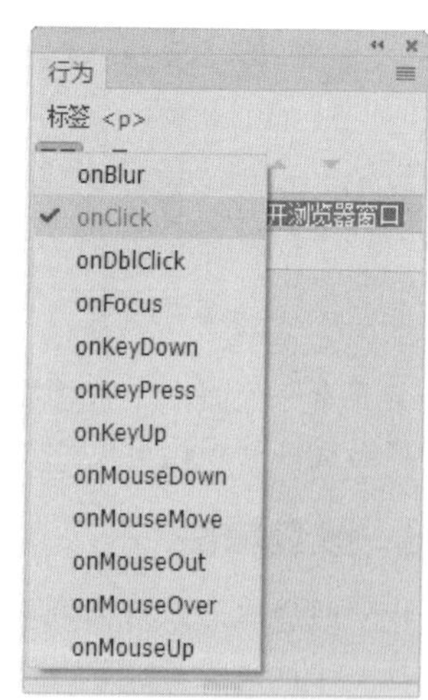

图8.26 设置行为事件

（6）保存网页文档后，预览网页，单击网页中的文本，会打开一个新的浏览器窗口，显示的是 guanggao.html，如图 8.27 所示。

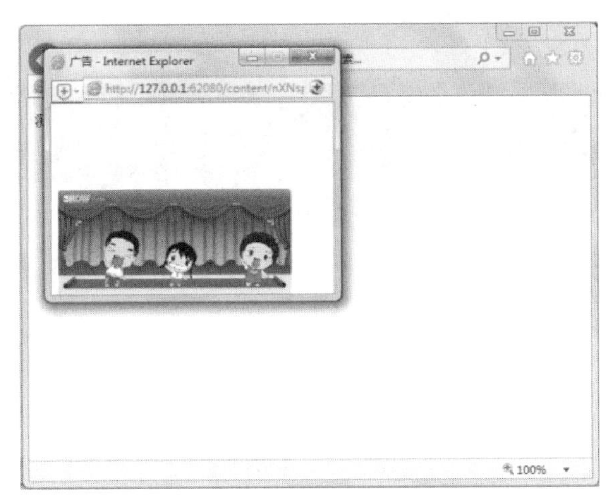

图8.27　预览网页

习题

一、填空题

1. 行为由两部分组成，______________和______________。
2. 在网页中，______________是浏览器生成的消息，表明该页的访问者执行了某种操作。
3. ______________行为主要用于动态改变图像对应<img>标记的scr属性值。
4. 使用______________行为，可以弹出一个信息框，显示相应的消息文本。
5. ______________行为可用指定的内容替换表单文本域的内容。
6. ______________行为，可以检查在访问网页时，浏览器中是否安装有指定插件。

二、选择题

1. Dreamweaver CC 2018中的行为事件不包括（　　）。
   A. 鼠标事件　　B. 键盘事件　　C. 表单事件　　D. 按钮事件
2. 以下不是鼠标事件的是（　　）。
   A. onMouseDown　　B. onMouseMove　　C. onMouseOut　　D. onKeyDown
3. 以下说法中正确的是（　　）。
   A. 使用“打开浏览器窗口”行为，可以在一个新浏览器窗口中载入指定URL位置上的文档
   B. 使用“打开浏览器窗口”行为，可以在原有浏览器窗口中载入URL位置上的文档
   C. 使用“打开浏览器窗口”行为，可以在一个新的浏览器窗口中载入原有网页文档
   D. 使用“打开浏览器窗口”行为，可以在原有浏览器窗口中载入原有网页文档

三、问答题

1. Dreamweaver CC 2018的“行为”面板提供了哪些行为？
2. 如何设计用户注册页面的提示信息。

第 9 章 使用模板

本章重点

在进行大型网站的制作时，很多页面会用到相同的布局、图片和文本元素。此时，使用 Dreamweaver CC 2018 提供的模板和库功能，可以将具有同样版面结构的页面制作成模板，将相同的元素制作成库项目，并集中保存，以便反复使用。

学习目标

- 了解模板的概念；
- 掌握模板的创建方法；
- 掌握模板的编辑方法；
- 掌握模板的管理方法；
- 使用库项目。

9.1 了解模板

在创建网站的过程中，其中的很多页面会采用同样的版式、导航、LOGO 等。为了避免重复劳动，利用 Dreamweaver CC 2018 提供的模板功能，将具有相同版面结构的页面制作成模板，再使用模板来创建其他页面。

模板是一种具有固定格式的 Web 页面文件。用户可以按照要求创建有个性的文档模板，以便在使用时自动生成具有相同风格的页面。在编辑网页时，只需输入每个文档中不同的内容即可。

在 Dreamweaver CC 2018 模板中，通过标记可编辑区域和锁定区域来设置站点中各页面的风格统一区域，将避免因操作失误导致模板被修改的情况。可编辑区域是指利用模板生成的新文档中可以被编辑的区域。锁定区域是指模板的固定格式区域，即不能被编辑的区域。

9.2 创建模板

模板必须保存在站点之中，因此在创建模板前应先建立站点。系统也会提示建立站点。可以将新建文档或现有文档以“另存为”的方式创建为模板，也可以选择“插入”→“模板”→“创建模板”命令来创建新的模板。

9.2.1 将现有文档保存为模板

在 Dreamweaver CC 2018 中打开要作为模板的网页文档，选择“文件”→“存为模板”命令，打开“另存模板”对话框，如图 9.1 所示。在“另存为”文本框中输入要创建的模板的名称，单击“保存”按钮，模板文件被保存在指定站点的 Templates 文件夹中，文件扩展名为.dwt，如图 9.2 所示。

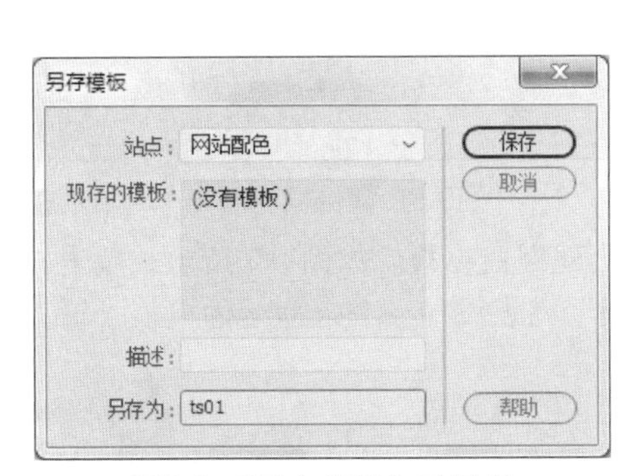

图9.1 “另存模板”对话框

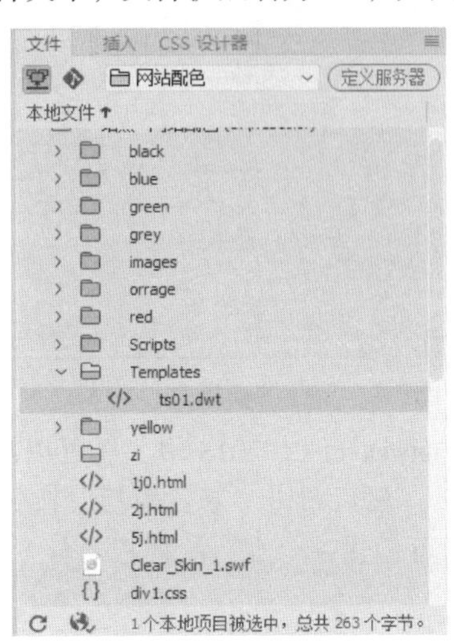

图9.2 保存的模板文件

9.2.2 创建空白模板

在 Dreamweaver CC 2018 中，在已经创建站点的情况下，可以使用“新建文档”对话框来创建模板。默认情况下，模板保存在站点的 Templates 文件夹中。

选择“文件”→“新建”命令，在打开的“新建文档”对话框中，“文档类型”列表中选择“HTML 模板”，如图 9.3 所示。

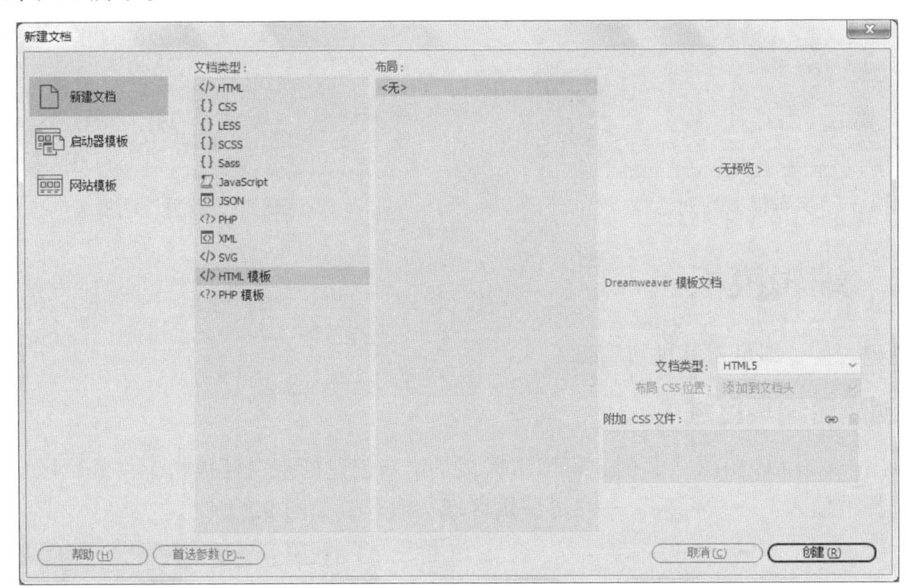

图9.3 “新建文档”对话框

单击“创建”按钮后，会打开一个空白的未命名的文件，如图 9.4 所示。

此时，选择“文件”→“保存”命令，会弹出警告框，如图 9.5 所示。单击“确定”按钮，打开“另存模板”对话框，在“另存为”文本框中输入模板的名称，如图 9.6 所示。

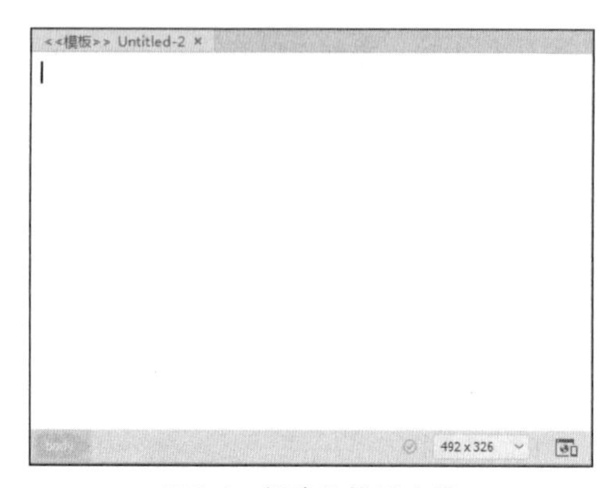

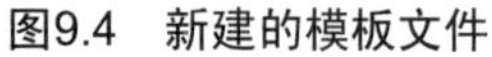
图9.4　新建的模板文件

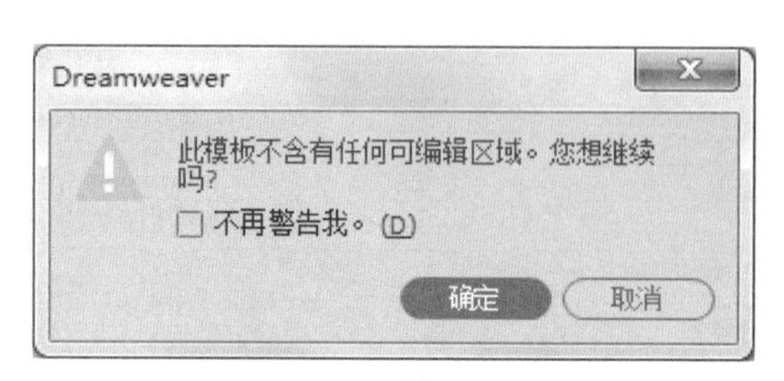

图9.5　警告框

在 Dreamweaver CC 2018 中，还可以在“资源”面板创建空白模板。如图 9.7 所示，单击“模板”按钮，然后单击“新建模板”按钮，将在“模板”列表添加一个未命名的模板，输入模板名称，即可创建一个空白的模板文件。

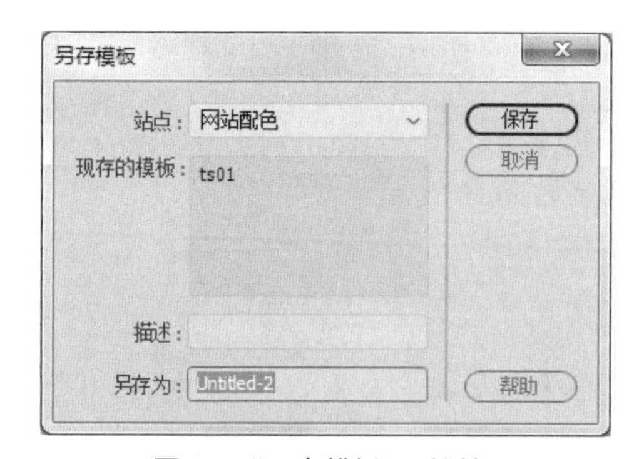

图9.6　“另存模板”对话框

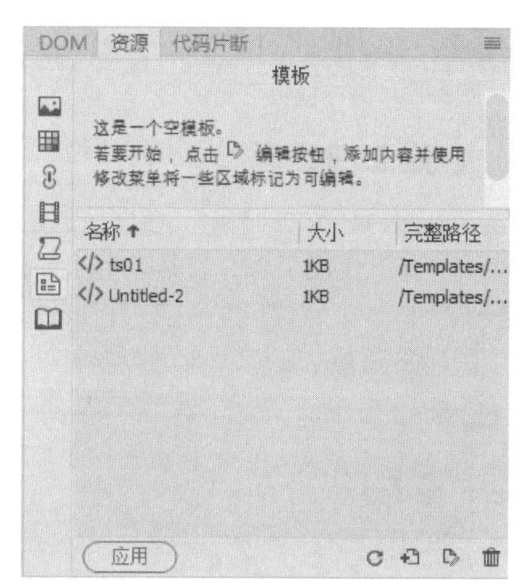

图9.7　“资源”面板

9.3　编辑模板

模板创建之后，即可对其进行编辑。

9.3.1　创建可编辑区域

在 Dreamweaver CC 2018 中，创建可编辑区域是给新创建的空白模板指定可编辑区域。在模板文件中，选择“插入”→“模板”→“可编辑区域”命令，如图 9.8 所示。

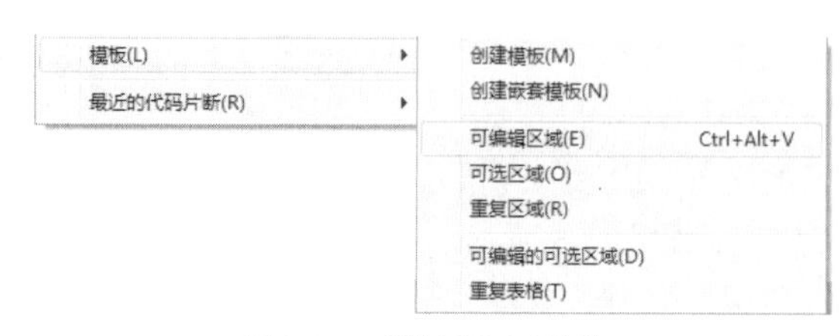

图9.8　“模板”子菜单

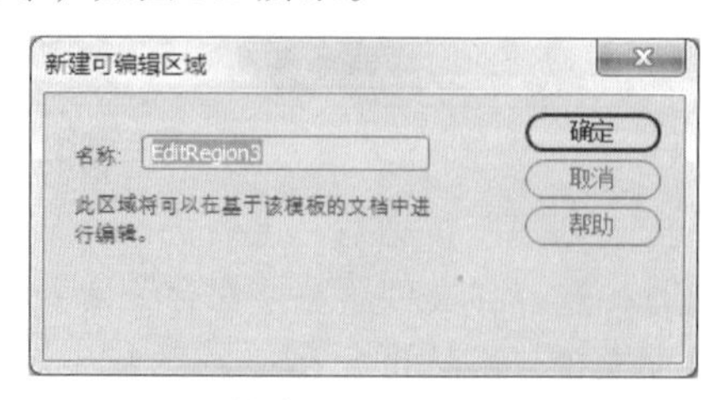

图9.9　“新建可编辑区域”对话框

在打开的“新建可编辑区域”对话框的“名称”文本框中输入名称后单击“确定”按钮，如图 9.9 所示。模板中添加了一个绿色标签的可编辑区域，如图 9.10 所示。采用同样的方法，在同一模板文件的多个位置可创建可编辑区域。

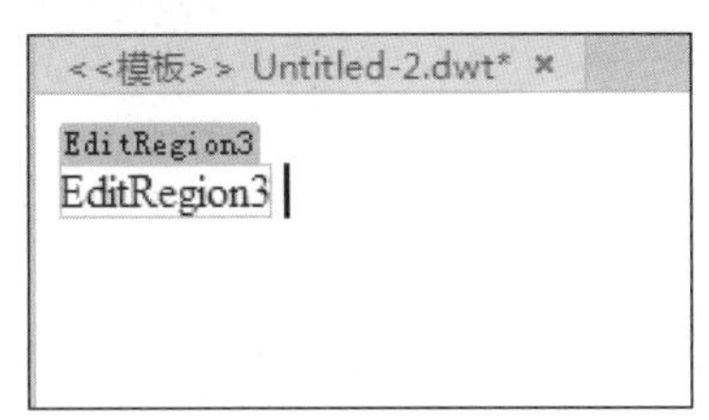

图9.10　新建的可编辑区域

9.3.2　取消对可编辑区域的标记

在 Dreamweaver CC 2018 中，如果指定可编辑区域有误，或者要更改可编辑区域，可以在模板文件窗口取消对该可编辑区域的标记。

选取模板文件中需要取消的可编辑区域标记，选择“模板”→“删除模板标记”命令即可。

9.3.3　更改可编辑区域的名称

插入可编辑区域后，可以更改其名称。单击可编辑区域左上角的选项卡选中该区域，在“属性”面板的“名称”文本框中输入一个新的名称，如图 9.11 所示。

图9.11　更改名称

9.4 用模板创建网页

在 Dreamweaver CC 2018 中，可以使用现有模板选择、预览和创建新文档，可在“新建文档”对话框从任何站点中选择模板，也可以应用“资源”面板从现有模板创建新的文档，还可以给当前文档应用模板。

9.4.1　创建基于现有模板的文档

在 Dreamweaver CC 2018 中，可以创建基于模板的新文档。选择“文件”→“新建”命令，打开“新建文档”对话框，单击“网站模板”选项卡。在“站点”列表中选择包含要使用模板的站点，然后从右侧列表中选择一个模板后，单击“创建”按钮即可。

9.4.2　在“资源”面板中从模板创建新文档

在 Dreamweaver CC 2018 中，在“资源”面板中单击左侧的“模板”按钮，查看当前站点中的模板列表。右击要应用的模板，在弹出的快捷菜单中选择“从模板新建”命令，如图 9.12 所示，新文档将在文档窗口中打开。

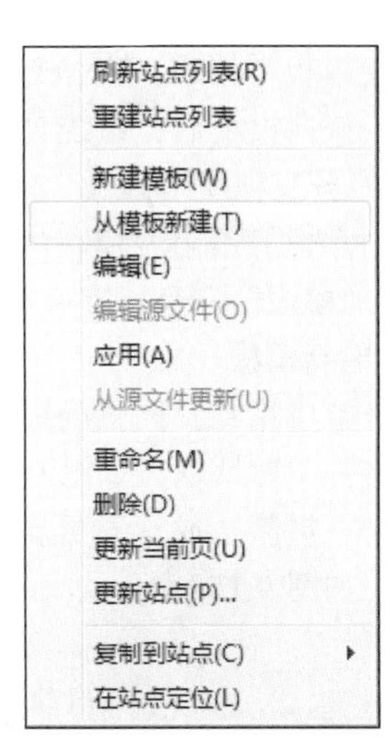

图9.12　选择“从模板新建”

9.4.3 为当前文档应用模板

打开要应用模板的文档，单击“资源”面板左侧的“模板”按钮，打开模板列表。在“模板”列表中选中要应用的模板，然后单击“应用”按钮，如图 9.13 所示。也可以直接从“模板”面板将需要的模板拖到文件窗口中。

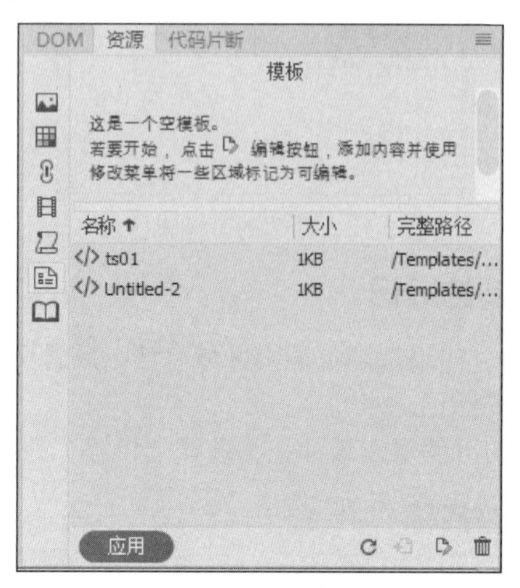

图9.13 应用模板

9.5 管理模板

创建模板，并利用模板创建文档后，在 Dreamweaver CC 2018 中还可以重命名、删除及更新模板。

9.5.1 重命名、删除模板

在“资源”面板打开“模板”列表，选取模板后，在右键快捷菜单中选择“重命名”“删除”命令即可完成相应操作。

9.5.2 更新模板

创建模板文档后，文档与模板之间就建立起链接关系。这种应用了模板的文档常称为附着模板文档。修改模板后，系统自动更新附着模板的文档。

1. 打开文档所附模板

在站点中双击附着模板的文档，将其在当前窗口中打开。从右键快捷菜单中选择“模板”→“打开附加模板”命令，在文档窗口中打开相应的模板，对其进行编辑、修改操作。

2. 更新模板

打开被应用在某网页的模板文件，完成编辑之后，选择“文件”→“保存”命令，打开“更新模板文件”对话框，如图 9.14 所示。

单击“更新”或“不更新”按钮，保存模板。如果单击“更新”按钮，则打开“更新页面”对话框，如图 9.15 所示。

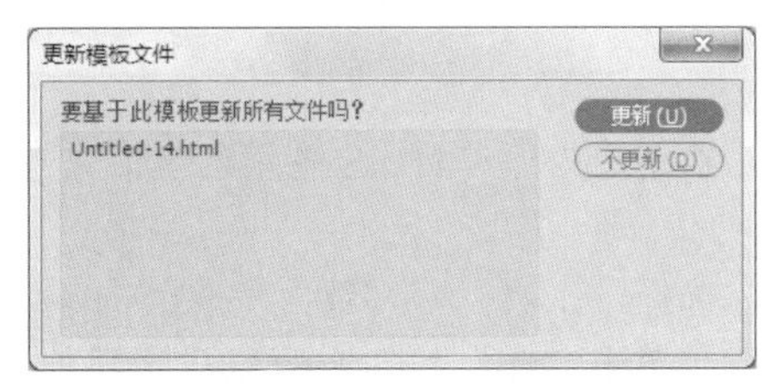

图9.14　“更新模板文件”对话框

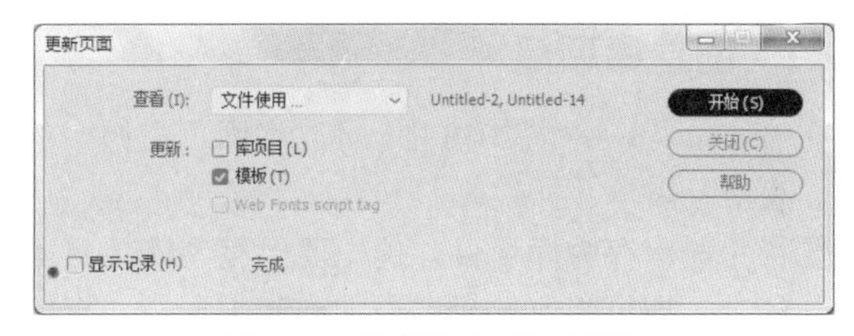

图9.15　“更新页面”对话框

9.5.3　更新当前页

打开要更新的网页文档，选择“模板”→“更新当前页”命令，打开如图 9.16 所示“不一致的区域名称”对话框。在“可编辑区域”列表中选择当前文档需要更新的可编辑区的名称。在“将内容移到新区域”下拉列表框中选择要将文档中的可编辑区域移到模板中可编辑区域的什么位置。列表中显示了模板中的所有可编辑区域名称。单击“确定”按钮，更新当前页。

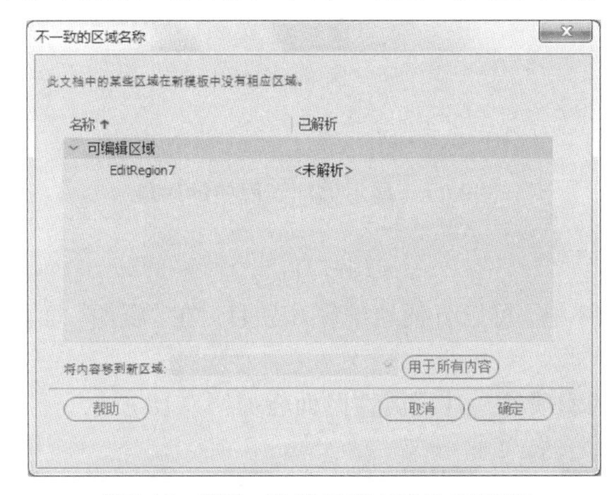

图9.16　“不一致的区域名称”对话框

9.5.4　将文档脱离模板

如果不想在文档中附有模板，或不希望文档与模板有联系，可以使文档与模板分开。在 Dreamweaver CC 2018 中，选择“工具”→“模板”→“从模板中分离”命令进行分离。分离后，该文档中的任意区域都可以编辑。

9.6　使用库项目

库用来存放文档中的页面元素，如图像、文本、Flash 动画等。这些页面元素通常被广泛适用于整个站点，并且能被重复使用或经常更新，因此它们被称为库项目。

库是一种特殊的文件，包括可添加到网页文档中的一组单个资源或资源副本。库中的这些资源成为库项目。库项目可以是图像、表格或 SWF 文件等元素。当编辑某个库项目时，可以自动更新应用该库项目的所有网页文档。

在 Dreamweaver CC 2018 中，库项目存储在每个站点的本地根文件夹下的 Library 文件夹中。可以从网页文档中选中任意元素来创建库项目。对于链接，库只存储对该项的引用。原始文件必须保留在制定的位置，这样才能使库项目正确工作。

9.6.1 创建库项目

在 Dreamweaver CC 2018 中，可以将网页文档中的任何元素创建为库项目，这些元素包括文本、图像、表格、表单、插件等。

要将元素保存为库项目，选中要保存为库项目的元素，选择“工具”→“库”→“增加对象到库”命令，即可将所选元素添加到库中。在“资源”面板，单击“库”按钮，可以显示添加到库中的对象，如图 9.17 所示。

图9.17 显示添加到库中的对象

9.6.2 编辑库项目

在 Dreamweaver CC 2018 中，可以方便地编辑库项目。在“资源”面板中选择创建的库项目后，可以直接拖动到网页文档中。

选中网页文档中插入的库项目，其“属性”面板如图 9.18 所示。

图9.18 库项目的“属性”面板

在库项目的“属性”面板中主要参数选项具体作用如下：

- “打开”按钮：单击该按钮，打开一个新文档窗口，可以对库项目进行各种编辑操作。
- “从源文件中分离”按钮：用于断开所选库项目与其原文件之间的链接，使库项目成为文档中的普通对象。当分离一个库项目后，该对象不再随缘文件的修改而自动更新。
- “重新创建”按钮：用于选定当前的内容并改写原始库项目，使用该功能可以在丢失或意外删除原始库项目时重新创建库项目。

9.7 上机练习

本章上机练习主要介绍了如何创建模板，以及在网站建设过程中如何使用模板来提高网页设计效率。

【例 9.1】将例 5.6 完成的 Red.html 网页文档修改后保存为模板，并采用该模板创建新的网页。

（1）打开 Red.html 网页文档。

（2）浏览整个网页，不难发现在整个 red 目录下，其他网页只要在这个网页基础上修改主体部分的内容即可。因此，修改网页，将无须修改的区域和可以编辑的区域区分开。将网页下方的 Flash SWF 文件及下方的文本删除，并将文本链接移动到下方单元格中，并修改该单元格对齐方式为左对齐，如图 9.19 所示。

（3）单击主体内容文本，在标签栏选择<td>标签将文本所在单元格选中后，选择“插入”→“模板”→“可编辑区域”命令，如图 9.20 所示。

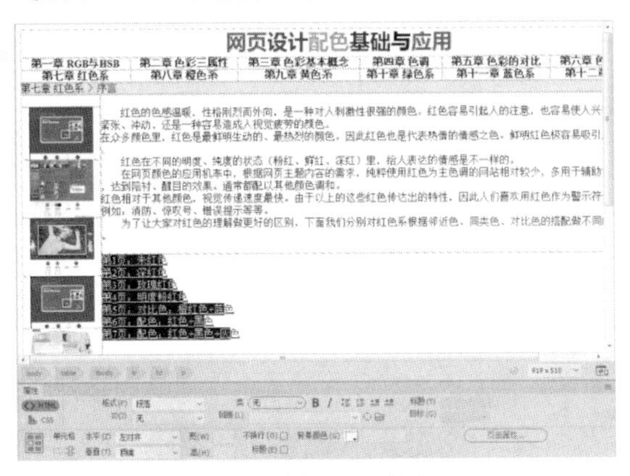

图9.19　编辑网页内容

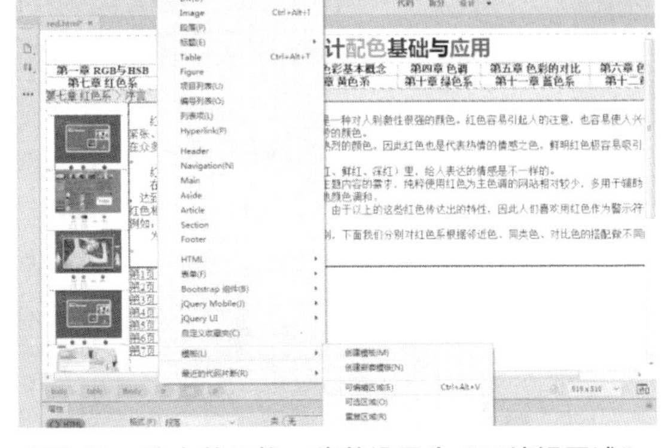

图9.20　选中单元格，将其设置为“可编辑区域”

（4）此时会弹出警告框，告之会将此文档转换为模板，如图 9.21 所示。

（5）单击“确定”按钮，打开“新建可编辑区域”对话框，如图 9.22 所示。在“名称”文本框中输入“主体内容”后，单击“确定”按钮。

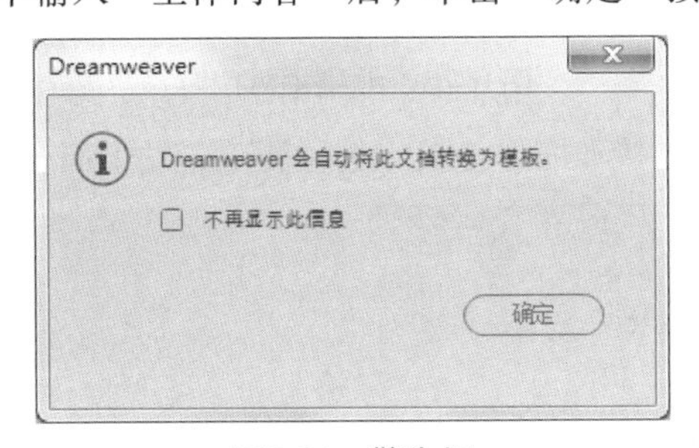

图9.21　警告框

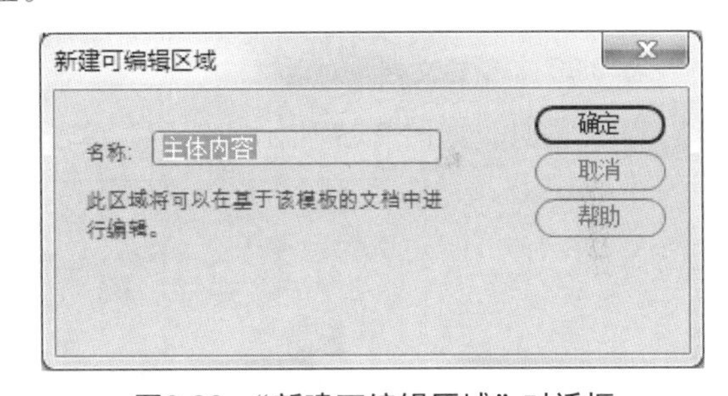

图9.22　“新建可编辑区域”对话框

（6）此时，网页文档中间的单元格已经设置为“可编辑区域”，显示为绿色边框，左上角有绿色标签，标签名称为上一步骤输入的“可编辑区域”名称，如图 9.23 所示。

（7）选择“文件”→“另存为模板”命令，在打开的“另存模板”对话框中，模板名字自动设置为 red，如图 9.24 所示，单击“保存”按钮。此时，文档窗口左上角的文档名称由 red.html 变化为 red.dwt，表示此时已经是模板文件了。

（8）创建好模板后，采用该模板新建网页。选择“文件”→“新建”命令，在打开的“新建文档”对话框的左侧选择“网站模板”，然后“站点”选择“网站配色”，“站点网站配色的模板”中选择上文创建的 red 模板，在最右侧可以看到预览缩略图，如图 9.25 所示。单击“创建”按钮，得到一个新的网页文档。

（9）单击该文档不同的区域，不难发现，只有“主体内容”绿色标签下的可编辑区域能进行编辑操作，其他区域都禁止编辑。

（10）在可编辑区域“主体内容”中，将原有文本删除，并将新的文本编辑入内，还可以插入表格和图像，编辑完成效果如图 9.26 所示。

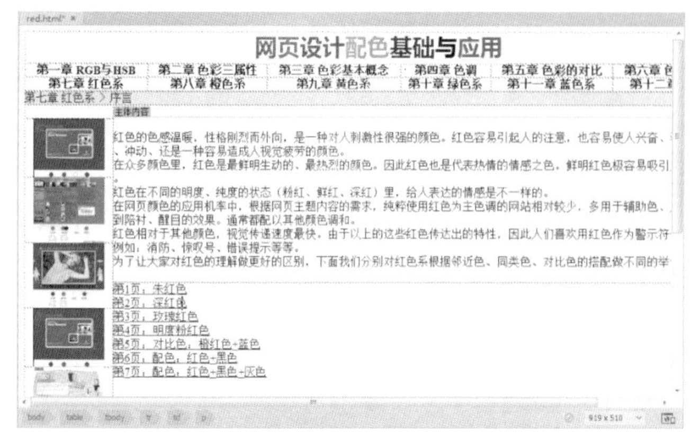

图9.23　设置好的“可编辑区域”

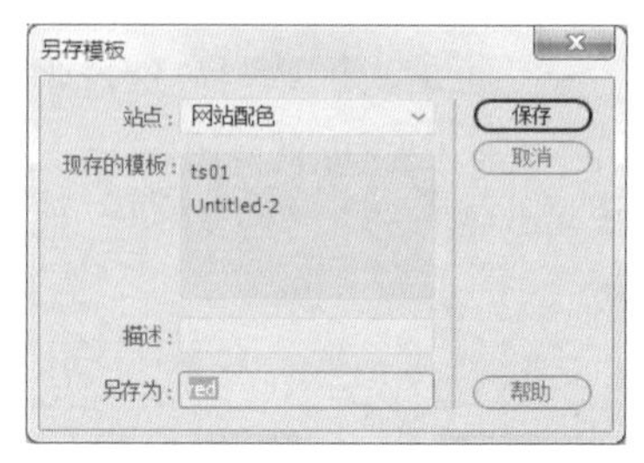

图9.24　“另存模板”对话框

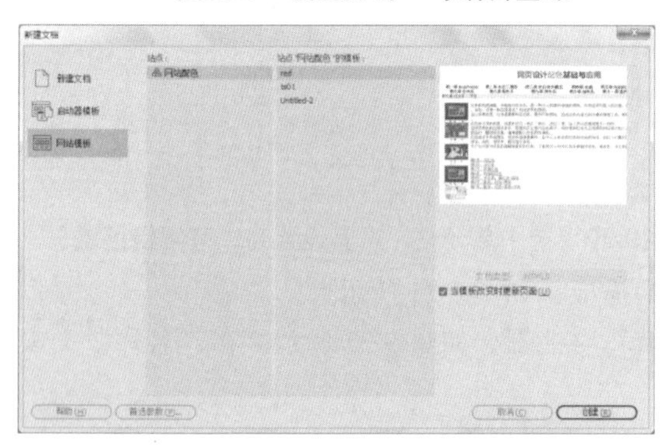

图 9.25　“新建文档”对话框

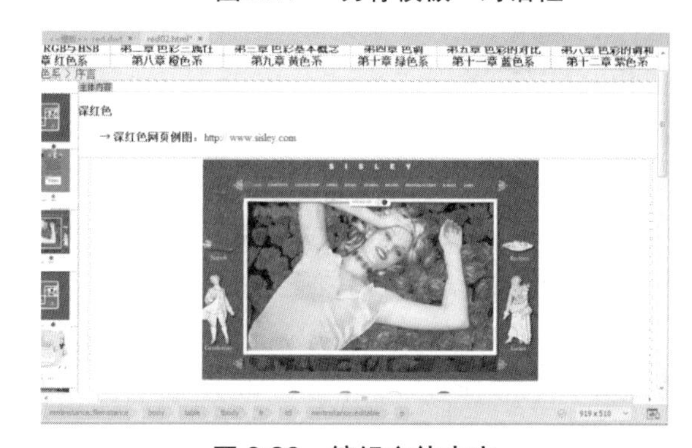

图 9.26　编辑主体内容

（11）预览网页，如图 9.27 所示。然后，单击文本链接和图像链接，进行测试，发现都有效。

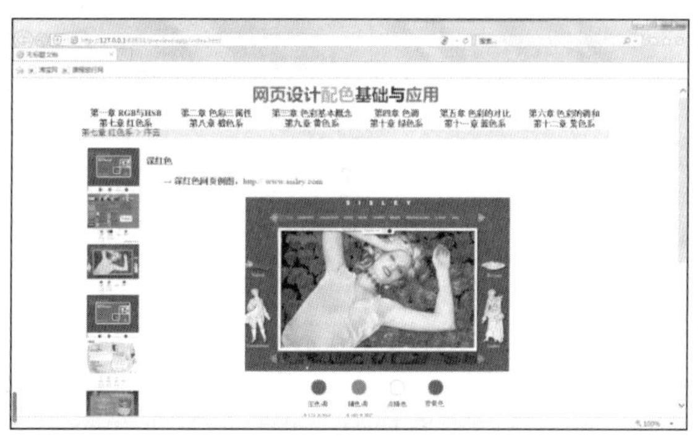

图9.27　预览网页

（12）重复步骤（8）～（10）的操作，依次创建 red 目录下的其他网页文档，读者不难发现，这样的效率非常高。

习题

一、填空题

1. 创建模板前应先建立______________。
2. 将现有文档保存为模板，应执行______________菜单命令。
3. 可以使用______________对话框来创建模板。

4. 除了创建模板，在 Dreamweaver CC 2018 中还可以____________、____________及____________模板。

5. 创建模板文档后，____________与____________之间就建立起关系。

二、选择题

1. (　　)是一种具有固定格式的 Web 页面文件。

A. 网页　　B. 模板　　C. 表单　　D. 超链接

2. 库项目不包括(　　)。

A. 文本　　B. 图像　　C. 表格　　D. 模板

三、问答题

1. 创建模板的方法有哪些?

2. 如何利用模板创建新文档?

进阶篇

第10章

CSS基础

本章重点

本章主要介绍CSS的基础知识，包括CSS样式表的使用、选择器、语法规则、常用取值与单位、常用样式和页面定位功能。在CSS常用样式部分介绍了关于背景、框模型、文本、字体、超链接、列表和表格等样式设置。最后介绍4种在页面上定位HTML元素位置的方式，包括绝对定位、相对定位、层叠效果与浮动等。

学习目标

- 了解CSS的基本语法规则；
- 了解CSS的常见取值与单位；
- 熟悉CSS样式表的层叠优先级；
- 掌握CSS样式表的4种使用方式；
- 掌握CSS常用选择器的使用；
- 掌握CSS常用样式的使用；
- 掌握CSS的4种定位方法。

10.1 CSS概述

CSS（Cascading Style Sheet，层叠样式表或级联样式表，简称样式表）是一种用来表现HTML文件样式的计算机语言，是网页文件的重要组成部分。网页的内容由HTML决定，利用CSS修饰HTML各个标记的风格，对网页中的元素进行精确的格式化控制。

CSS是一种非常灵活的工具，可以实现网页结构和表现完全分离，CSS样式类型除了通用的颜色、字体、背景外，还可以控制字符间距、填充距离、大小等大约50种样式。

CSS样式表的功能大致可以归纳为以下几点：

（1）控制页面中文字的字体、颜色、大小、间距、风格及位置。

（2）设置文本块的行高、缩进及具有三维效果的边框。

（3）可以方便地定位网页中的任意元素，设置不同的背景颜色和背景图片。

（4）精确控制网页中各元素的位置。

（5）与DIV元素结合布局网页。

CSS的发展历史分为4个阶段。

（1）CSS 1

1996年12月，CSS 1正式推出，在这个版本中，已经包含了font的相关属性、颜色与背景的相关属性、box 的相关属性等。

（2）CSS 2

1998 年 5 月，CSS 2 正式推出，在这个版本中开始使用样式表结构。

（3）CSS 2.1

2004 年 2 月，CSS 2.1 正式推出，它在 CSS 2 的基础上略微有所改动，删除了许多诸如 text-shadow 等不被浏览器所支持的属性。

（4）CSS 3

2010 年开始，CSS 3 逐步发布，2011 年 6 月成为 W3C 推荐标准。

10.2 CSS的组成

10.2.1 基本语法规则

1. 构造样式规则

CSS 是一个纯文本文件，可以“.CSS”为扩展名作为单独文件来使用，它的内容包含了一组告诉浏览器如何安排和显示 HTML 标签中内容的规则。CSS 规则由三部分构成：选择符、属性和属性的取值。

语法：

```
选择符{属性1:属性值; 属性2:属性值;…}
```

- 选择符：也称选择器，是 CSS 的核心，可以是需要改变样式的 HTML 标记。将 HTML 标记作为选择符定义后，则在 HTML 页面中，该标记下的内容都会按照 CSS 定义的规则显示在浏览器中。
- 属性和属性值：其组合称为声明，表示选择符中要改变的规则。例如：

```
h1 {color:red; font-size:14px;}
```

上面这行代码的作用是将 h1 元素内的文字颜色定义为红色，同时将字体大小设置为 14 px。在这个例子中，h1 是选择符，color 和 font-size 是属性，red 和 14 px 是值。上面这段 CSS 代码的结构如图 10.1 所示。

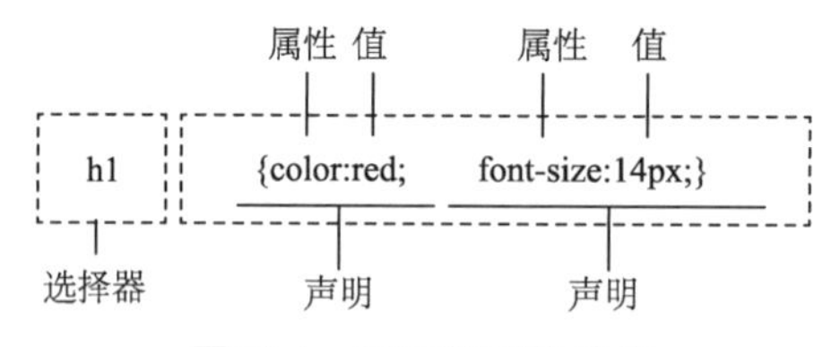

图10.1　CSS代码的结构

2. 在样式规则中添加注释

在样式规则中添加注释有助于用户记住较为复杂的样式规则的作用、应用的范围等，便于进行代码维护和应用。CSS 样式表中的注释语句是以“/*”开头，以“*/”结尾，支持单行和多行注释。例如，下面就是一个添加注释的例子。

```
p{
    color:purple;    /*字体颜色设置*/
    height:30px;     /*段落高度设置*/
}
```

注意： 注释不能嵌套。

3. @charset

该语法在外部样式表文件内使用，用于指定当前样式表使用的字符编码。例如：

```
@charset "utf-8";
```

该语句表示外部样式表文件使用了 UTF-8 的编码格式，一般写在外部样式表文件的第一行，并且需要加上分号结束。

4. 继承

继承是 CSS 的一个主要特征，许多 CSS 属性不但影响选择符所定义的元素，而且会被这些元素的后代继承。例如，对 body 定义的颜色值会被应用到段落的文本中，下面举例说明。

【例 10.1】 CSS 的继承性举例。

代码如下：

```
<html>
<head>
<title>CSS的继承性</title>
<style type="text/css">
  <!-- body{color: purple;} -->
</style>
</head>
<body>
  <p>CSS的<strong>继承性</strong></p>
</body>
</html>
```

在<style>标记中，已经定义了元素 body 的颜色是 purple，由于 CSS 的继承性，<p></p>标记内“CSS 的继承性”这段话也是以紫色显示的。页面效果图如图 10.2 所示。

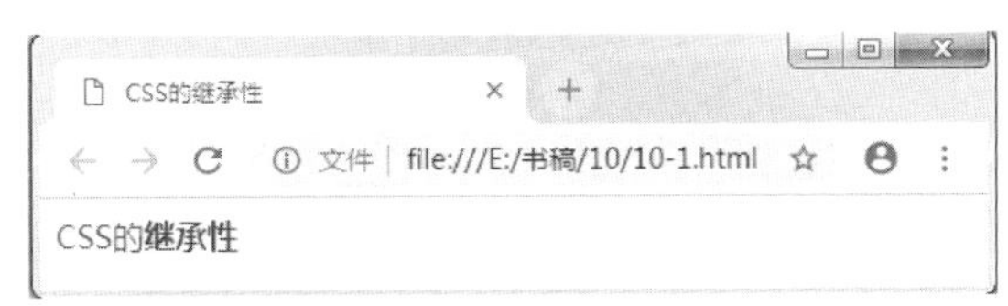

图10.2　CSS的继承性

但是，继承性也不是完全“克隆”，对于一些特殊的属性，继承性是不起作用的。例如，边框（Border）、边距（Margin）、填充（Padding）和背景（Background）及表格（Table）等。遇到特殊情况用户可以调试和实践。

10.2.2　选择符的分类

CSS 通过选择符对不同的 HTML 标记赋予各种样式的声明，来实现各种网页效果。CSS 选择符根据功能主要分为基础选择符、层次选择符和属性选择符。

1. 基础选择符

基础选择符是 CSS 中最基础、最常用的选择符，从 CSS 诞生开始就一直存在，供 Web 前端开发者快速地进行 DOM 元素的查找和定位。CSS 基础选择符主要包括通配符、选择符、标记选择符、类选择符及 id 选择符。

（1）通配符选择符（*）。如果想让一个页面中所有的 HTML 标记使用同一种样式，可以使用通配符选择符，这样定义的样式对所有的 HTML 标记都起作用。其语法格式如下：

```
*{属性:属性值;}
```

其中，“*”在 CSS 中代表“所有”，用来选择所有的 HTML 标记。例如：

```
*{font-size:32px;}
```

表示将网页中所有元素的字体定义为 32 像素。

（2）标记选择符。标记选择符是 CSS 选择符中最常见且最基本的选择符，HTML 页面中的所有标记都可以作为标记选择符。例如，定义网页里所有 p 元素中的文字大小、颜色和行高，用于声明页面中所有<p>标签的样式。代码如下：

```
p{font-size:32px; color: purple; line-height:20px;}
```

（3）类选择符。标记选择符一旦声明，则页面中的所有该标记都相应地产生变化，所以只依赖标记选择符不能满足开发者的需要，这时可以使用类选择符，把相同的元素分类定义成不同的样式。在定义类选择符时，在自定义名称的前面需要加一个点号（.）。例如：

```
.p1{color: purple; text-align:center;}
```

调用时只需在标记内使用 class 属性进行引用。例如：

```
<p class="p1">类选择符</p>
```

由<p>标记的 class 属性引用类选择符。该<p>标记中的文字为紫色居中对齐。另外，类选择符也可以被其他标记多次引用。

注意： 类选择符名称的第一个字符不能使用数字，否则，该样式就无法在浏览器中起作用。

【例 10.2】 用类选择符来定义样式举例。

代码如下：

```
<html>
<head>
<title>类选择符示例</title>
<style type="text/css">
   .p1{font-size:12px; color:purple;}
   .p2{font-size:24px; color:blue;}
   .p3{font-size:36px; color:orange;}
</style>
</head>
<body>
<p class="p1">类选择符1</p>
<p class="p2">类选择符2</p>
<p class="p3">类选择符3</p>
</body>
</html>
```

在该例中，定义了 3 个类选择符：p1、p2 和 p3。类选择符的具体名称自行命名，可以是任意英文字符串，或以英文开头的与数字的组合，一般情况下，采用具有语义的缩写。页面效果图如图 10.3 所示。

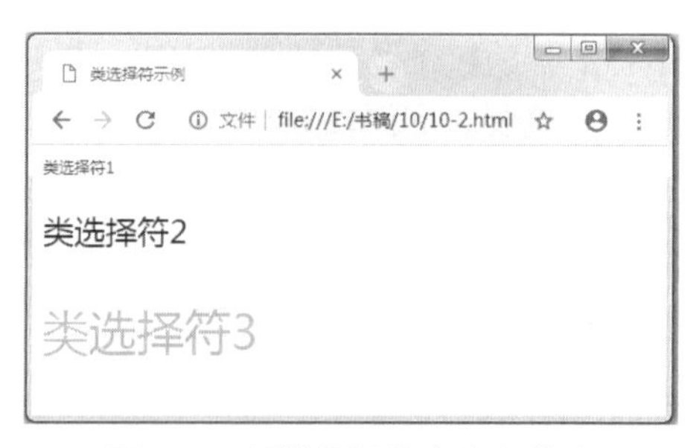

图10.3　用类选择符来定义样式

（4）id 选择符。id 选择符用来对某个单一元素定义。一个网页文件中，只能有一个标记使用某个 id 选择符。定义 id 选择符的语法格式如下：

```
#idvalue{property:value;}
```

idvalue 是选择符名称，在定义名称的前面加一个井号（#），由 HTML 标记的 id 属性引用。id 属性在文档中具有唯一性。例如：

```
#div1{background-color:#ccc000;}
```

调用方法：

```
<div id="div1">id选择符</div>
```

表示该<div>元素的背景颜色为#ccc000。

【例 10.3】 用 id 选择符来定义样式举例。

代码如下：

```
<html>
<head>
<title>id选择符示例</title>
<style type="text/css">
   #p1{font-size:12px; color:purple;}
   #p2{font-size:24px; color:blue;}
   #p3{font-size:36px; color:orange;}
</style>
</head>
<body>
<pid="p1">id选择符1</p>
<pid="p2">id选择符2</p>
<pid="p3">id选择符3</p>
</body>
</html>
```

在该例中，定义了 3 个 id 选择符，分别是 p1、p2 和 p3。id 选择符的具体名称自行命名，可以是任意英文字符串，或以英文开头的与数字的组合，一般情况下，采用具有语义的缩写。页面效果图如图 10.4 所示。

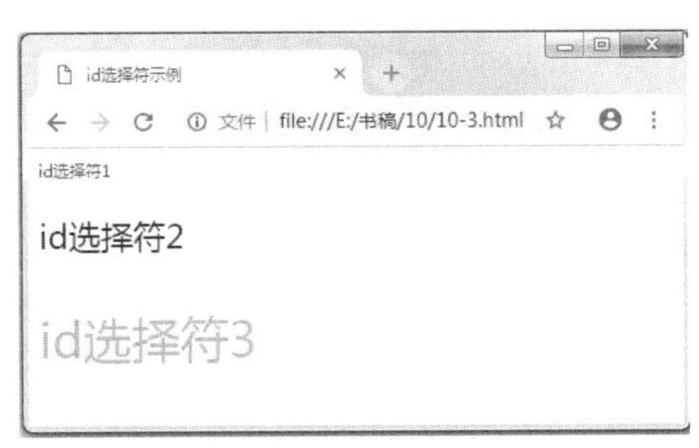

图10.4 用id选择符来定义样式

说明： 与类选择符相比，使用 id 选择符定义样式是有一定局限性的。类选择符和 id 选择符的主要区别如下：

- 类选择符可给任意多个标记定义样式，但 id 选择符在页面标记中只能使用一次。
- id 选择符比类选择符具有更高的优先级，即当 id 选择符与类选择符发生冲突时，优先使用 id 选择符定义的样式。

2. 层次选择符

层次选择符是一些基础选择符按照一定的关系进行组合的选择符组合。通过层次选择符的使用，可以基于 HTML 中的 DOM 元素之间的层次关系进行选择，可以快速准确地找到相关元素，并进行样式设置。

（1）包含选择符：对某种元素的包含关系定义的样式。

元素1里包含元素2，两者之间用空格隔开，这里元素2不管是元素1的子元素还是孙元素或者是更深层次的关系，都将被选中。

【例10.4】使用包含关系选择符举例。

代码如下：

```
<html>
<head>
<title>包含选择符示例</title>
<style type="text/css">
   h2 strong{color:red;}
</style>
</head>
<body>
<h2>这个<strong>非常</strong><strong>非常</strong>重要。</h2>
<h2>这个<em>真的<strong>非常</strong></em>重要。</h2>
<p>这个<em>真的<strong>非常</strong></em>重要。</p>
</body>
</html>
```

在该例中，可以实现将h2元素的后代strong元素的字体变为红色，而这个样式规则不会作用到其他的strong文本上。页面效果图如图10.5所示。

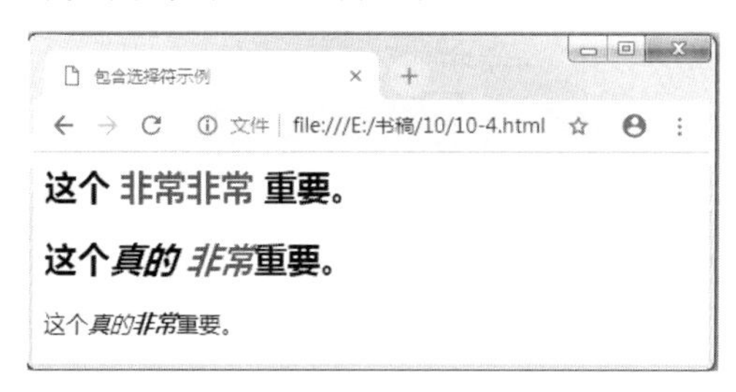

图10.5　使用包含关系选择符

（2）子选择符：只能选择某元素的子元素，子选择符使用大于号（>）。例如，A>B（A为父元素，B为子元素），表示选择了A元素下的所有子元素B，与包含选择符（A B）不同，A>B仅选择A元素下的B子元素，更深层次的元素则不会被选择。

例如，把例10.4中的样式改成h2>strong{color:red;}时，第二个h2中的strong元素将不受影响。

3. 选择符组

为了简化代码，避免重复定义，可以将相同属性和值的选择符组合起来书写，用逗号将各个选择符分开。例如把h1、h2、h3、p、li标记中的文本颜色都定义为灰色（#666666）。

```
h1,h2,h3,p,li{color:#666666;}
```

4. 属性选择符

属性选择符可以为拥有指定属性的HTML元素设置样式，而不仅限于class和id属性。属性选择符在CSS 2中就被引入，其主要作用是为带有属性的HTML元素设置样式。其语法格式如下：

```
E[attr]
```

E[attr]是最简单的一种，用来选择具有attr属性的E元素，而不论这个属性值是什么。其中，E可以省略，表示选择定义了attr属性的任意类型元素。

【例10.5】属性选择符的应用举例。

代码如下：

```
<html>
```

```
<head>
<title>一个简单的属性选择符的应用</title>
<style type="text/css">
   [title]{color:red;}
</style>
</head>
<body>
<h2>可以应用样式：</h2>
<h3 title="Hello world">Hello world</h3>
<a title="JXAU" href="http://www.jxau.edu.cn">JXAU</a>
<hr>
<h2>无法应用样式：</h2>
<h3>Hello world</h3>
<a href="http://www.jxau.edu.cn">JXAU</a>
</body>
</html>
```

例题为带有 title 属性的所有元素设置字体颜色(color:red;)。页面效果如图 10.6 所示。

图10.6　属性选择符的应用

表 10.1 介绍了 CSS 的属性选择符的使用。CSS3 属性选择符在 CSS2 的基础上进行了扩展，新增了 3 个属性选择符，使属性选择符有了通配符的概念。

表 10.1　CSS 属性选择符

选　择　符	描　　述
E[attr]	省略
E[attr=val]	选择具有属性 attr 的 E 元素，并且 attr 的属性值为 val（其中 val 区分大小写）
E[attr|=val]	attr 属性值是一个具有 val 或以 val 开始的属性值
E[attr～=val]	attr 属性值可以是用多个空格分隔的值，其中一个值等于 val
E[attr*=val]	attr 属性值的任意位置包含 val 即可
E[attr^=val]	表示属性值是以 val 开头的任何字符串
E[attr$=val]	attr 属性值是以 val 结尾的任意字符串，与 E[attr^=val]表示的相反

CSS3 遵循惯用的编码规则，选用“^”、“$”和“*”这 3 个通配符，其中“^”表示匹配起始符，“$”表示匹配终止符，“*”表示匹配任意字符。

CSS3 保留了对 E[attr~=val]和 E[attr|=val]选择符的支持，但在实际应用中，E[attr^=val] 和 E[attr*=val]选择符更符合使用习惯。可以用 E[attr^=val]替代 E[attr|=val]，用 E[attr*=val]替代 E[attr~=val]和 E[attr|=val]。

【例 10.6】匹配属性值举例。

代码如下：

```
<html>
<head>
<title>设置 class 属性值包含 "test" 的所有元素的背景色: </title>
<style>
  [class*="test"]{background:orange;}
</style>
</head>
<body>
<div class="first_test">欢迎光临</div>
<div class="second">欢迎光临</div>
<div class="test">欢迎光临</div>
<p class="test1">欢迎光临</p>
</body>
</html>
```

页面效果如图 10.7 所示。

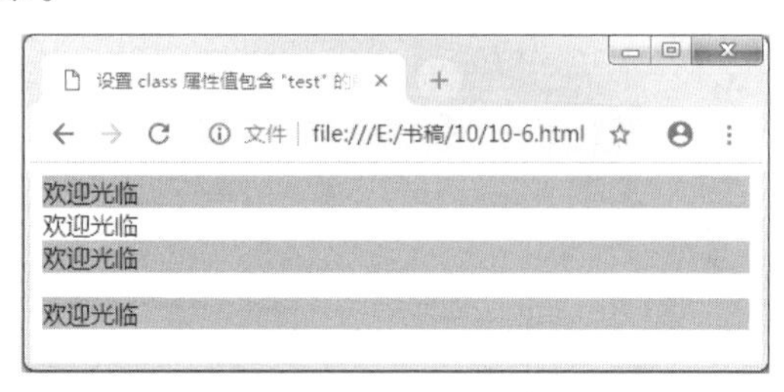

图10.7　匹配属性值

10.3　在HTML中使用CSS的方法

在 HTML 文档中使用 CSS 样式表有 4 种方法：行内样式、内部样式、链接样式和导入样式，能很好地实现网页结构和显示的分离。

10.3.1　行内样式

行内样式是在 HTML 文档中使用 CSS 最简单、最直观的方法，它直接在 HTML 标记里设置样式规则，当作标记里的属性，适用于设置网页内某一小段内容的显示格式，效果是仅控制该标记，对其他标记不起作用。其语法格式如下：

```
<标记名称 style="属性名称:属性值">
```

如果有多个属性需要同时添加，可用分号隔开，显示如下：

```
<标记名称 style="属性名称1:属性值1; 属性名称2:属性值2;...;属性名称N:属性值N">
```

例如，为某个段落标记<p>设置样式：

```
<p style="font-size:36px; color: purple>行内样式</p>
```

【例 10.7】 CSS 行内样式表的使用举例。

代码如下：

```
<html>
<head>
<title>CSS行内样式表</title>
</head>
<body>
<h2 style="color:purple ">CSS行内样式表</h2>
```

```
<hr style="border:3px dashed blue">
<p style="font-size:40px; background-color:yellow">
这是一段测试文字</p>
</body>
</html>
```

上述代码为<h2>标题标签设置了字体颜色为紫色；为<hr>水平线标签设置了线条宽度为 3 像素的蓝色虚线；为<p>段落标签设置了字体大小为 40 像素，背景颜色为黄色。页面效果如图 10.8 所示。

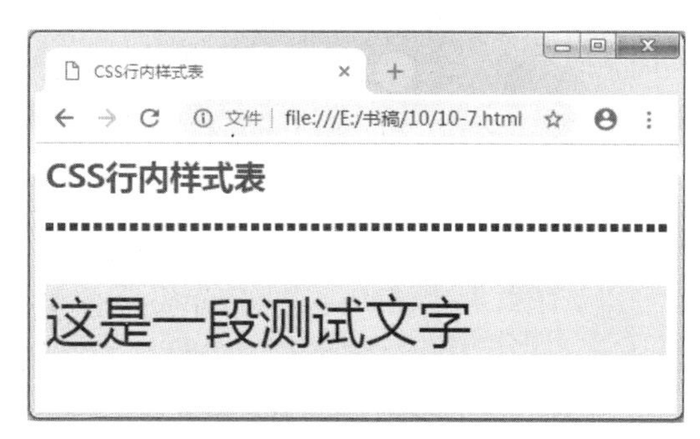

图10.8 CSS行内样式表的使用效果

注意： 行内样式表仅适用于改变少量元素的样式，不易于批量使用和维护。显然这不是一个有效率的做法，并且会造成大量重复代码。此时可以考虑使用内部样式表解决行内样式表重复定义的问题。

10.3.2 内部样式

内部样式是将样式表嵌入到 HTML 文件的<head>...</head>区域内，并将所有样式都书写在<style>元素里，在一定程度上实现了 CSS 样式与 HTML 代码分离。语法格式如下：

```
<head>
<style type="text/css">
选择符{
  属性名称1:属性值1;
  属性名称2:属性值2;
  ...
  属性名称N:属性值N;
}
</style>
</head>
<body>...</body>
```

注意： 行内样式和内部样式都属于引入内部样式表，即样式表规则只限于当前 HTML 文档，其他文档将无法使用。而且大量 CSS 嵌入在 HTML 文档中，也会导致 HTML 文档过大，不利于更新和管理。行内样式优先于内部样式。

【例 10.8】 CSS 内部样式使用举例。

代码如下：

```
<html>
<head>
<title>CSS内部样式</title>
<style type="text/css">
  .hr1 {width: 200px ;}
```

```
    #p1 {font-size: 32px; text-align: center ;}
  </style>
  </head>
  <body>
  <p id="p1">内部样式实例</p>
  <hr class="hr1">
  </body>
  </html>
```

上述代码为 hr1 设置了宽度为 200 像素的水平线；为 p1 设置了字体大小为 32 像素，文字水平居中对齐。页面效果如图 10.9 所示。

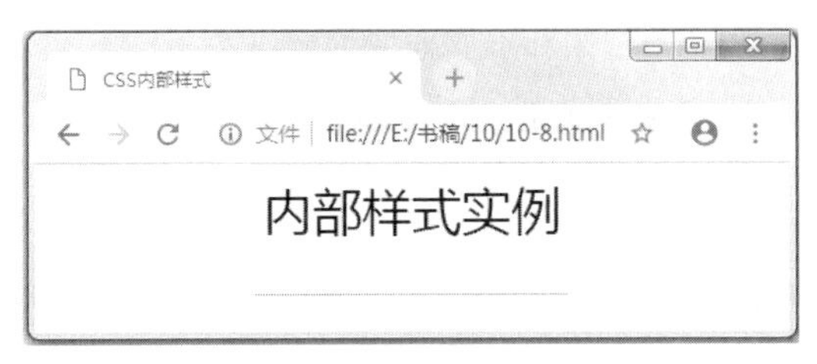

图10.9　CSS内部样式使用效果

10.3.3　链接样式

虽然行内样式表和内部样式表都可以设计 HTML 页面的样式，但是当页面较多时，其实现和维护都比较困难，而且难以将多个页面的样式统一，此时，最好使用外部样式表。外部样式表是使用一个单独的文件保存样式规则，其扩展名为“.css”，需要使用样式表 HTML 文件链接样式表文件。链接样式表使用<link>标签，此标签作为<head>的子标签使用，指明当前 HTML 页面和链接的样式表之间的关系。其语法格式如下：

```
<link type="text/css" rel="stylesheet" href="外部样式表的文件名称">
```

- rel：指定当前文档和链接文件之间的关系，这里是一个样式链接。
- type：指定链接的文件的 MIME 类型。
- href：指定链接文件的位置，这里是到外部样式表（.css）文件的路径，一般使用相对路径。

先使用 Dreamweaver、记事本等编辑工具编写 CSS 文件 style1.css。代码如下：

```
body{ font-family:隶书; }
a{ font-family:黑体; color:orange;font-size:16px;text-decoration:none; }
.p1{ font-size:32px; color:purple; font-style:italic; }
```

将 CSS 文件(style1.css)链接到 HTML 文档中，如例 10.9 所示。

【例 10.9】 CSS 链接样式使用举例。

代码如下：

```
<html>
<head>
   <link rel="stylesheet" type="text/css" href="style.css">
</head>
<body>
<h2>链接样式实例</h2>
<p class="p1">我是段落</p>
<a>我是超链接</a>
</body>
</html>
```

页面效果如图 10.10 所示。

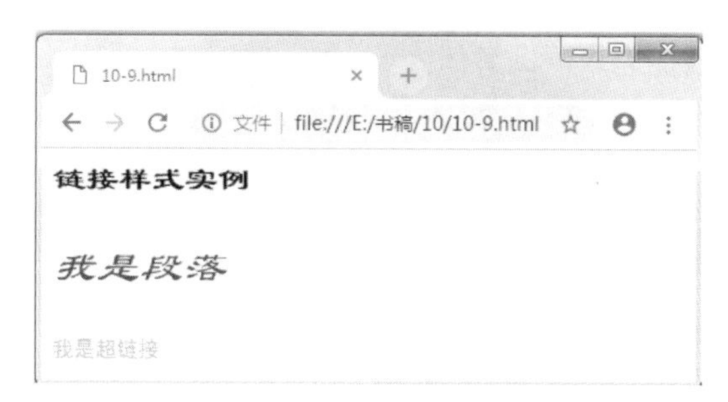

图10.10　CSS链接样式使用效果

10.3.4　导入样式

除了可以使用<link>标签链接外部样式表之外，还可以使用 CSS 提供的@import 标记导入样式表。其格式如下：

```
<style type="text/css">
@import url("外部样式表的文件名称");
</style>
```

语法说明：

- import 语句后的“;”号，一定要加上！
- 外部样式表的文件名称是要嵌入的样式表文件名称，扩展名为.css。
- @import 应该放在 style 元素的任何其他样式规则前面。

【例 10.10】 CSS 导入样式使用举例。

代码如下：

```
<html>
<head>
<style type="text/css">
   @import url("style.css");
</style>
</head>
<body>
<h2>链接样式实例</h2>
<p class="p1">我是段落</p>
<a>我是超链接</a>
</body>
</html>
```

页面效果和图 10.10 的页面效果相同。

10.3.5　各种样式表的优先级

行内样式、内部样式和外部样式（包括链接样式和导入样式）可以在同一个网页文档中被引用，它们会被层叠在一起形成一个统一的虚拟样式表。如果其中有样式条件冲突，CSS 会选择优先级别高的样式条件渲染在网页上。以上各种样式表的优先级别顺序如下：

```
行内样式>内部样式>外部样式>浏览器的默认设置
```

在元素内部使用的行内样式表拥有最高优先级别，在网页文档首部的内部样式表次之，引用的外部样式表优先级别最低。这也就意味着，元素是以“就近原则”显示离其最近的样式规则的。如果 3 种样式表均不存在，则网页文档会显示当前浏览器的默认效果。

【例 10.11】CSS 样式表优先级测试举例。

代码如下：

```
<html>
<head>
<link rel="stylesheet" type="text/css" href="style1.css">
<style>
   p{ font-size:26px; color:red; }
</style>
</head>
<body>
<h2>CSS 样式表优先级测试</h2>
<p>该段落文字大小和字体颜色都来自于内部样式表</p>
<p style="font-size:16px;color:blue">该段落文字大小和字体颜色都来自于行内样式表
</p>
</body>
</html>
```

style1.css 文件的完整代码如下：

```
h2{color:orange}
p{font-size:32px;color:green;}
```

页面效果如图 10.11 所示。

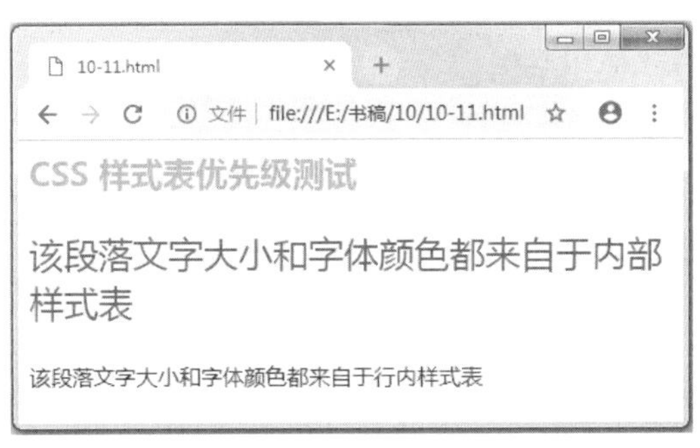

图10.11　CSS样式表优先级测试效果

10.4　CSS取值与单位

10.4.1　数字

数字取值是在 CSS2 中规定的，有 3 种取值形式，即浮点数值、整数值和百分比。其中，百分比的写法为<number>%的形式，如 50%、150%等。该数值必须有参照物才能换算出具体的数值，是一个相对值。目前所有主流浏览器都支持以上 3 种取值形式。

10.4.2　长度

长度取值<length>是在 CSS2 中规定的，表示方法为数值接长度单位。可用于描述文本、图像或其他各类元素的尺寸。长度取值的单位可分为相对长度单位和绝对长度单位。相对单位的长度不是固定的，是根据参照物换算出实际长度。绝对长度单位的取值是固定的，例如厘米、毫米等，该取值不根据浏览器或容器的大小发生改变。长度单位的具体情况如表 10.2 所示。

表 10.2 CSS 长度单位一览表

相对长度单位	描 述	绝对长度单位	描 述
em	相对于当前对象内文本的字体尺寸	cm	厘米（centimeters）
ex	相对于字符 x 的高度。一般为字体正常高度的一半	mm	毫米（millimeters）
ch	数字 0 的宽度	q	四分之一毫米，1q 相当于 0.25 mm
rem	相对于当前页面的根元素<html>规定的 font-size 字体大小属性值的倍数	in	英寸（inches），1in 相当于 2.54 cm
%	百分比	pt	点(points)，1pt 相当于 1/72 in
		pc	派卡(picas)，1pc 相当于 12 pt
		px	像素（pixels），1 px 相当于 1/96 in

10.4.3 文本

文本常见有 3 种取值形式：<string>、<url>和<identifier>。<string>表示字符串；<url>表示图像、文件或浏览器支持的其他任意资源地址；<identifier>表示用户自定义的标识名称，例如，为元素自定义 id 名称等。目前所有主流浏览器都支持以上 3 种取值形式。

10.4.4 颜色

CSS 颜色可以用于设置 HTML 元素的背景颜色、边框颜色、字体颜色等。

1. RGB 色彩模式

RBG 色彩模式是一种基于光学原理的颜色标准规范，也是目前运用最广泛的工业界颜色标准之一。颜色是通过对红、绿、蓝光的强弱程度不同组合叠加显示出来的，而 RGB 的 3 个字母正是由红（Red）、绿（Green）、蓝（Blue）3 个英文单词首字母组合而成的，代表了这 3 种颜色光线叠加在一起形成的各式各样的色彩。

RGB 色彩模式规定了红、绿、蓝 3 种光的亮度值均用整数表示，其范围是[0,255]共有 256 级，其中 0 为最暗，255 为最亮。因此，红、绿、蓝 3 种颜色通道的取值能组合出 256 × 256 × 256=16 777 216 种不同的颜色。目前主流浏览器能支持其中大约 16 000 多种色彩。

2. 常见颜色表示方式

（1）RGB 颜色。例如，rgb(0,0,0)表示黑色，rgb(255,255,255)表示白色等。所有浏览器都支持 RGB 颜色表示法，使用 RGB 色彩模式表示颜色值的格式如下：

```
rgb(红色通道值, 绿色通道值, 蓝色通道值)
```

以上 3 个参数的取值范围可以是整数或者百分比的形式。取整数值时完全遵照 RGB 颜色标准为[0,255]之间的整数，数字越大，该通道的光亮就越强。

（2）十六进制颜色。例如，#000000 表示黑色、#FFFFFF 表示白色等。所有浏览器都支持 RGB 颜色的十六进制表示法，这种方法其实是把原先十进制的 RGB 取值转换成了十六进制。其格式如下：

```
#RRGGBB
```

以井号（#）开头，后面跟六位数，每两位代表一种颜色通道值，分别是 RR（红色）、GG（绿色）和 BB（蓝色）的十六进制取值。其中最小值仍然为 0，最大值为 FF。例如，红色的十六进制码为#FF0000，这表示红色成分设置为最高值，其他成分设置为 0。

（3）颜色名。一些常用的颜色可以使用相应的英文单词表示（例如，red 表示红色，blue 表示蓝色等），目前所有浏览器均支持这种表示方式。W3C 组织在 CSS 颜色规范中定义了 17 种 Web 标准色。CSS3 在这 17 种标准色的基础上又新增了 130 多种颜色名称。目前共计 140 种颜色名称，由于存在异名同色的情况，实际的颜色共计 138 种。

10.5 CSS字体

10.5.1 字体系列font-family

在 CSS 中，将字体分为两类：一类是特定字体系列（family-name）；另一类是通用字体系列（generic family）。特定字体系列指的是拥有具体名称的某一种字体，如宋体、楷体、黑体、Times New Roman 等；而通用字体系列指的是具有相同外观特征的字体系列。

基本语法：

```
font-family:字体一，字体二，字体三…
```

上面的语法定义了几种不同的字体，并用逗号隔开，当浏览器找不到字体一时，将会用字体二代替，依此类推。当浏览器完全找不到字体时，则使用默认字体（宋体）显示。

注意： 如果一种字体的名字是多个单词，必须加引号，如字体名称 Times New Roman。例如：.p1{font-family: "Times New Roman", Georgia, Serif; }。

【例 10.12】 CSS 属性 font-family 的应用举例。

代码如下：

```
<html>
<head>
<title>字体系列font-family</title>
<style type="text/css">
   .p1 {font-family:"Times New Roman ", Georgia, Serif ;}
   .p2 {font-family:隶书,楷体, 黑体 ;color:red;}
</style>
</head>
<body>
<h3>字体系列font-family 测试</h3>
<hr>
<p class="p1 ">Welcome to JXAU</p>
<p class="p2 ">这是一段测试文字</p>
</body>
</html>
```

页面效果如图 10.12 所示。

图10.12　CSS属性font-family的应用效果

10.5.2 字体风格font-style

CSS 中的 font-style 属性可以用于设置字体风格是否为斜体字。基本语法如下：

```
font-style: normal | italic | oblique
```

其中：normal 为默认值，一般以浏览器默认的字体来显示；italic 为斜体效果；oblique 为倾斜体效果。

【例 10.13】 font-style 的应用举例。

代码如下：

```
<html>
<head>
<title>CSS 属性font-style 的应用</title>
<style>
   .s1 {font-style: normal;}    /*正常字体*/
   .s2 {font-style: italic;}    /*斜体字*/
   .s3 {font-style: oblique;}   /*倾斜字体*/
</style>
</head>
<body>
<h3>CSS属性font-style的应用</h3>
<hr>
<p class="s1">正常字体</p>
<p class="s2">斜体字</p>
<p class="s3">倾斜字体</p>
</body>
```

页面效果如图 10.13 所示。

图10.13 font-style的应用效果图

10.5.3 字体变化font-variant

CSS 中的 font-variant 属性可以用于设置字体变化。基本语法如下：

```
font-variant:normal | small-caps
```

其中：normal 表示默认值；small-caps 表示英文字体显示为小型的大写字母。如果当前页面的指定字体不支持 small-caps 这种形式，则显示为正常大小字号的大写字母。

【例 10.14】 font-variant 的应用举例。

代码如下：

```
<html>
<head>
<title>CSS 属性font-variant的应用</title>
<style>
   .s1 {font-variant: normal;}
```

```
    .s2 {font-variant: small-caps;} /*全大写，但是比正常大写字母小
一号*/
</style>
</head>
<body>
<h3>CSS属性font-variant的应用</h3>
<hr>
<p class="s1">Normal</p>
<p class="s2">Small Caps</p>
<p class="s3">small caps</p>
</body>
```

页面效果如图 10.14 所示。其中，class="s1"的段落元素<p>显示为正常字体效果，用于作对比案例。第二个和第三个段落元素<p>使用了相同的 class="s2"，但是由图 10.14 可见，首字母的显示效果不同。原因是当文本内容中原先就存在大写字母时，使用 small-caps 属性值会将这些大写字母的字号显示为正常字体大小，而其他小写字母转换为大写字母后是小一号的字体大小，从而形成了一种特有的风格。

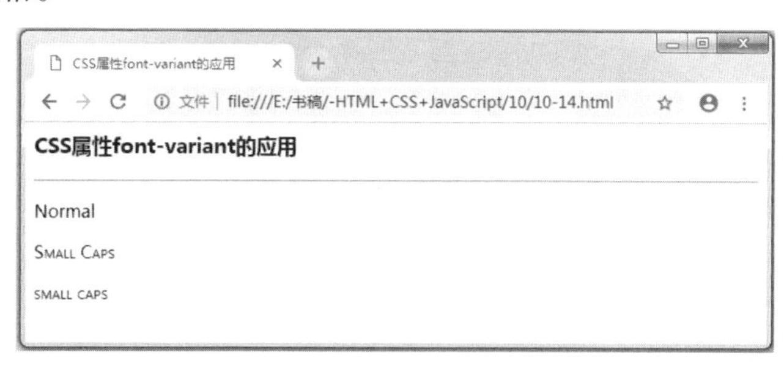

图10.14　font-variant的应用效果

10.5.4　字体粗细font-weight

CSS 中的 font-weight 属性用于控制字体的粗细程度。基本语法如下：

```
font-weight: normal | blod | bolder | lighter | 100-900
```

其中：normal 表示默认字体；bold 表示粗体；bolder 表示粗体再加粗；lighter 表示比默认字体还细，100-900 共分为 9 个层次（100，200，…，900），数字越小字体越细、数字越大字体越粗。其中 400 等同于 normal，700 等同于 bold。

【例 10.15】 font-weight 的应用举例。

代码如下：

```
<html>
<head>
<title>CSS 属性font-weight的应用</title>
<style>
    .s1 {font-weight:normal;}
    .s2 {font-weight:bold;}
    .s3 {font-weight:100;}
    .s4 {font-weight:400;}
    .s5 {font-weight:900;}
</style>
</head>
<body>
<h3>CSS属性font-weight的应用</h3>
```

```
<hr>
<p class="s1">测试段落（正常字体）</p>
<p class="s2">测试段落（粗体字）</p>
<p class="s3">测试段落（100）</p>
<p class="s4">测试段落（400）</p>
<p class="s5">测试段落（900）</p>
</body>
```

页面效果如图 10.15 所示。

图10.15 font-weight的应用效果图

10.5.5 字体大小font-size

在 CSS 中，font-size 属性用于设置字体大小。font-size 的属性值为长度值，可以使用绝对单位或相对单位。绝对单位使用的是固定尺寸，不允许用户在浏览器中更改文本大小，采用了物理度量单位，如 cm、mm、px 等；相对单位是相对于周围的参照元素设置大小，允许用户在浏览器中更改字体大小，字体相对单位有 em、ch 等。

基本语法：

```
font-size: 绝对大小 | 相对大小
```

关于字体大小的设置，常见用法是使用 px、em 或百分比（%）来显示字体尺寸。

（1）px：含义为像素，1 px 指的是屏幕上显示的一个小点，它是绝对单位。

（2）em：含义为当前元素的默认字体尺寸，是相对单位。浏览器默认字体大小是 16 px，因此在用户未作更改的情况下，1 em=16 px。

（3）%：含义为相对于父元素的比例，例如，20%指的就是父元素宽度的 20%，也是一个相对单位。

【例 10.16】 font-size 的应用举例。

代码如下：

```
<html>
<head>
<title>CSS 属性font-size的应用</title>
<style>
   .s1 {font-size:16px;}
   .s2 {font-size:1em;}
   .s3 {font-size:32px;}
   .s4 {font-size:2em;}
</style>
</head>
```

```
<body>
<h3>CSS属性font-size的应用</h3>
<hr>
<p class="s1">测试段落，字体大小为16 像素</p>
<p class="s2">测试段落，字体大小为1em</p>
<p class="s3">测试段落，字体大小为32 像素</p>
<p class="s4">测试段落，字体大小为2em</p>
</body>
```

页面效果如图 10.16 所示。

图10.16　font-size的应用效果

由图 10.16 可见，font-size 属性值声明为 1 em 与 16 px 的前两个段落元素的字体大小显示效果是完全一样的，同样 2 em 与 32 px 也是一样的。这是由于浏览器默认的字体大小为 16 像素，因此在用户未做更改的情况下，1 em 等同于 16 px。

10.5.6　字体简写font

CSS 中的 font 属性可用于概括其他 5 种字体属性，将相关属性值汇总写在同一行。当需要为同一个元素声明多项字体属性时，可以使用 font 属性进行简写。声明顺序如下：

```
[font-style] [font-variant] [font-weight] [ font-size] [font-family]
```

属性值之间用空格隔开，如果其中某个属性没有规定可以省略不写。例如：

```
p{font-style:italic; font-weight:bold; font-size:20px;}
```

上述代码使用 font 属性可以简写为：

```
p{font: italic bold 20px}
```

其效果完全相同。

10.6　CSS文本

10.6.1　文本对齐text-align

CSS 中的 text-align 属性用于为文本设置对齐效果。基本语法如下：

```
text-align: left | right | center | justify
```

语法说明：

其中：left 为默认值，表示文本内容左对齐；right 表示文本内容右对齐；center 表示文本内容居中对齐；justify 表示文本内容两端对齐。

【例 10.17】text-align 的应用举例。

代码如下：

```
<html>
<head>
<title>CSS属性text-align 的应用</title>
<style>
  div{
    border: 1px solid red;
    width: 300px;
    padding: 10px;
   }
   .p1{text-align: center}    /*文本居中对齐*/
   .p2{text-align: left}      /*文本左对齐*/
   .p3{text-align: right}     /*文本右对齐*/
</style>
</head>
<body>
<h3>CSS属性text-align的应用</h3>
<hr>
<div>
<p class="p1">文字居中对齐</p>
<p class="p2">文字左对齐</p>
<p class="p3">文字右对齐</p>
</div>
</body>
</html>
```

页面效果如图 10.17 所示。

图10.17　text-align的应用效果

10.6.2　文本装饰text-decoration

CSS 中的 text-decoration 属性用于为文本添加装饰效果，基本语法如下：

```
text-decoration: underline | line-through | overline | none
```

语法说明：

其中：underline 表示为文本添加下画线；line-through 表示为文本添加删除线；overline 表示为文本添加上画线；none 表示默认值。

注意：text-decoration 属性用于修饰文本，它经常用于为凸显设计意图而去掉超链接默认的下画线。

【例 10.18】text-decoration 的应用举例。

代码如下：

```
<html>
<head>
<title>CSS属性text-decoration 的应用</title>
<style>
   .p1{text-decoration:underline;}              /*下画线*/
   .p2{text-decoration:line-through;}           /*删除线*/
   .p3{text-decoration:overline;}               /*上画线*/
   a { color: red; text-decoration: none; }     /*去掉超链接默认的下画线*/
</style>
</head>
<body>
<h3>CSS属性text-decoration的应用</h3>
<hr>
<p class="p1">为文字添加下画线</p>
<p class="p2">为文字添加删除线</p>
<p class="p3">为文字添加上画线</p>
<p><a href="http://www.jxau.edu.cn">江西农业大学</a></p>
</body>
</html>
```

页面效果如图 10.18 所示。

图10.18　text-decoration的应用效果

10.6.3　文本缩进text-indent

CSS 中的 text-indent 属性用于为段落文本设置首行缩进效果，通常被用来指定一个段落，第一行文字缩进的距离。基本语法如下：

```
text-indent: 长度单位 | 百分比单位
```

其中：长度单位可以用相对长度单位，也可以用绝对长度单位；百分比单位表示相对于元素的宽度来设置缩进。

【例 10.19】 text-indent 的应用举例。

代码如下：

```
<html>
<head>
<title>CSS 属性text-indent 的应用</title>
<style>
  p{ text-indent:2em; border:1px solid red; width:200px; padding:10px; }
</style>
</head>
```

```
<body>
<h3>CSS 属性text-indent 的应用</h3>
<hr>
<p>这是一个用于测试首行缩进效果的段落元素。当前缩进了两个字符的距离</p>
</body>
</html>
```

页面效果如图 10.19 所示。

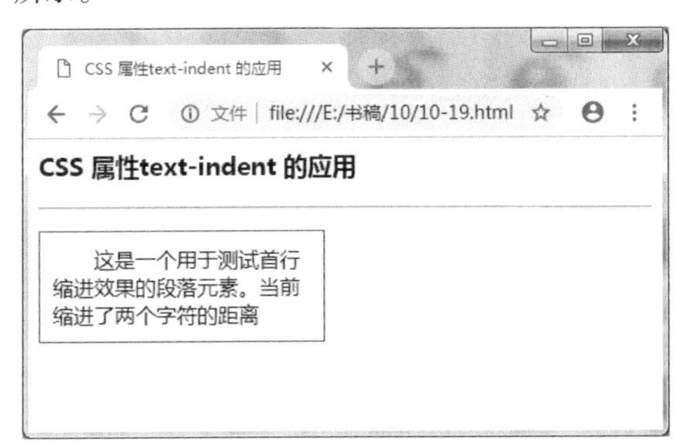

图10.19　text-indent的应用效果

10.6.4　文本颜色color

CSS 中的 color 属性用于设置文本颜色。基本语法如下：

```
color:颜色名称 |  RGB |十六进制数
```

例如：p{color:red;}，h1{color:purple;}。

10.6.5　字符间距letter-spacing

CSS 中的 letter-spacing 属性用于设置文本中字符的间距。基本语法如下：

```
letter-spacing: normal | 长度单位
```

语法说明：

其中：normal 表示默认值；此处的长度单位可使用负数。

【例 10.20】 letter-spacing 的应用举例。

代码如下：

```
<html>
<head>
<title>CSS 属性letter-spacing 的应用</title>
<style>
   .p1 {letter-spacing: 1em;color:red;}
   .p2 {letter-spacing: 2em;color:green;}
   .p3 {letter-spacing: -5px;color:blue;}
</style>
</head>
<body>
<h3>CSS 属性letter-spacing 的应用</h3>
<hr>
<p class="p1">文字字间距为1em</p>
<p class="p2">文字字间距为2em</p>
<p class="p3">文字字间距为-5em</p>
```

```
</body>
</html>
```

页面效果如图 10.20 所示。

图10.20 letter-spacing的应用效果

10.7 CSS背景

10.7.1 背景颜色background-color

CSS 中的 background-color 属性用于为所有 HTML 元素指定背景颜色。如果需要更改整个网页的背景颜色，则对<body>元素应用 background-color 属性。基本语法如下：

```
background-color: 关键字 | RGB值 | transparent
```

其中：background-color 属性的默认值是 transparent（透明的），因此如果没有特别规定 HTML 元素的背景颜色，那么该元素就是透明的，以便使其覆盖的元素为可见。

【例 10.21】 background-color 的应用举例。

代码如下：

```
<html>
<head>
<title>CSS 属性background-color 的应用</title>
<style>
body {background-color: silver;          /*将整个网页的背景颜色设置为银色*/}
   h1 {background-color: orange          /*设置背景色为橙色*/}
   h2 {background-color: RGB(255,0,0)    /*设置背景色为红色*/}
   h3 {background-color: #0000FF;        /*设置背景色为蓝色*/}
</style>
</head>
<body>
<h1>CSS 属性background-color 的应用</h1>
<h2>CSS 属性background-color 的应用</h2>
<h3>CSS 属性background-color 的应用</h3>
</body>
</html>
```

页面效果如图 10.21 所示。

图10.21　background-color的应用效果

10.7.2　背景图像background-image

CSS 中的 background-image 属性用于为元素设置背景图像。如果需要更改整个网页的背景图像，则对<body>元素应用 background-image 属性。基本语法如下：

```
background-image:url | none
```

其中：url 表示要插入背景图片的路径；none 表示不加载图片。

【例 10.22】 background-image 的应用举例。

代码如下：

```
<html>
<head>
<title>CSS 属性background-image 的应用</title>
<style>
   body {background-image:url(images/sky.jpg); color:red;}
   p{background-image:url(images/panda.jpg); width: 310px; height: 250px}
</style>
</head>
<body>
<h3>CSS属性background-image的应用</h3>
<hr>
<p>这是一个段落</p>   /*段落元素用于显示熊猫*/
</body>
</html>
```

页面效果如图 10.22 所示。

图10.22　background-image的应用效果

由图 10.22 可见，网页的背景图片会自动在水平和垂直两个方向进行重复平铺。实际上所有 HTML 元素的背景图片都会默认进行重复平铺。因此，为达到更好的视觉效果，为段落元素<p>

设置了背景图片的宽和高，即宽度 310 像素、高度 250 像素。

10.7.3 背景图像平铺方式background-repeat

CSS 中的 background-repeat 属性用于设置背景图像的平铺方式。如果不设置该属性，则默认背景图像会在水平和垂直方向上同时被重复平铺（如例 10.22 的运行效果）。

基本语法：

```
background-repeat: repeat | repeat-x | repeat-y | no-repeat
```

其中：repeat 表示背景图片在水平和垂直方向平铺，是默认值；repeat-x 表示背景图片在水平方向平铺；repeat-y 表示背景图片在垂直方向平铺；no-repeat 表示背景图片不平铺。

【例 10.23】 background-repeat 的应用举例。

代码如下：

```
<html>
<head>
<title>CSS属性background-repeat的应用</title>
<style>
body{
   background-image: url(images/sky.jpg);
   background-repeat: no-repeat; /* 背景图像不平铺 */
   color:red;
}
 p{
   background-image: url(images/panda.jpg);
   background-repeat: repeat-x; /* 背景图像在水平方向平铺 */
   height: 250px
 }
</style>
</head>
<body>
<h3>CSS属性background-repeat的应用</h3>
<p>这是一个段落</p>
</body>
</html>
```

页面效果如图 10.23 所示。

图10.23　background-repeat的应用效果

10.7.4 固定/滚动背景图像background-attachment

CSS 中的 background-attachment 属性用于设置背景图像是固定在屏幕上还是随着页面滚动。该属性有两种取值。

基本语法：

```
background-attachment: scroll | fixed
```

其中：scroll 表示背景图像是随着滚动条的移动而移动，是浏览器的默认值；fixed 表示背景图像固定在页面上不动，不随着滚动条的移动而移动。

【例 10.24】 background-attachment 的应用举例。

代码如下：

```
<html>
<head>
<title>CSS 属性background-attachment的应用</title>
<style>
body{
  background-image: url(images/sky.jpg);
  background-repeat: no-repeat;    /* 背景图像不平铺 */
  background-attachment: scroll;   /* 背景图像随页面滚动 */
}
</style>
</head>
<body>
<h3>CSS 属性background-attachment的应用</h3>
<hr>
<p>这是段落元素，用于测试背景图片是否跟随页面滚动。</p>
<p>这是段落元素，用于测试背景图片是否跟随页面滚动。</p>
<p>这是段落元素，用于测试背景图片是否跟随页面滚动。</p>
<p>这是段落元素，用于测试背景图片是否跟随页面滚动。</p>
<p>这是段落元素，用于测试背景图片是否跟随页面滚动。</p>
<p>这是段落元素，用于测试背景图片是否跟随页面滚动。</p>
<p>这是段落元素，用于测试背景图片是否跟随页面滚动。</p>
<p>这是段落元素，用于测试背景图片是否跟随页面滚动。</p>
<p>这是段落元素，用于测试背景图片是否跟随页面滚动。</p>
<p>这是段落元素，用于测试背景图片是否跟随页面滚动。</p>
</body>
</html>
```

页面效果如图 10.24 所示。

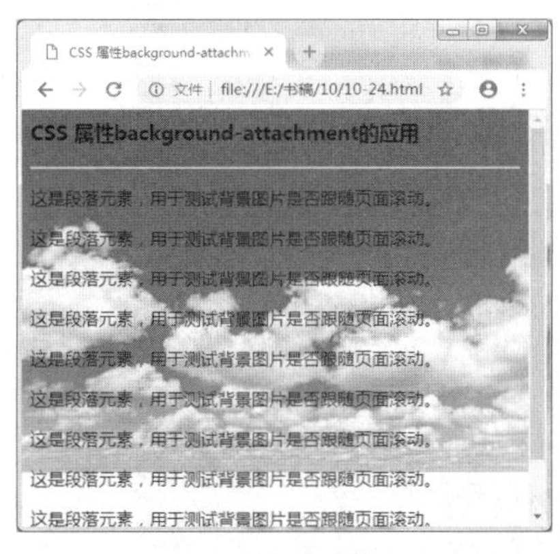

（a）页面滚动前　　（b）页面滚动后

图10.24　CSS属性background-attachment的应用效果

10.7.5 定位背景图像background-position

默认情况下，背景图像会放置在元素的左上角。CSS 中的 background-position 属性用于设置背景图像的位置，可以根据属性值的组合将图像放置到指定位置。该属性允许使用两个属性值组合的形式对背景图像进行定位。

基本语法：

```
background-position: 百分比 | 长度 | 关键字
```

其中：利用百分比和长度来设置图片位置时，都要指定两个值，并且这两个值都要用空格隔开。一个代表水平位置，一个代表垂直位置。水平位置的参考点是网页页面的左边，垂直位置的参考点是网页页面的上边。关键字在水平方向的主要有 left、center、right，关键字在垂直方向的主要有 top、center、bottom。水平方向和垂直方向相互搭配使用。

【例 10.25】 background-position 的应用举例。

代码如下：

```
<html>
<head>
<title>CSS 属性background-position 的应用</title>
<style>
  div {width: 660px;}
  p{
    width: 200px;
    height: 200px;
    background-color: silver;
    background-image: url(images/goat.jpg);
    background-repeat: no-repeat;
    float: left;
    margin: 10px;
    text-align: center;
  }
   #p1_1 {
     background-position: left top;
   } /* 图像位于左上角,也可以写作top left */
   #p1_2 {
     background-position: top;
   } /* 图像位于顶端居中, 也可以写作top center 或center top*/
   #p1_3 {
     background-position: right top;
   }/* 图像位于右上角, 也可以写作top right */
   #p2_1 {
     background-position: 0%;
   } /* 图像位于水平方向左对齐并且垂直居中, 也可以写作0% 50% */
   #p2_2 { background-position: 50%;  } /* 图像位于正中心, 也可以写作50% 50% */
   #p2_3 {
     background-position: 100%;
   }/* 图像位于水平方向右对齐并且垂直居中, 也可以写作100% 50% */
   #p3_1 { background-position: 0px 100px;  } /* 图像位于左下角 */
   #p3_2 { background-position: 50px 100px; } /* 图像位于底端并水平居中*/
   #p3_3 { background-position: 100px 100px;} /* 图像位于右下角 */
```

```
</style>
</head>
<body>
<h3>CSS属性background-position的应用</h3>
<hr>
<div>
<p id="p1_1">left top</p>
<p id="p1_2">top</p>
<p id="p1_3">right top</p>
<p id="p2_1">0%</p>
<p id="p2_2">50%</p>
<p id="p2_3">100%</p>
<p id="p3_1">0px 100px</p>
<p id="p3_2">50px 100px</p>
<p id="p3_3">100px 100px</p>
</div>
</body>
</html>
```

页面效果如图 10.25 所示。

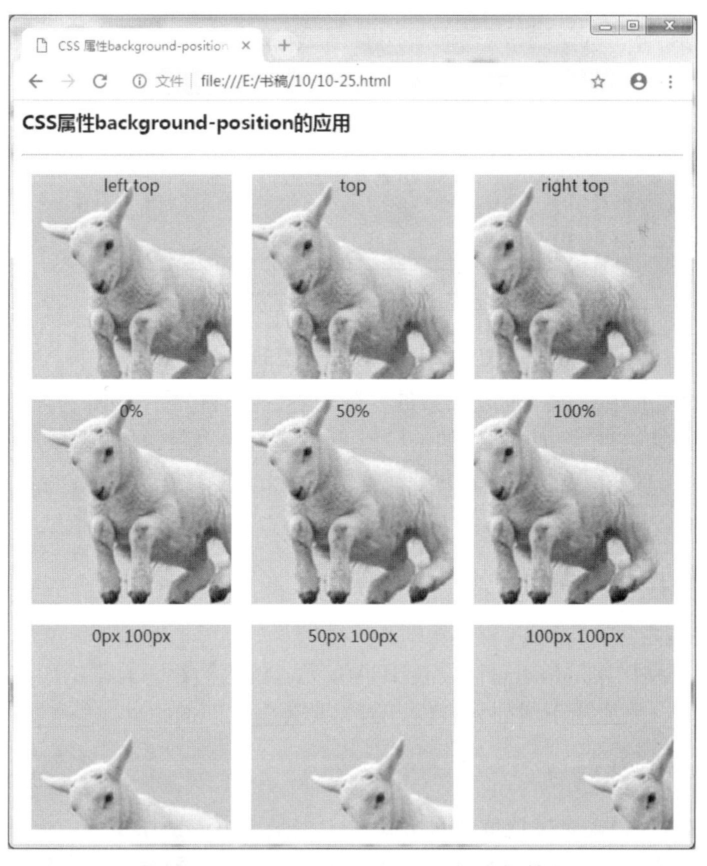

图10.25　background-position的应用效果

10.7.6　背景简写background

CSS 中的 background 属性可以用于概括其他 5 种背景属性，将相关属性值汇总写在同一行。

当需要为同一个元素声明多项背景属性时，可以使用 background 属性进行简写。声明顺序如下：

```
[background-color] [background-image] [background-repeat] [backgroundattachment]
[background-position]
```

属性值之间用空格隔开，如果其中某个属性没有规定可以省略不写。例如：

```
p{
  background-color:silver;
  background-image:url(images/sky.jpg);
  background-repeat:no-repeat;
}
```

上述代码使用 background 属性可以简写为：

```
p{background: silver url(images/sky.jpg) no-repeat;}
```

其效果完全相同。

10.8 CSS框模型

CSS 框模型又称盒状模型，用于描述 HTML 元素形成的矩形盒子。每个 HTML 元素都具有元素内容、内边距、边框和外边距。CSS 框模型的结构如图 10.26 所示。

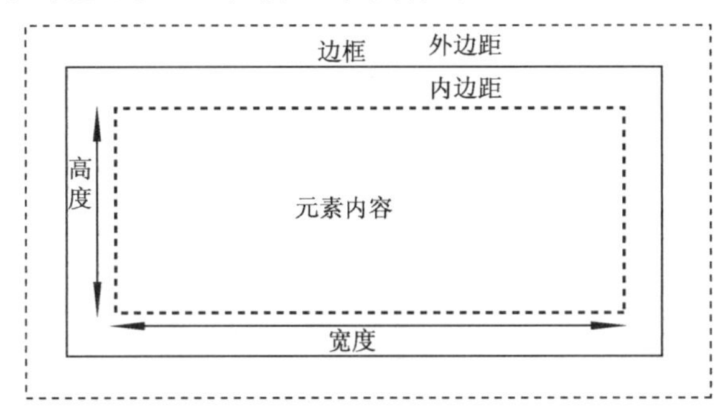

图10.26　CSS框模型的结构

图 10.26 中最内层的虚线框里面是元素的实际内容；包围它的一圈称为内边距，内边距的最外层实线边缘称为元素的边框；边框外层的一圈空白边称为外边距，外边距是该元素与其他元素之间保持的距离。其中，最外层的虚线部分是元素外边距的临界线。默认情况下，元素的内边距、边框和外边距均为 0。

10.8.1 内边距padding

1. 设置各边内边距

在 CSS 中，可以使用 padding 属性设置 HTML 元素的内边距。元素的内边距也可以理解为元素内容周围的填充物，只能用于增加元素内容与元素边框之间的距离。

基本语法：

```
padding:长度 | 百分比
```

其中：padding 属性值可以是长度值或者百分比值，但是不可以使用负数。设置一个值：4 个内边距均使用一个值。设置两个值：上边内边距和下边内边距调用第一个值，右边内边距和左边内边距调用第二个值。设置三个值：上边内边距调用第一个值，右边内边距和左边内边距调用第二个值，下边内边距调用第三个值。设置四个值：四个内边距均的调用顺序为上、右、下、左。

例如，为所有的段落元素<p>设置各边均为 20 像素的内边距：

```
p{padding:20px;}
```

使用百分比值表示的是该元素的上一级父元素宽度（width）的百分比。例如：

```
<div style="width:100px">
<p style="padding:20%">这是一个段落</p>
</div>
```

此时使用了内联样式表为段落元素<p>设置内边距为父元素宽度的 20%。该段落元素<p>的父元素为块级元素<div>，因此段落元素<p>各边的内边距均为是<div>元素宽度的 20%，即 20 像素。

padding 属性也可以为元素的各边分别设置内边距。例如：

```
p{padding: 10px 20px30px20%}
```

此时规定的属性值按照上右下左的顺时针顺序为各边的内边距进行样式定义。因此，本例表示上边内边距为 10 像素；右边内边距为 20 像素；下边内边距为 30 像素；左边内边距为其父元素宽度的 20%。

2. 单边内边距

如果只需要为 HTML 元素的某一个边设置内边距，可以使用 padding 属性的 4 种单边内边距属性。

基本语法：

```
padding-top: 长度 | 百分比
padding-right: 长度 | 百分比
padding-bottom: 长度 | 百分比
padding-left: 长度 | 百分比
```

其中：各项分别用来设置元素的上边内边距、右边内边距、下边内边距和左边内边距。长度包括长度值和长度单位，百分比是相对于上级元素宽度的百分比，不允许用负数。

【例 10.26】 padding 的应用举例。

代码如下：

```
<html>
<head>
<title>CSS 属性padding 的应用</title>
<style>
   p {width: 200px; margin: 10px; background-color: orange;}
  .p1 {padding: 20px;}
  .p2 {padding: 10px 50px;}
  .p3 {padding-left: 50px;}
</style>
</head>
<body>
<h3>CSS属性padding的应用</h3>
<hr>
<p>该段落没有使用内边距，默认值为0</p>
<p class="p1">该段落元素的各边内边距均为20像素</p>
<p class="p2">该段落元素的上下边内边距均为10像素、左右边内边距均为50像素</p>
<p class="p3">该段落元素的上下边内边距均为10像素、左右边内边距均为50像素</p>
</body>
</html>
```

页面效果如图 10.27 所示。

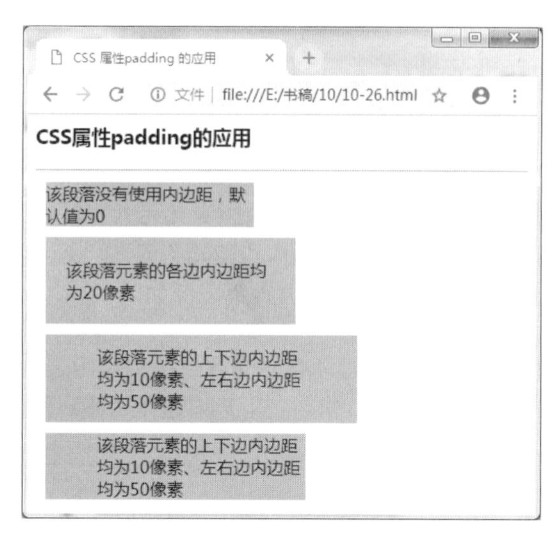

图10.27　padding的应用效果

本示例使用了 4 个段落元素<p>进行对比试验，其中第一个段落元素没有做 CSS 样式设置，作为原始参考。其余 3 个段落元素分别进行了 3 种不同情况的内边距设置：

（1）使用 padding 属性加单个属性值的形式为各边同时设置相同的内边距。

（2）使用 padding 属性加两个属性值的形式分别为上下边和左右边设置不同的内边距。

（3）使用 padding-left 属性设置单边的内边距。

事先为段落元素<p>设置统一样式：宽度为 200 像素，背景色为橙色，外边距为 10 像素。然后，使用类选择器为段落元素设置不同的 padding 属性值。

注意： 如果为元素填充背景颜色或背景图像，则其显示范围是边框以内的区域，包括元素实际内容和内边距。

10.8.2　边框border

使用 CSS 边框的相关属性可以为 HTML 元素创建不同宽度、样式和颜色的边框。

1. 边框样式 border-style

CSS 中的 border-style 属性用于定义 HTML 元素边框的样式。该属性有 10 种取值。

基本语法：

```
border-style:样式值
border-top-style:样式值
border-bottom-style:样式值
border-left-style:样式值
border-right-style:样式值
```

语法说明：

其中：border-style 是一个复合属性，复合属性的值有 4 种设置方法，其他 4 个都是单个边框的样式属性，只能取一个值。样式值属性的具体说明如表 10.3 所示。

设置一个值：四条边框宽度均使用一个值；设置两个值：上边框和下边框宽度调用第一个值，左边框和右边框宽度调用第二个值；设置 3 个值：上边框宽度调用第一个值，右边框与左边框宽度调用第二个值，下边框调用第三个值；设置 4 个值：四条边框宽度的调用顺序为上、右、下、左。

表 10.3 CSS 属性选择符

属 性 值	描 述
none	定义无边框效果
dotted	定义点状边框效果
dashed	定义虚线边框效果
solid	定义实线边框效果
double	定义双线边框效果
groove	定义 3D 凹槽边框效果
ridge	定义 3D 脊状边框效果
inset	定义 3D 内嵌边框效果
outset	定义 3D 外凸边框效果
inherit	从父元素继承边框样式

【例 10.27】 border-style 的应用举例。

代码如下：

```
<html>
<head>
<title>CSS 属性border-style 的应用</title>
<style>
  p{width: 200px; height: 30px; border-width: 5px;}
  #p1 {border-style: none;}
  #p2 {border-style: dotted;}
  #p3 {border-style: dashed;}
  #p4 {border-style: solid;}
  #p5 {border-style: double;}
  #p6 {border-style: groove;}
  #p7 {border-style: ridge;}
  #p8 {border-style: inset;}
  #p9 {border-style: outset;}
</style>
</head>
<body>
<h3>CSS属性border-style的应用</h3>
<hr>
<p id="p1">无边框效果</p>
<p id="p2">点状边框效果</p>
<p id="p3">虚线边框效果</p>
<p id="p4">实线边框效果</p>
<p id="p5">双线边框效果</p>
<p id="p6">3D凹槽边框效果</p>
<p id="p7">3D脊状边框效果</p>
<p id="p8">3D内嵌边框效果</p>
<p id="p9">3D外凸边框效果</p>
</body>
</html>
```

页面效果如图 10.28 所示。

图10.28　border-style的应用效果

2. 边框宽度 border-width

CSS 中的 border-width 属性用于定义 HTML 元素边框的宽度。该属性有 4 种取值。

基本语法：

```
border-width:thin | medium | thick |像素值
border-top- width:thin | medium | thick |像素值
border-bottom- widththin | medium | thick |像素值
border-left- width:thin | medium | thick |像素值
border-right- width:thin | medium | thick |像素值
```

其中：thin、medium、thick 分别表示较窄的边框、中等宽度的边框、较宽的边框，像素值表示自定义像素值宽度的边框。

注意： 该属性必须和边框样式 border-style 属性一起使用方可看出效果。

【例 10.28】 border-width 的应用举例。

代码如下：

```
<html>
<head>
<title>CSS 属性border-width 的简单应用</title>
<style>
   p{ width: 200px; height: 50px; border-style: solid;}
  .thin {border-width: thin;}
  .medium {border-width: medium;}
  .thick {border-width: thick;}
  .one {border-width: 1px;}
  .ten {border-width: 10px;}
</style>
</head>
<body>
<h3>CSS属性border-width的简单应用</h3>
<hr>
<p class="one">边框宽度为1像素</p>
```

```
<p class="thin">边框宽度为thin</p>
<p class="medium">边框宽度为medium</p>
<p class="thick">边框宽度为thick</p>
<p class="ten">边框宽度为10像素</p>
</body>
</html>
```

页面效果如图 10.29 所示。

图10.29　border-width的应用效果图

3. 边框颜色 border-color

CSS 中的 border-color 属性用于定义 HTML 元素边框的颜色。其属性值为正常的颜色值即可，例如 red 表示红色边框等。关于颜色的写法可以参考 9.4.5 节。

基本语法：

```
border-color:颜色关键字 | RGB值
border-top- color: 颜色关键字 | RGB值
border-bottom- color: 颜色关键字 | RGB值
border-left- color: 颜色关键字 | RGB值
border-right- color: 颜色关键字 | RGB值
```

【例 10.29】 border-color 的应用举例。

代码如下：

```
<html>
<head>
<title>CSS 属性border-color的简单应用</title>
<style>
   p{
    width: 200px;
    height: 30px;
    border-width: 10px;
    border-style: solid;
    padding:10px;
   }
   .p1 {border-color: red;}
   .p2 {border-color:rgb(0,255,0);}
   .p3 {border-color:rgb(0,0,100%);}
</style>
</head>
```

```
<body>
<h3>CSS属性border-width的简单应用</h3>
<hr>
<p class="p1">红色边框效果</p>
<p class="p2">绿色边框效果</p>
<p class="p3">蓝色边框效果</p>
</body>
</html>
```

页面效果如图 10.30 所示。

图10.30　border-color的应用效果

4. 边框简写 border

CSS 中的 border 属性可用于概括其他 3 种边框属性，将相关属性值汇总写在同一行。当需要为同一个元素声明多项边框属性时可以使用 border 属性进行简写。属性值无规定顺序，彼此之间用空格隔开，如果其中某个属性没有规定可以省略不写。

基本语法：

```
border:边框宽度 | 边框样式 | 边框颜色
border-top:上边框宽度 | 上边框样式 | 上边框颜色
border-bottom:下边框宽度 | 下边框样式 | 下边框颜色
border-left:左边框宽度 | 左边框样式 | 左边框颜色
border-right:右边框宽度 | 右边框样式 | 右边框颜色
```

其中：每一个属性都是一个复合属性，都可以同时设置边框的样式、宽度和颜色，每个属性的值中间用空格隔开。在这 5 个属性中，只有 border 可以同时设置四条边框的属性，其他的只能设置单边框的属性。

【例 10.30】 border 的应用举例。

代码如下：

```
<html>
<head>
<title>CSS属性border的简单应用</title>
<style type="text/css">
body{font-size:16px;}
  .p1{border: 2px solid red;padding:10px;}
  .p2{border-top: 4px dotted #808080;padding:10px;}
  .p3{border-bottom: 4px dotted #0000ff;padding:10px;}
</style>
```

```
</head>
<body>
<p class="p1">设置边框宽度为2像素，实线，颜色均为红色</p>
<p class="p2">设置顶边框为4像素，点线，灰色</p>
<p class="p3">设置底边框为4像素，点线，蓝色</p>
</body>
</html>
```

页面效果如图 10.31 所示。

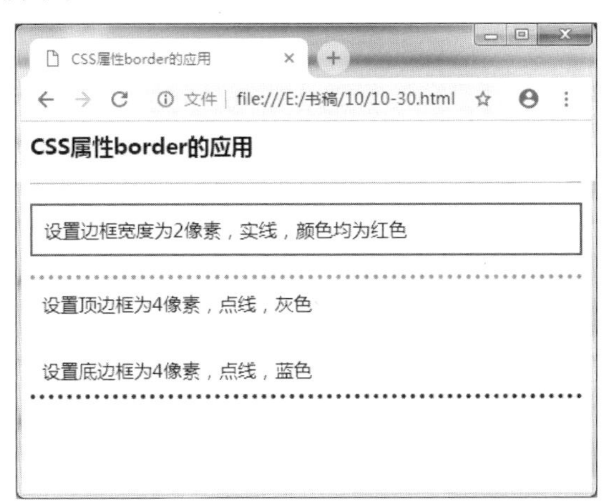

图10.31　border的应用效果

10.8.3　外边距margin

1. 设置各边外边距

CSS 外边距属性定义了元素周围的空间。外边距属性声明一个 HTML 元素和它周围元素之间的边距，它可以分别对元素的上、下、左、右的边距进行设置。

基本语法：

```
margin:长度 | 百分比
```

其中：margin 属性值可以是长度值或者百分比值，包括可以使用负数；和内边距 padding 属性类似，使用百分比值表示的也是当前元素上级父元素的宽度（width）百分比。

设置一个值：4 个外边距均使用一个值。设置两个值：上边外边距和下边外边距调用第一个值，右边外边距和左边外边距调用第二个值。设置 3 个值：上边外边距调用第一个值，右边外边距和左边外边距调用第二个值，下边外边距调用第三个值。设置 4 个值：四个外边距均的调用顺序为上、右、下、左。

例如，为所有的标题元素<h1>设置各边均为 10 像素的外边距：h1{margin:10px;}。

例如，使用内联样式表为段落元素<p>设置外边距为父元素宽度的 10%。该段落元素<p>的父元素为块级元素<div>，因此段落元素<p>各边的外边距均为是<div>元素宽度的 10%，即 30 像素。

```
<div style="width:300px">
<p style="margin:10%">这是一个段落</p>
</div>
```

margin 属性同样也可以为元素的各边分别设置外边距。例如：

```
p{margin: 0 10% 20px 30px}
```

此时规定的属性值按照上右下左的顺时针顺序为各边的外边距进行样式定义。因此，本例表示上边外边距为 0 像素；右边外边距为其父元素宽度的 10%；下边外边距为 20 像素；左边外边距为 30 像素。

例如，p{margin: 20px 30px}，表示上下边外边距为 20 像素，左右边外边距为 30 像素。

2. 单边外边距

如果只需要为 HTML 元素的某一个边设置外边距，可以使用 margin 属性的 4 种单边外边距属性。

基本语法：

```
margin-top:长度单位 | 百分比单位
margin-right:长度单位 | 百分比单位
margin-bottom:长度单位 | 百分比单位
margin-left:长度单位 | 百分比单位
```

【例 10.31】margin 的应用举例。

代码如下：

```
<html>
<head>
<title>CSS属性margin的应用</title>
<style type="text/css">
  .box {border: 1px solid; width: 300px; margin: 10px;}
  .yellow {background-color: yellow;}
  .p1 {margin: 20px;}
  .p2 {margin: 10px 50px;}
  .p3 {margin-left: 100px;}
</style>
</head>
<body>
<h3>CSS属性margin的应用</h3>
<hr>
<div class="box">
  <div class="yellow"> 该段落没有使用外边距，默认值为0 </div>
</div>
<div class="box">
 <div class="p1 yellow"> 该段落元素的各边外边距均为20像素 </div>
</div>
<div class="box">
 <div class="p2 yellow"> 该段落元素的上下边外边距均为10 像素、左右边外边距均为50 像素
</div>
</div>
<div class="box">
 <div class="p3 yellow"> 该段落元素左外边距为100 像素</div>
</div>
</body>
</html>
```

页面效果如图 10.32 所示。

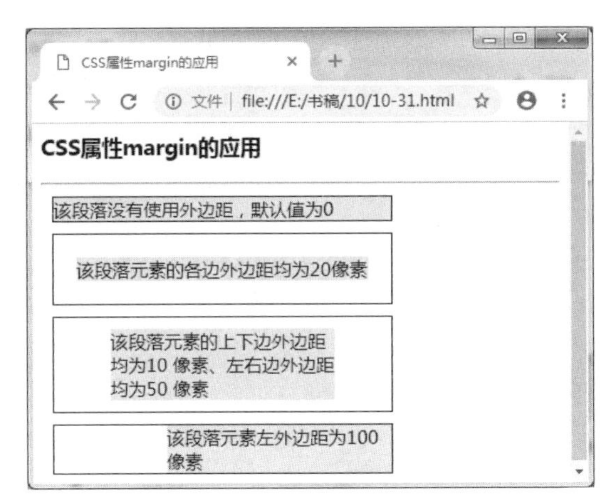

图10.32　margin的应用效果

10.9　CSS超链接和设置光标属性

10.9.1　CSS超链接

HTML 中的超链接元素<a>和其他元素类似，有一些通用 CSS 属性可以设置，如字体大小、字体颜色、背景颜色等。除此之外，超链接元素<a>还可以根据其所处的 4 种不同的状态分别设置 CSS 样式。超链接的 4 种状态如表 10.4 所示。

表 10.4　超链接的不同状态一览表

状 态 名 称	描　　述
a:link	未被访问的超链接
a:visited	已被访问的超链接
a:hover	鼠标悬浮在上面的超链接
a:active	正在被单击的超链接

为超链接设置不同状态的 CSS 样式时必须遵循两条规则：一是 a:hover 的声明必须在 a:link 和 a:visited 之后，二是 a:active 的声明必须在 a:hover 之后；否则声明有可能失效。

【例 10.32】超链接的应用举例。

代码如下：

```
<html>
<head>
<title>CSS属性超链接的应用</title>
<style type="text/css">
  a:link,a:visited{
    display:block;                /*块级元素*/
    text-decoration:none;         /*取消下画线*/
    color:white;                  /*字体为白色*/
    font-weight:bold;             /*字体加粗*/
    font-size:25px;               /*字体大小为25px*/
    background-color:#7BF000;     /*设置背景颜色*/
    width:200px;                  /*宽度200 像素*/
    height:30px;                  /*高度30 像素*/
    text-align:center;            /*文本居中显示*/
    line-height:30px;             /*行高30 像素*/
```

```
  }
  a:hover,a:active{  background-color:#0074E8;/*设置背景颜色*/  }
</style>
</head>
<body>
<h3>CSS属性超链接的应用</h3>
<hr>
<p><a href="http://www.jxau.edu.cn">江西农业大学</a></p>
</body>
</html>
```

页面效果如图 10.33 所示。

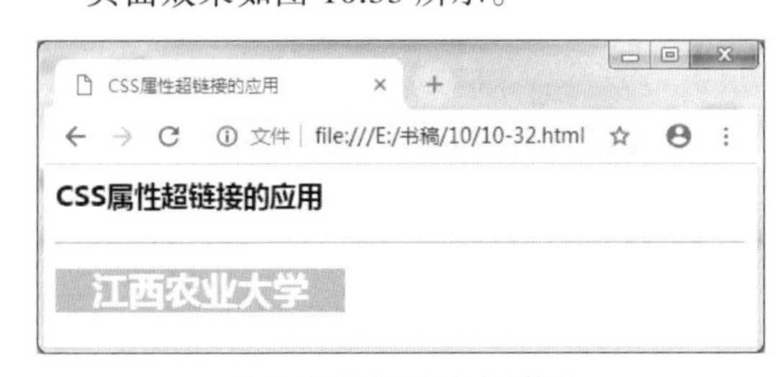

（a）未被访问的超链接效果

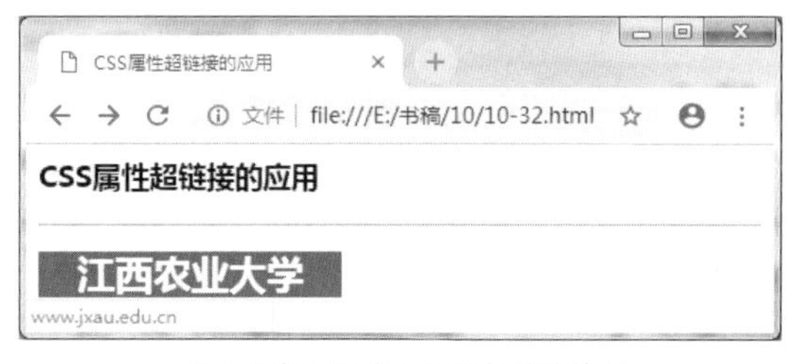

（b）鼠标悬浮在上面的超链接效果

图10.33　CSS属性超链接的应用效果

本示例包含了单一的超链接元素<a>作为示例，然后使用 CSS 内部样式表的形式分别为超链接的 4 种状态设置样式要求。当有多个状态使用同一个样式时，可以在一起进行声明，之间用逗号隔开即可。本例中未访问和已访问状态共用一种样式，鼠标悬浮在上面和正在单击状态共用另一种样式。

为使超链接元素形成仿按钮风格，将 display 属性设为 block，使其成为块级元素，从而可以为其设置尺寸。本例设置 text-decoration 属性值为 none，取消了超链接原有的下画线样式，并在鼠标悬浮和单击状态中设置了元素背景颜色的加深，从而实现动态效果。

10.9.2　设置光标属性

在 CSS 中，cursor 属性是用来设置鼠标光标/指针在指定元素上的形状。如果需要实现当鼠标光标移动到元素上时鼠标光标的形状发生改变，就可以使用 cursor 属性来实现。

cursor 属性实现的效果在实际应用中用得比较多（如超链接），当鼠标经过超链接时，鼠标光标会变成一个小手。

基本语法：

```
cursor:s-resize
```

语法说明：

其中：s-resize，cursor 属性共提供了 17 种属性值，具体如表 10.5 所示。

表 10.5　光标属性的说明

值	描　　述
url	需使用的自定义光标的 URL。 注释：请在此列表的末端始终定义一种普通的光标，以防没有由 URL 定义的可用光标
default	默认光标（通常是一个箭头）
auto	默认。浏览器设置的光标
crosshair	光标呈现为十字线
pointer	光标呈现为指示链接的指针（一只手）

续表

值	描　述
move	此光标指示某对象可被移动
e-resize	此光标指示矩形框的边缘可被向右（东）移动
ne-resize	此光标指示矩形框的边缘可被向上及向右移动（北/东）
nw-resize	此光标指示矩形框的边缘可被向上及向左移动（北/西）
n-resize	此光标指示矩形框的边缘可被向上（北）移动
se-resize	此光标指示矩形框的边缘可被向下及向右移动（南/东）
sw-resize	此光标指示矩形框的边缘可被向下及向左移动（南/西）
s-resize	此光标指示矩形框的边缘可被向下移动（南）
w-resize	此光标指示矩形框的边缘可被向左移动（西）
text	此光标指示文本
wait	此光标指示程序正忙（通常是一只表或沙漏）
help	此光标指示可用的帮助（通常是一个问号或一个气球）

【例 10.33】 cursor 属性的应用举例。

代码如下：

```
<html>
<title>css cursor属性设置鼠标光标/指针的形状</title>
<style type="text/css">
div{
  width: 400px;
  height:50px;
  border:1px solid purple;
  margin-top:10px;
}
  .a{cursor: crosshair;}
  .b{cursor: pointer;}
  .c{cursor: wait;}
  .d{cursor: help;}
</style>
</head>
<body>
<h3>cursor属性设置鼠标光标/指针的形状的应用</h3>
<hr>
<div class="a">cursor: crosshair;演示: 十字线光标。请将鼠标指针放到此区域看效果</div>
<div class="b">cursor: pointer;演示: 一只小手。请将鼠标指针放到此区域看效果</div>
<div class="c">cursor: wait;演示: 一只表或沙漏。请将鼠标指针放到此区域看效果的</div>
<div class="d">cursor: help;演示: 问号或一个气球。请将鼠标指针放到此区域看效果</div>
</body>
</html>
```

页面效果如图 10.34 所示。

图10.34　cursor属性的应用效果

10.10　CSS 列表

CSS 对于 HTML 列表元素的样式设置主要在于规定各项列表前面的标志（marker）类型。在之前面章节中提到了 3 种列表类型：有序列表、无序列表和定义列表。其中，有序列表默认的标记样式为标准阿拉伯数字（1，2，3，4，...）；而无序列表默认的标记样式是实心圆点。

10.10.1　样式类型list-style-type

CSS 中的 list-style-type 属性可以用于设置列表的标志样式，此属性通常搭配<ol>或<ul>标记使用。基本语法如下：

```
list-style-type:属性值
```

其中：list-style-type 属性在 CSS2 版本已有 21 种取值内容，常见取值如表 10.6 所示。

表10.6　CSS属性list-style-type常见取值一览表

值	描　述
none	无标记符号
disc	list-style-type 属性的默认值，样式为实心圆点
circle	空心圆
square	实心方块
decimal	阿拉伯数字（1，2，3，4，...）
upper-roman	大写罗马数字（I，II，III，IV，...）
lower-roman	小写罗马数字（i，ii，iii，iv，...）
upper-alpha	大写英文字母（A，B，C，D，...）
lower-alpha	小写英文字母（a，b，c，d，...）

【例 10.34】 list-style-type 的应用举例。

代码如下：

```
<html>
<title>CSS属性list-style-type的应用</title>
<style type="text/css">
  div{width: 235px; height:125px;
     border:1px solid purple; float:left; margin:5px;}
  .none{list-style-type: none;}
```

```
  .disc{list-style-type: disc;}
  .circle{list-style-type:circle;}
  .square{list-style-type: square;}
  .decimal{list-style-type: decimal;}
  .upper-roman{ list-style-type: upper-roman;}
  .lower-roman{ list-style-type: lower-roman;}
  .upper-alpha{ list-style-type: upper-alpha;}
  .lower-alpha{ list-style-type: lower-alpha;}
</style>
</head>
<body>
<h3>CSS属性list-style-type的应用</h3>
<hr>
<div>
<h4>属性值为none</h4>
<ul class="none">
<li>跳水</li>
<li>举重</li>
<li>击剑</li>
</ul>
</div>
<div>
<h4>属性值为disc</h4>
<ul class="disc">
<li>跳水</li>
<li>举重</li>
<li>击剑</li>
</ul>
</div>
<div>
<h4>属性值为circle</h4>
<ul class="circle">
<li>跳水</li>
<li>举重</li>
<li>击剑</li>
</ul>
</div>
<div>
<h4>属性值为square</h4>
<ul class="square">
<li>跳水</li>
<li>举重</li>
<li>击剑</li>
</ul>
</div>
<div>
<h4>属性值为decimal</h4>
<ul class="decimal">
<li>跳水</li>
<li>举重</li>
<li>击剑</li>
```

```
</ul>
</div>
<div>
<h4>属性值为upper-roman</h4>
<ul class="upper-roman">
<li>跳水</li>
<li>举重</li>
<li>击剑</li>
</ul>
</div>
<div>
<h4>属性值为lower-roman</h4>
<ul class="lower-roman">
<li>跳水</li>
<li>举重</li>
<li>击剑</li>
</ul>
</div>
<div>
<h4>属性值为upper-alpha</h4>
<ul class="upper-alpha">
<li>跳水</li>
<li>举重</li>
<li>击剑</li>
</ul>
</div>
<div>
<h4>属性值为lower-alpha</h4>
<ul class="lower-alpha">
<li>跳水</li>
<li>举重</li>
<li>击剑</li>
</ul>
</div>
</body>
</html>
```

页面效果如图 10.35 所示。

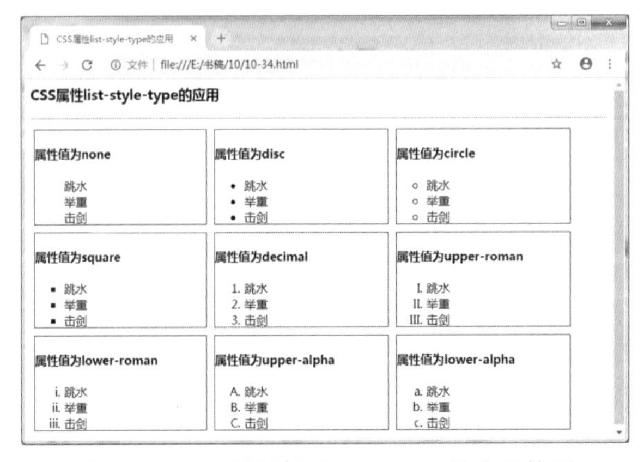

图10.35　CSS属性list-style-type的应用效果

本例包含 9 组列表元素，每组列表的项目标签均用于显示 3 种运动类型作为示例。使用区域元素对每组列表效果进行分块显示，并事先为<div>元素设置统一标准：带有 1 像素宽的实线边框，紫色，宽 235 像素、高 125 像素，各边外边距为 5 像素，浮动方式为左对齐。

10.10.2　样式图片list-style-image

CSS 中的 list-style-image 属性可以用于设置列表的标志图标。标志图标可以是来源于本地或者网络的图像文件。如果已使用 list-style-image 属性声明了列表的标志图标，则不能同时使用 list-style-type 属性声明列表的标志类型，否则后者将无显示效果。

基本语法：

```
List-style-image:url | none
```

其中：url 是指定要载入的图片路径；none 表示不使用图片式的列表符号。

【例 10.35】 list-style-image 的应用举例。

代码如下：

```
<html>
<head>
<title>CSS属性list-style-image的应用</title>
<style type="text/css">
   .list1 {list-style-image: url(images/a.gif)}
   .list2 {list-style-image: url(images/b.gif)}
</style>
</head>
<body>
<h3>CSS属性list-style-type的应用</h3>
<hr>
<ul class="list1">
<li>水果</li>
<ol class="list2">
<li>苹果</li>
<li>梨</li>
<li>香蕉</li>
</ol>
<li>坚果</li>
<ol class="list2">
<li>松子</li>
<li>花生</li>
<li>核桃</li>
</ol>
</ul>
</body>
</html>
```

页面效果如图 10.36 所示。

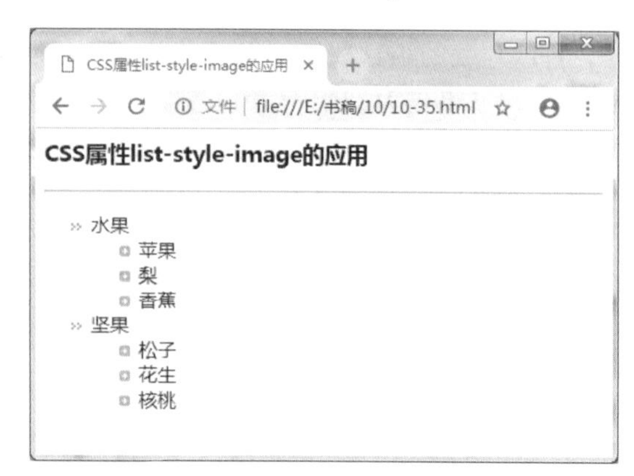

图10.36　list-style-image的应用效果

10.10.3　样式位置list-style-position

CSS 中的 list-style-position 属性用于定义列表标志的位置，有 3 种属性值。

基本语法：

```
list -style-position:inside | outside | inherit
```

其中：inside 是属性的默认值，表示列表标志放置在文本左侧；outside 表示列表标志放置在文本内部，多行文本根据标志对齐；inherit 表示继承父元素的 list-style-position 属性值。

【例 10.36】 list-style-position 的应用举例。

代码如下：

```
<html>
<head>
<title>CSS属性list-style-position的应用</title>
<style type="text/css">
  ul{width: 280px;  border: 1px solid;}
  .outside {list-style-position: outside;}
  .inside {  list-style-position: inside;   }
</style>
</head>
<body>
<h3>CSS属性list-style-position的应用</h3>
<hr>
<ul class="outside">
<li>本示例的list-style-position属性值为outside。</li>
<li>本示例的list-style-position属性值为outside。</li>
</ul>
<ul class="inside">
<li>本示例的list-style-position属性值为inside。</li>
<li>本示例的list-style-position属性值为inside。</li>
</ul>
</body>
</html>
```

页面效果如图 10.37 所示。

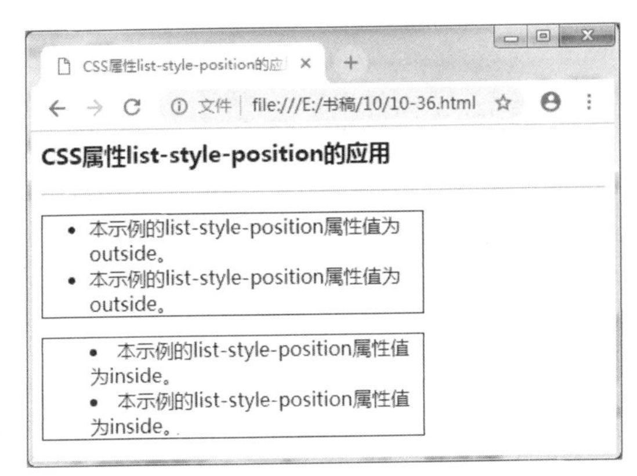

图10.37 list-style-position的应用效果

10.10.4 样式简写list-style

list-style 属性可以用于概括其他 3 种字体属性，将相关属性值汇总写在同一行。当需要为同一个列表元素声明多项列表属性时可以使用 list-style 属性进行简写。声明顺序如下：

```
[list-style-type] [list-style-position] [list-style-image]
```

属性值之间用空格隔开，如果其中某个属性没有规定可以省略不写。例如：

```
ul{list-style-type: circle; list-style-position: outside}
```

上述代码使用 list-style 属性可以简写为 ul{ list-style: circle outside}，其效果完全相同。

10.11 CSS 定位

CSS 定位可以将 HTML 元素放置在页面上指定的任意地方。CSS 定位的原理是把页面左上角的点定义为坐标为(0,0)的原点，然后以像素为单位将整个网页构建成一个坐标系统。其中 x 轴与数学坐标系方向相同，越往右数字越大；y 轴与数学坐标系方向相反，越往下数字越大。主要有 4 种定位方式：绝对定位、相对定位、层叠效果和浮动。联合使用这些定位方式，可以创建更为复杂和准确的布局。

10.11.1 绝对定位

绝对定位指的是通过规定 HTML 元素在水平和垂直方向的位置来固定元素，基于绝对定位的元素不占据空间。使用绝对定位需要将 HTML 元素的 position 属性值设置为 absolute（绝对的），并使用 4 种关于方位的属性关键词 left（左边）、right（右边）、top（顶部）、bottom（底端）中的部分内容设置元素的位置。一般来说，从水平和垂直方向各选一个关键词即可。

例如，需要将段落元素<p>放置在距离页面顶端 150 像素、左边 100 像素的位置：

```
p{ position: absolute; top:100px; left:100px; }
```

注意：绝对定位的位置声明是相对于已定位的并且包含关系最近的祖先元素。如果当前需要被定位的元素没有已定位的祖先元素做参考值，则相对于整个网页。例如，同样是上面关于段落元素<p>的样式声明，如果该段落元素放置在一个已经定位的<div>元素内部，则指的是距离这个<div>元素的顶端 150 像素、左边 100 像素的位置。

【例 10.37】绝对定位的应用举例。

代码如下：

```
<html>
<head>
```

```
<title>CSS绝对定位的应用</title>
<style type="text/css">
p {position: absolute; width: 120px;  height: 120px;  top: 100px;  left: 0px;
  background-color: #C8EDFF;}
div {position: absolute; width: 300px;  height: 300px; top: 80px;  left: 180px;
  border: 1px solid purple;}
</style>
</head>
<body>
<h3>CSS绝对定位的应用</h3>
<hr>
<p>该段落是相对于页面定位的，距离页面的顶端100像素，距离左边0像素</p>
<div> 我是相对于页面定位的div元素，距离顶端80像素，距离左边180像素
<p> 该段落是相对于父元素div定位的，距离div元素的顶端100像素，距离div元素的左边0像素</p>
</div>
</body>
</html>
```

页面效果如图 10.38 所示。

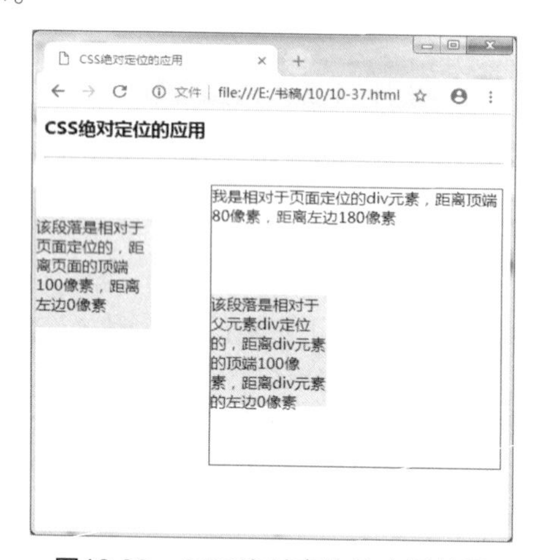

图10.38　CSS绝对定位的应用效果

左边的段落元素<p>没有已定位的父元素，因此它的位置是相对于整个页面来计算的；而右边的段落元素<p>是包含于已定位的<div>元素中，所以其位置是相对于<div>元素的顶端和左边来进行计算的。因此，虽然这两个段落元素<p>具有完全相同的 CSS 样式设置，但是它们出现在页面上的位置不一样。

10.11.2　相对定位

与绝对定位的区别在于它的参照点不是左上角的原点，而是该元素本身原先的起点位置。并且，即使该元素偏移到了新的位置，也仍然从原始的起点处占据空间。

使用相对定位需要将 HTML 元素的 position 属性值设置为 relative（绝对的），并同样使用 4 种关于方位的属性关键词 left（左边）、right（右边）、top（顶部）、bottom（底端）中的部分内容设置元素的位置。一般来说，从水平和垂直方向各选一个关键词即可。

例如，需要将段落元素<p>放置在距离页面顶端 150 像素、左边 100 像素的位置：

```
p{position: absolute;  top:100px;  left:100px;}
```

注意： 绝对定位的位置声明是相对于已定位的并且包含关系最近的祖先元素来说的。如果当

前需要被定位的元素没有已定位的祖先元素做参考值，则相对于整个网页。例如，同样是上面关于段落元素<p>的样式声明，如果该段落元素放置在一个已经定位的<div>元素内部，则指的是距离这个<div>元素的顶端150像素、左边100像素的位置。

【例10.38】相对定位的应用举例。

代码如下：

```
<html>
<head>
<title>CSS相对定位的应用</title>
<style type="text/css">
 p {width:150px;height:100px;background-color:#C8EDFF;}
 div{width:200px;height:380px;margin-left:50px;border:1px solid purple;}
   .left{position:relative;left:-50px;}
   .right{position:relative;left:130px;}
</style>
</head>
<body>
<h3>CSS相对定位的应用</h3>
<hr>
<div>
<p>正常状态的段落</p>
<p class="left">相对自己正常的位置向左边偏移了50像素</p>
<p class="right">相对自己正常的位置向右边偏移了130像素</p>
</div>
</body>
</html>
```

页面效果如图10.39所示。

使用CSS内部样式表设置了元素选择器为段落元素<p>和区域元素<div>定义样式。其中，段落元素<p>的统一样式设置为：宽150像素、高100像素，并带有背景颜色。区域元素<div>的样式设置为：宽200像素、高380像素的矩形，并带有1像素的实线边框。

图10.39　CSS相对定位的应用效果

第一个段落元素为正常显示效果，不做任何位置偏移设置，以便与后面两个段落元素进行位置对比。在 CSS 内部样式表中使用了类选择器为第二、三个段落元素设置分别向左和右边发生一定量的偏移，并将其 position 属性设置为 relative 表示相对定位模式。

如果这三个段落元素都没有做位置偏移，会从上往下左对齐显示在<div>元素中。由图 10.39 可见，目前只有第一个段落元素显示位置正常，第二、三个段落元素均根据自己的初始位置发生了指定像素的偏移。

10.11.3 层叠效果

除了定义 HTML 元素在水平和垂直方向上的位置，还可以定义多个元素在一起叠放的层次。使用属性 z-index 可以为元素规定层次顺序，其属性值为整数，该数值越大将叠放在越靠上的位置。例如，z-index 属性值为 9 的元素一定显示在 z-index 属性值为 1 的元素上面。

【例 10.39】 z-index 的应用举例。

代码如下：

```
    <html>
    <head>
    <title>CSS属性z-index的应用</title>
    <style type="text/css">
    div{width: 180px;  height: 210px;  position: absolute;}
    #five { background: url(images/5.jpg) no-repeat;z-index: 1;left: 60px;top:
100px;}
    #six { background: url(images/6.jpg) no-repeat;z-index: 2;left: 140px;top:
100px;}
    #seven{background:url(images/7.jpg)no-repeat;z-index:3;left:220px;top:
100px; }
    #eight {background:url(images/8.jpg)no-repeat;z-index:4;left:300px;top:
100px;}
    #nine {background:url(images/9.jpg)no-repeat;z-index:5;left:380px;top:
100px;}
    </style>
    </head>
    <body>
    <h3>CSS属性z-index的应用</h3>
    <hr>
    <div id="five"></div>
    <div id="six"></div>
    <div id="seven"></div>
    <div id="eight"></div>
    <div id="nine"></div>
    </div>
    </body>
    </html>
```

页面效果如图 10.40 所示。

本示例包含了 5 个<div>元素用于测试层叠效果。首先为<div>元素设置统一样式：宽度为 180 像素、高度为 210 像素，并使用绝对定位模式。为这 5 个<div>元素分别设置背景图片，图片素材来源于扑克牌红桃 5、6、7、8、9 的牌面。背景图片为 jpg 格式并且均来源于与 HTML 文档同一目录下的 images 文件夹。使用方位关键词 left 和 top 定位每一个<div>元素：所有<div>元素均距离页面顶端 100 像素；距离页面左侧分别为 60 像素、140 像素、220 像素、300 像素和 380 像素，即每个<div>元素向右边平移 80 像素。

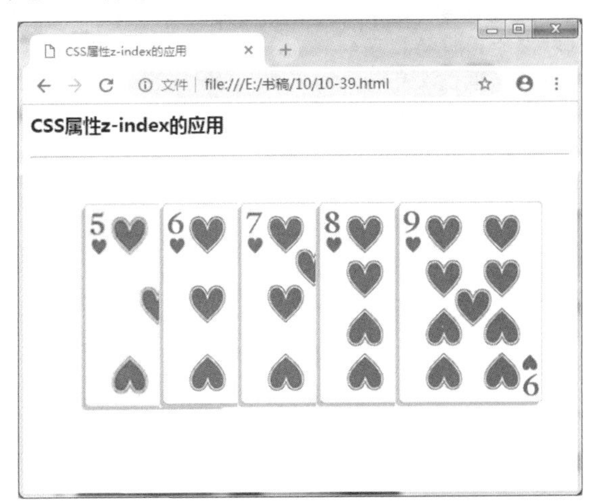

图10.40 CSS属性z-index的应用

为达到层叠效果，为这 5 个<div>元素分别设置 z-index 属性值，从 1 开始到 5 结束。其中，红桃 5 对应 z-index:1，因此会显示为叠放在最底层，依此类推，每张牌都高一层，直到红桃 9 对应 z-index:5，会显示在最上面。因此，最终实现了元素在页面上的层叠效果。

10.11.4 浮动

1. 浮动效果（float）

在 CSS 中 float 属性可用于令元素向左或向右浮动。以往常用于文字环绕图像效果，实际上任何元素都可以应用浮动效果。该属性有 4 种属性值。

基本语法：

```
float: left | right | none | inherit
```

其中：left 表示元素向左浮动；right 表示元素向右浮动；none 是 float 属性的默认值，表示元素不浮动；inherit 表示继承父元素的 float 属性值。

在对元素声明浮动效果后，该浮动元素会自动生成一个块级框，因此需要明确指定浮动元素的宽度，否则会被默认不占空间。元素在进行浮动时会朝着指定的方向一直移动，直到碰到页面的边缘或者上一个浮动框的边缘才会停下来。如果一行之内的宽度不足以放置浮动元素，则该元素会向下移动直到有足够的空间为止，再向着指定的方向进行浮动。

【例 10.40】 CSS 浮动的应用举例。

代码如下：

```
<html>
<head>
<title>CSS浮动的应用（一）</title>
<style type="text/css">
div{float:left;width:230px;}
p{line-height:30px;text-indent:2em;}
</style>
</head>
<body>
<h3>CSS浮动的应用（一）</h3>
<hr>
```

```
<div><img src="images/motor car.jpg" alt="动车"></div>
<p>动车、全称动力车辆，是指轨道交通系统中装有动力装置的车辆，包括机车和动力车厢两大类。动车装配有驱动车轮，而与之相对应的无驱动装置车辆就是拖车。列车要能在轨道上正常运行，就必须有动车为整列火车提供足够牵引力，但可以不挂没有动力的拖车。动车是安装有车轮驱动机器设备的铁路车辆，而不是动车组。不仅高速列中有动车，所有火车类型的交通工具、包括常速动车组、普速列车、地铁列车、轻轨列车、单轨列车和磁悬浮列车等都有动车。</p>
</div>
</body>
</html>
```

页面效果如图 10.41 所示。

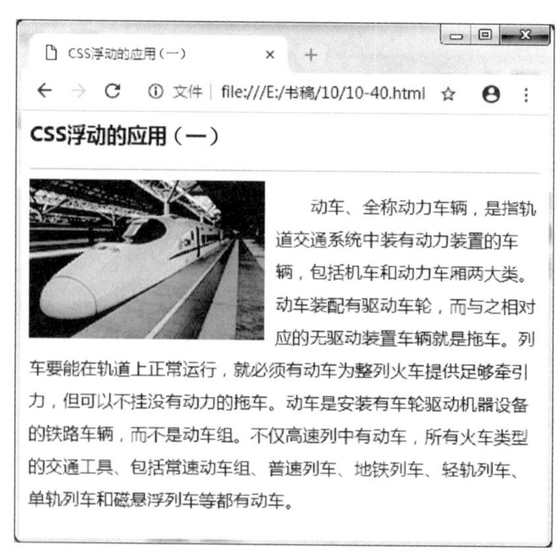

图10.41　CSS浮动的应用效果（一）

本示例包含了区域元素<div>和段落元素<p>各一个，用于测试段落内容对于图片的环绕效果。区域元素<div>的 CSS 样式定义为宽 230 像素，并且内部嵌套了一个图像元素<img>，图片来源于本地 images 文件夹中的 motor car.jpg。段落元素<p>做了简单的文本修饰：首行缩进 2 个字符，并且段落行高为 30 像素。在默认情况下，段落元素的文字内容会显示在图片的正下方。为<div>元素增加浮动效果：设置 float 属性值为 left，表示向左浮动。此时由图 10.41 可见，段落元素向上移动并补在了图片的右侧，从而实现了文字环绕图片的效果。浮动也可以用于将多个元素排成一行，实现单行分列的效果。

【例 10.41】 CSS 浮动的应用（不平铺）举例。

代码如下：

```
<html>
<head>
<title>CSS浮动的应用（二）</title>
<style type="text/css">
  div{width: 180px; height: 210px; float: left;}
  #five{background: url(images/5.jpg) no-repeat;}
  #six{background: url(images/6.jpg) no-repeat;}
  #seven{background: url(images/7.jpg) no-repeat;}
  #eight{background: url(images/8.jpg) no-repeat;}
  #nine{background: url(images/9.jpg) no-repeat;}
</style>
```

```
</head>
<body>
<h3>CSS浮动的应用（二）</h3>
<hr>
<div id="five"></div>
<div id="six"></div>
<div id="seven"></div>
<div id="eight"></div>
<div id="nine"></div>
</div>
</body>
</html>
```

页面效果如图 10.42 所示。

图10.42　CSS浮动的应用效果（二）

由于<div>本身是块级元素会自动换行显示，因此本示例中如果没有添加浮动效果，则这些<div>元素会从上往下垂直排开。使用了 float 属性后，<div>元素会自动向左进行浮动，直到元素的左边外边缘碰到了页面顶端或前一个浮动框的边框时才会停止。

由 10.42 可见，在页面足够宽的情况下，五张牌面可以在同一行进行展示。

注意：如果浏览器页面缩放尺寸，则有可能造成宽度过窄容纳不下全部元素，这会导致其他<div>元素自动向下移动直到拥有足够的空间才能继续显示。

2. 清理浮动 clear

CSS 中的 clear 属性可以用于清理浮动效果，它可以规定元素的哪一侧不允许出现浮动元素。该属性有 5 种属性值。

基本语法：

```
clear: left | right | both | none | inherit
```

其中：left 表示元素的左侧不允许有浮动元素；right 表示元素的右侧不允许有浮动元素；both 表示左右两侧均不允许有浮动元素；none 是 clear 属性的默认值，表示允许浮动元素出现在左右两侧；inherit 表示继承父元素的 clear 属性值。

例如，常用 clear:both 来清除之前元素的浮动效果。p{ clear:both;}，此时该元素不会随着之前的元素进行错误的浮动。

10.12 上机练习

页面布局设计始终是网页设计中的一个核心问题，它包括技术和美学两方面的问题，两者结合得非常紧密。页面布局常用的方法包括：表格（<table>）、框架（<frame>）和<div>等。对于框架，一般而言应尽量避免使用；表格作为可以在上面布置元素的二维网格，它的优点在于在所有浏览器中几乎都可以无差错地运行，而只有微不足道的差异，而且，对于像切割图像这样的问题可以非常容易地用表格实现；但是过度使用表格所带来的页面无序，会给后期的维护带来极大的困难；<div>技术虽然难以全部代替<table>，但是它的位置、尺寸、背景、边框等都可以很好地设计，更重要的是它所依赖的内容和样式分离的思想使得页面代码更为简洁，样式的更改更为方便。

【例 10.42】 DIV+CSS 布局应用举例。

代码如下：

```
<html>
<head>
<title>图书选购单</title>
<style type="text/css">
  body/*基本信息*/{ margin:0px auto;  line-height:15px;}
  #Container/*页面层容器*/ { width:1024px;margin: 0 auto; /*设置整个容器在浏览器中水平居中*/}
  #Header/*页面头部信息*/ {width:800px;  padding-top:40px;  margin:0 auto;
height:80px;}
  #PageBody/*页面主体部分*/ {width:1024px;}
  #ContentBody/*主体内容*/{margin:0px auto;border:2px solid purple;
  width:420px;height:240px;  padding:10px;}
   #title{color:#aa0000;  padding:15px;  float:left;}
   #diankuang/*图书目录背景为灰，边为点线*/{background-color:#f7f7f7;
   border:1px dotted #808080;width:380px;height:80px;  padding-top:8px;
    margin-left:15px;  float:left;}
   #div_height/*单行的div*/{margin-left:10px;margin-top:10px;
  padding-bottom:8px;  }
  #fasong/*发送div样式*/{background-color:#ffffff; width:400px;height:60px;
  margin-top:10px;padding-top:10px;padding-bottom:15px;float:left;
    margin-left:6px;}
</style>
</head>
<body>
<div id="Container"><!--页面层容器-->
<div id="Header"><!--页面头部信息-->
<h2 align="center">图书选购单</h2>
</div>
<div id="PageBody"><!--页面主体部分-->
<div id="ContentBody"><!--主体内容-->
<div id="title">你需要订购几本图书？</div>
<form>
<div id="diankuang">
<div id="div_height">
```

```
<input type="checkbox" name="textbook1">红楼梦
<input type="checkbox" name="textbook2">西游记
<input type="checkbox" name="textbook3">水浒传
<input type="checkbox" name="textbook4">三国演义
</div>
<div id="div_height">
<input type="checkbox" name="textbook5">红高粱
<input type="checkbox" name="textbook6">芙蓉镇
<input type="checkbox" name="textbook7">金锁记
<input type="checkbox" name="textbook8">平凡的世界
</div>
</div>
<div id="fasong">
<div id="div_height">
<input type="button" value="发送图书选购单">
</div>
<div id="div_height">
<input type="text" id="order" size="50" disabled="true">
</div>
</div>
</div>
</form>
</div>
</div>
</div>
</body>
</html>
```

例 10.42 是一个基于 DIV+CSS 布局实现填写图书选购单的实例代码，页面效果如图 10.43 所示。页面布局分头部和主体两部分，整个页面居中显示，其中“margin: 0 auto;”表示设置整个容器在浏览器中水平居中对齐。当上、下外边距为 0 px，左、右外边距为 auto 时，该层就会自动居中对齐。如果要让页面内容居左对齐，则取消 auto 值即可，因为默认情况下就是居左显示的。

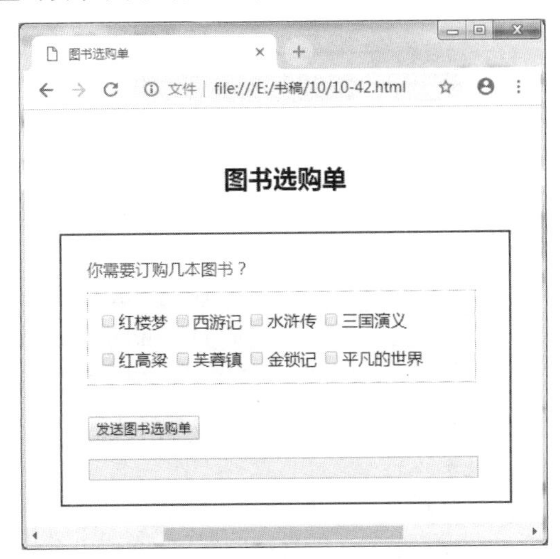

图10.43 DIV+CSS布局的应用效果

习题

一、填空题

1. CSS 的扩展名为______________。
2. CSS 基础选择符主要包括通配符、______________、______________及______________。
3. 用于设置字体______________。
4. 在 CSS 中利用的______________属性，可以精确地设定对象的位置。
5. 在 HTML 文档中使用 CSS 样式表有 4 种方法：______________、______________、______________和______________。
6. CSS 中插入背景图片的属性为______________。
7. 同时将 h1、h2、div 标记中文字的颜色定义成红色的语法是______________。

二、选择题

1. CSS 指的是（　　）。
   A. Computer Style Sheets　　B. Cascading Style Sheets
   C. Creative Style Sheets　　D. Colorful Style Sheets
2. 正确引用外部样式表的方法是（　　）。
   A. <style src="mystyle.css">
   B. <stylesheet>mystyle.css</stylesheet>
   C. <link rel="stylesheet" type="text/css" href="mystyle.css">
   D. <import src="mystyle.css">
3. 在 HTML 文档中，引用外部样式表的正确位置是（　　）。
   A. 文档的末尾　　B. 文档的顶部　　C. <body>部分　　D. <head>部分
4. 用于定义内部样式表的 HTML 标签是（　　）。
   A. <style>　　B. <script>　　C. <css>　　D. <link>
5. 可用来定义内联样式的 HTML 属性是（　　）。
   A. font　　B. class　　C. styles　　D. style
6. 下列选项中 CSS 语法正确的是（　　）。
   A. body:color=black　　B. {body:color=black(body}
   C. body {color: black}　　D. {body;color:black}
7. 为所有的<h1>元素添加背景颜色的 CSS 格式是（　　）。
   A. h1.all {background-color:#FFFFFF}　　B. h1 {background-color:#FFFFFF}
   C. all.h1 {background-color:#FFFFFF}　　D. #h1 {background-color:#FFFFFF}
8. 在 CSS 中，书写注释的正确格式是（　　）。
   A. //this is a comment　　B. /*this is a comment*/
   C. //this is a comment//　　D. this is a comment

三、问答题

1. CSS 样式表有哪几种类型？它们的层叠优先级关系如何？
2. 常用的 CSS 选择器有哪些？
3. CSS 的注释语句写法是怎样的？
4. CSS 颜色值有哪几种表达方式？
5. CSS 背景图像的平铺方式有哪几种？

6. 如何使用 CSS 为文本添加下画线？
7. 如何使用 CSS 为列表选项设置自定义标志图标？
8. 如何使用 CSS 实现表格为单线条框样式？
9. 如何使用 CSS 设置元素的层叠效果？
10. 元素可以向哪些方向进行浮动？如何清除浮动效果？

四、操作题

1. 在 HTML 页面中显示一首古诗，在其中缩写 CSS 模式代码。所有的字体均加粗显示，文字居中对齐，标题行背景颜色为 orange，如图 10.44 所示。

2. “华为”、“诺基亚”、“联想”和“戴尔”均设置超链接，未被访问的超链接设置为红色，没有下画线；鼠标悬浮在上面的超链接设置为橙色，有下画线；已被访问的超链接设置为绿色，没有下画线；正在被单击的超链接设置为黄色，有上画线，如图 10.45 所示。

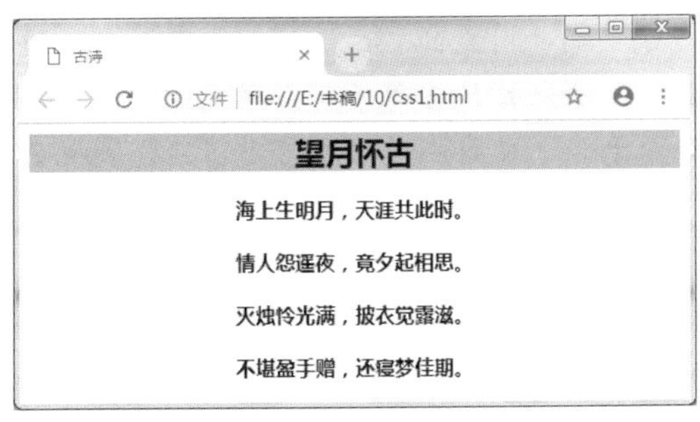

图 10.44　古诗的应用效果

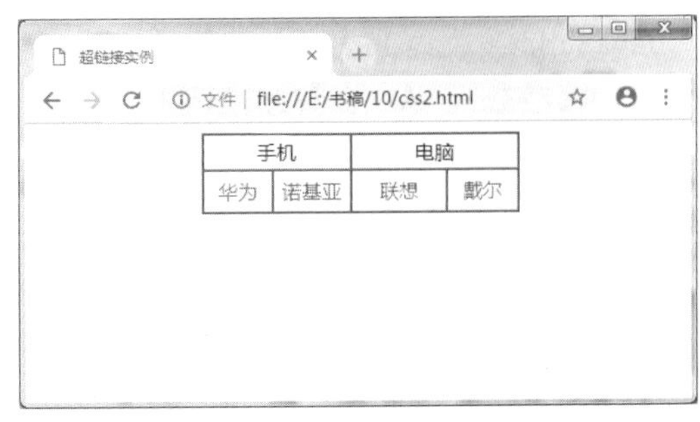

图 10.45　超链接的应用效果

3. 利用 DIV+CSS 的方式实现如图 10.46 所示的布局效果。

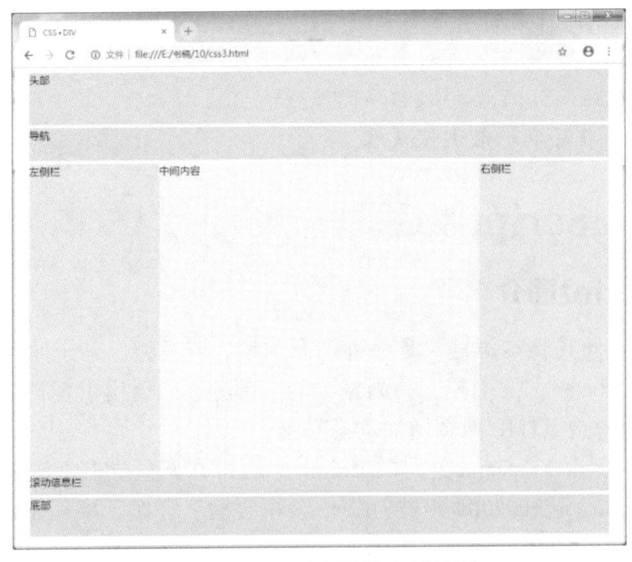

图10.46　页面布局的应用效果

第 11 章 JavaScript 基础

本章重点

JavaScript（简称 JS）是一种解释性的、事件驱动的、面向对象的、安全的和与平台无关的脚本语言，是动态 HTML（也称为 DHTML）技术的重要组成部分，广泛应用于动态网页的开发。以浏览器平台为基础的现代 JavaScript 程序可以提供类似于传统桌面应用程序的丰富功能和视觉体验，增强用户和 Web 站点之间的交互，提供高质量的 Web 应用体验。

学习目标

- 理解 JavaScript 语言的作用和执行方式；
- 掌握在网页中使用客户端脚本的方法；
- 掌握 JavaScript 语言的基本语法；
- 认识核心语言对象，使用核心语言对象的方法和属性；
- 掌握对页面中的不同种类的事件响应编程；
- 能够利用 JavaScript 语言完成对文档内容的交互；
- 了解客户端常见 JavaScript 特效程序的编程；
- 掌握 JavaScript 程序的一般调试技术。

11.1 JavaScript概述

11.1.1 JavaScript简介

JavaScript 是一种直译式脚本语言，是一种动态类型、弱类型、基于原型的语言，内置支持类型。它的解释器被称为 JavaScript 引擎，为浏览器的一部分，广泛用于客户端的脚本语言，最早在 HTML 网页上使用，用来给 HTML 网页增加动态功能。

JawaScript 在 1995 年由 Netscape 公司的 Brendan Eich 在网景导航者浏览器上首次设计实现而成。因为 Netscape 与 Sun（已于 2009 年被 Oracle 公司收购）合作，Netscape 管理层希望其外观看起来像 Java，因此取名为 JavaScript。但实际上它的语法风格与 Self 及 Scheme 较为接近。为了取得技术优势，微软推出了 JScript，CEnvi 推出 ScriptEase，与 JavaScript 同样可在浏览器上运行。为了统一规格，因为 JavaScript 兼容于 ECMA 标准，因此也称为 ECMAScript。

JavaScript 具有以下特点：

（1）脚本语言。JavaScript 是一种解释型的脚本语言,在程序的运行过程中逐行进行解释。

（2）基于对象。JavaScript 是一种基于对象的脚本语言,它不仅可以创建对象,也能使用现有的对象。

（3）简单。JavaScript 语言中采用的是弱类型的变量类型，对使用的数据类型未做出严格的要求，是基于 Java 基本语句和控制的脚本语言，其设计简单紧凑。

（4）动态性。JavaScript 是一种采用事件驱动的脚本语言，它不需要经过 Web 服务器就可以对用户的输入做出响应。在访问一个网页时，鼠标在网页中进行单击或上下移、窗口移动等操作 JavaScript 都可直接对这些事件给出相应的响应。

（5）跨平台性。JavaScript 脚本语言不依赖于操作系统，仅需要浏览器的支持。因此，一个 JavaScript 脚本在编写后可以带到任意机器上使用，前提是机器上的浏览器支持 JavaScript 脚本语言，目前 JavaScript 已被大多数的浏览器所支持。

不同于服务器端脚本语言，例如 PHP 与 ASP，JavaScript 主要被作为客户端脚本语言在用户的浏览器上运行，不需要服务器的支持。所以，在早期程序员比较青睐于 JavaScript 以减少对服务器的负担，而与此同时也带来另一个问题——安全性。

而随着服务器的健壮，虽然程序员更喜欢运行于服务端的脚本以保证安全，但 JavaScript 仍然以其跨平台、容易上手等优势深受欢迎。同时，有些特殊功能（如 AJAX）必须依赖 JavaScript 在客户端进行支持。随着引擎如 V8 和框架（如 Node.js）的发展，及其事件驱动及异步 IO 等特性，JavaScript 逐渐被用来编写服务器端程序。

11.1.2　JavaScript的实例

JavaScript 脚本程序是嵌入在页面中的，通过一个<script>标记说明，浏览器能够解释并运行包含在标记内的代码。

基本语法：

```
<script type="text/javascript">
   … ;
</script>
```

其中：script 为脚本标记。它必须以<script type="text/javascript">开头，以</script>结束，用于界定程序开始的位置和结束的位置。在一个页面内可以放置任意数量的<script>标记。

script 在页面中的位置决定了什么时候装载，如果希望在其他所有内容之前装载脚本，就要确保脚本在 head 部分。

1. 一个直接运行的 JavaScript 程序

下面通过实例简单介绍 JavaScript 程序的具体实现。

【例 11.1】显示文本到页面举例。

代码如下：

```
<html>
<head>
<title>这是我的第一个JavaScript程序</title>
</head>
<body>
<script type="text/javascript">
  document.write("欢迎进入JavaScript学习之旅！");
</script>
</body>
</html>
```

页面效果如图 11.1 所示。document.write 字段是标准的 JavaScript 命令，用来向页面写入输出，这行代码被包括在用<script>开始的标签内。也就是说，如果需要把一段 JavaScript 代码插入到 HTML 页面中，需要使用<script>标签（同时使用 type 属性来定义脚本语言）。

图11.1 显示文本到页面

<script type="text/javascript">和</script>就可以告诉浏览器 JavaScript 程序从何处开始，到何处结束。如果没有这个标签，浏览器就会把 document.write("欢迎进入 JavaScript 学习之旅！")当成纯文本来处理，也就是说，会把这条命令本身写到页面上。

2. 通过事件触发被调用的 JavaScript 程序

下面实例通过在页面加载后弹出一个对话框的方式来实现。

【例 11.2】页面加载时弹出的对话框举例。

代码如下：

```
<html>
<head>
<title>这是我的第一个JavaScript程序</title>
<script type="text/javascript">
function show(){
   alert("欢迎进入JavaScript学习之旅!");
}
</script>
</head>
<body onload="show()">
</body>
</html>
```

页面效果如图 11.2 所示。除了 JavaScript 代码依然被包含在<script>标签内，程序 11.2 和程序 10.1 不同的是：这段代码是一个函数，被命名为 show，虽然它的功能只是弹出一个对话框，但函数本身并不会自动执行，而是依赖于<body onload="show()">标签中关于 body 标记的 onload 属性设置，onload="show()"意味着告诉浏览器在加载这个页面后要调用执行 show()函数。

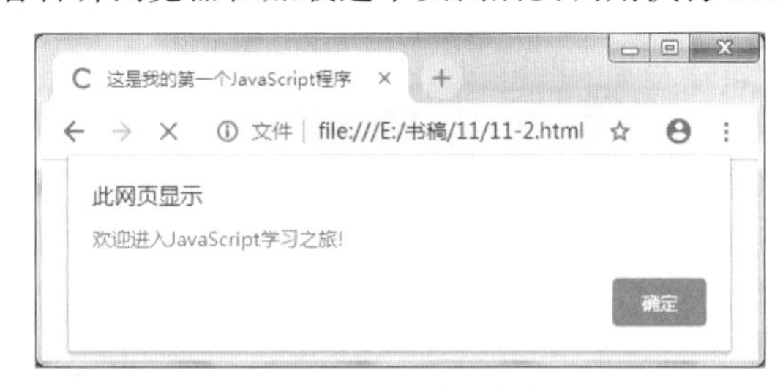

图11.2 页面加载时弹出的对话框

通过程序 11.1 和程序 11.2 可以看出，浏览器在解释 JavaScript 语句时如果碰到的是独立的语句（也就是不属于任何函数），则直接执行，例如程序 11.1；如果属于某个函数，则只有函数被调用时才可以被执行。

11.1.3 JavaScript的位置

JavaScript 程序本身不能独立存在，而是依附于某个 HTML 页面，在浏览器端运行。细心的读者可能注意到程序 11.1 和程序 11.2 的 JavaScript 代码在 HTML 页面不同的位置，程序 11.1 的 JavaScript 代码段处于 body 内，而程序 11.2 的 JavaScript 代码段处于 head 内。JavaScript 作为一种脚本语言可以放在 HTML 页面中的任何位置，但在实践中代码如何放置还要遵循一定的规则。

1. 处于 head 部分的脚本

如果把脚本放置到 head 部分，在页面载入时同时载入了代码，在<body>部分调用时就不需要再载入代码了，从而提高了速度。当脚本被调用时，或者事件被触发时，脚本代码就会被执行。通常，这个区域的 JavaScript 代码是为 body 区域代码所调用的事件处理函数或者一些全局变量的声明，例如程序 11.2。

2. 处于 body 部分的脚本

放置于 body 部分的脚本通常是一些在页面载入时需要同时执行的脚本，这些代码执行后的输出成为页面的内容，在浏览器中可以即时看到。

一般的 JavaScript 代码放在<head></head>之间和放在<body></body>之间从执行后的结果来看是没有区别的，但是有如下规则：

（1）当 JavaScrip 代码要在页面加载过程中动态建立一些 Web 页面的内容时，应当将 JavaScrip 放在 body 中合适的位置，如程序 11.1 中的代码。

（2）定义为函数并用于页面事件的 JavaScrip 代码应当放在 head 标记中，因为它会在 body 之前加载。

3. 直接处于事件处理部分的代码中

一些简单的脚本可以直接放在事件部分的代码中，例如程序 11.2 的 JavaScrip 函数 show()中只是一条警告语句，可以直接将该警告语句改写在事件中，如程序 11.3 所示。

【例 11.3】 JavaScript 程序直接处于事件处理部分的代码中举例。

代码如下：

```
<html>
<head>
<title>这是我的第一个JavaScript程序</title>
</head>
<body onload='alert("欢迎进入JavaScript学习之旅!");'>
</body>
</html>
```

页面效果图和图 11.2 的页面效果图相同。

4. 处于网页之外的单独脚本文件

除此之外，如果页面中包含了大量的 JavaScript 代码，或者同样的代码可能在很多个页面中都需要，为了达到代码资源共享的目的，就可以把一些 JavaScript 代码放到一个单独的文本文件中，然后以“.js”为扩展名保存这个文件。当页面中需要这个 js 文件中的 JavaScript 代码时，通过指定 script 标签的 Scr 属性就可以使用外部的 JavaScript 文件中包含的代码。

例如，通过文本文件编辑器或记事本建立一个名为 test.js 的文件，其内容如下：

```
//一个外部的js文件代码，文件名为test.js
function show(){
   alert("欢迎进入JavaScript学习之旅!");
}
```

现在，修改程序 11.2，改成加载上面的 test.js 文件的形式，修改后的程序见程序 11.4。

【例 11.4】 JavaScript 程序处于网页之外的单独脚本文件举例。

代码如下：

```
<html>
<head>
<title>这是我的第一个JavaScript程序</title>
<script src="text.js"></script>
</head>
<body onload="show()">
</body>
</html>
```

页面效果图和图 11.2 的页面效果图相同。通过指定 script 标签的 src 属性，在运行时，这个 js 文件中的代码全部嵌入到包含它的页面内，页面程序可以自由使用。而且，浏览器会缓存所有外部链接的 js 文件，如果多个页面共用一个 js 文件，只需要下载一次即可，很好地节省了下载时间。

在使用这种方式加载外部文件形式的 JavaScript 代码时需要注意以下几点：

（1）外部的 JavaScript 程序文件中并不需要使用<script>标签，此文件的内容仅含有 JavaScript 程序代码。

（2）使用 src 属性后，在该 script 元素内部的任何内容都将被忽略。如果需要嵌入其他的代码，可以继续在文件中添加一对新的<script>标签。

（3）当 src 属性指定外部文件所在的位置时，默认是在页面所在的目录下。因此，程序 11.4 中的 test.js 文件和 HTML 页面应该放在一个目录下，因为 src 定义中没有明确路径。

11.2 JavaScript程序

11.2.1 基本语法规则

JavaScript 可以直接用记事本编写，其中包括语句、相关的语句块及注释。在一条语句内可以使用变量、表达式等。下面介绍相关的编程语法基础。

1. 执行顺序

JavaScript 程序按照在 HTML 文件中出现顺序逐行执行。如果需要在整个 HTML 文件中执行，应将其放在 HTML 文件的<head></head>标记对中。某些代码，如函数体内的代码，不会被立即执行，只有当所在的函数被其他程序调用时，该代码才会被执行。

2. 区分大小写

JavaScript 对字母大小写敏感，也就是说，在输入语言的关键字、函数、变量及其他标识符时，一定要严格区分字母的大小写。例如，username 和 userName 是两个不同的变量。

注意： HTML 不区分大小写。由于 JavaScript 与 HTML 紧密相关，这一点很容易混淆。许多 JavaScript 对象和属性都与其代表的 HTML 标签或属性同名，在 HTML 中，这些名称可以任意的大小写方式输入，而不会引起混乱，但在 JavaScript 中，这些名称通常都是小写的。例如，在 HTML 中的单击事件处理器属性通常被声明为 onClick 或 Onclick，而在 JavaScript 中只能使用 onclick。

3. 分号与空格

在 JavaScript 语句中，分号是可有可无的，这一点与 Java 语言不同，JavaScript 并不要求每行必须以分号作为语句的结束标志。如果语句的结束处没有分号，JavaScript 会自动地将该代码的结尾作为语句的结尾。

例如，下面两行代码的书写方式都是正确的：

```
Alert("hello,JavaScript")
Alert("hello,JavaScript");
```

注意：鉴于需要养成良好的编程习惯，最好在每行的最后都加上一个分号，这样能保证每行代码都是正确的、易读的。另外，JavaScript 会忽略多余的空格，用户可以向脚本中添加空格，来提高其可读性。

4. 对代码进行换行

当一段代码比较长时，用户可以在文本字符串中使用反斜杠对代码进行换行。

例如，下面的代码会正确对运行：

```
document.write("Hello \
World!");
```

不过，用户不能像下面这样换行：

```
document.write \
("Hello World!");
```

5. 注释

注释通常用来解释程序代码的功能（增加代码的可读性）或阻止代码的执行（调试程序时），不参与程序的执行。在 JavaScript 中，注释分为单行注释和多行注释两种。

（1）单行注释语句。在 JavaScript 中，单行注释以双斜杠“//”开始，直到这一行结束。一般情况下，如果“//”位于一行的开头，则用来解释下一行或一段代码的功能；如果“//”位于一行的末尾，则用来解释当前行代码的功能。如果用来阻止一行代码的执行，也常将“//”放在这一行的开头。

【例 11.5】使用单行注释语句举例。

代码如下：

```
<html>
<head>
<title>date对象</title>
<script type="text/javascript">
function disptime(){
  //创建日期对象now，并实现当前日期的输出
  var now=new Date();
  //document.write("<h1>江西旅游网</h1>");
  document.write("<H2>今天日期:" + now.getFullYear() + "年"+ (now.getMonth()+1)
+ "月"+ now.getDate() + "日</H2>"); //在页页上显示当是年月日
}
</script>
</head>
<body onload="disptime()">
</body>
</html>
```

上述代码中，共使用了 3 条注释语句。第一条注释语句将“//”符号放在了行首，通常用来解释下面代码的功能与作用；第二条注释语句将“//”符号放在了代码的行首，阻止了该行代码的执行；第三条注释语句放在了代码行的末尾，主要是对该行相关的代码进行解释说明。页面效果如图 11.3 所示，可以看到代码中的注释没有被执行。

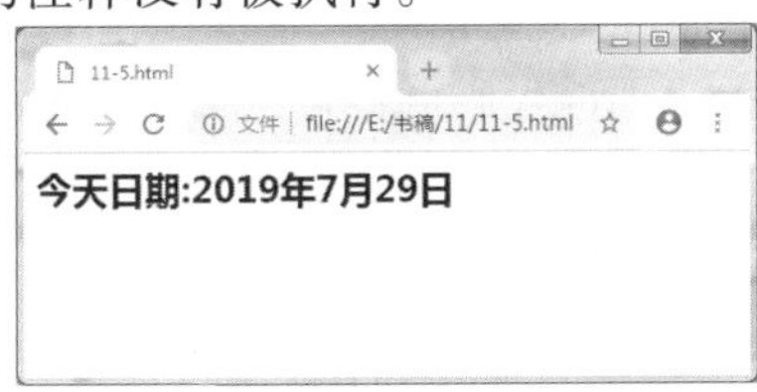

图11.3 使用单行注释语句

（2）多行注释。单行注释语句只能注释一行代码，假设在调试程序时，希望有一段代码（若干行）不被浏览器执行或者对代码的功能说明一行书写不完，就可以使用多行注释语句。多行注释语句以“/*”开始，以“*/”结束，可以注释一段代码。

【例 11.6】使用多行注释语句举例。

代码如下：

```
<html>
<head>
<title>注释的应用</title>
</head>
<body>
<h1 id="myH1"></h1>
<p id="myP"></p>
<script type="text/javascript">
  /* 下面的这些代码会输出一个标题和一个段落并将代表主页的开始  */
document.getElementById("myH1").innerHTML="Welcome to my Homepage";
document.getElementById("myP").innerHTML="This is my first paragraph.";
</script>
<p><b>注释: </b>注释块不会被执行。</p>
</body>
</html>
```

页面效果如图 11.4 所示，可以看到代码中的注释没有被执行。

图11.4　使用多行注释语句

6. 语句

JavaScript 程序是语句的集合，JavaScript 语句将表达式组合起来，完成一定的任务。一条 JavaScript 语句由一个或多个表达式、关键字或运算符组合而成，语句之间用分号（;）隔开，即分号是 JavaScript 语句的结束符号。

下面给出 JavaScript 语句的分隔示例，其中一行就是一条 JavaScript 语句：

```
Name="江西"; //将“江西”赋值给Name
Var today=new Date(); //将今天的日期赋值给today
```

在 JavaScript 程序中，语句的类型一般包括 5 种：（1）变量声明语句；（2）输入/输出语句；（3）表达式语句；（4）程序流向控制语句；（5）返回语句。

7. 语句块

语句块是一些语句的组对，通常用一对大括号包围起来。在调用语句块时，JavaScript 会按书写次序执行语句块中的语句。JavaScript 会把语句块中的语句看成是一个整体全部执行。语句块通常用在函数中或流程控制语句中，下面的代码就包含一个语句块：

```
if (Fee<2){
   Fee=2; //小于2 元时，手续费为2 元
}
```

语句块的作应是使语句序列一起执行。JavaScript 函数是将语句组合在块中的典型例子。

8. 代码

代码就是由若干条语句或语句块组成的执行体。浏览器按照代码编写的逻辑顺序逐行执行，直至碰到结束符号或者返回语句。

11.2.2 函数

函数是由事件驱动的或者当它被调用时执行的可重复使用的代码块。JavaScript 函数有系统本身提供的内部函数，也有系统对象定义的函数，还包括程序员自定义的函数。例如，调用系统提供的 alert( )函数时一定会弹出一个警告框，有时需要程序员自己编写能够实现特定目的的函数，如程序 11.2 的 show()函数。函数可以被在多个地方重复调用以达到代码复用的目的，即减轻了开发人员的工作量，又降低了维护的难度。

1. 函数的语法

函数就是包裹在花括号中的代码块，前面使用了关键词 function，当调用该函数时，会执行函数内的代码。可以在某事件发生时直接调用函数(比如当用户单击按钮时),并且可由 JavaScript 在任何位置进行调用。

基本语法：

```
function 函数名 (参数1, 参数2,…,参数N) {
  函数体;
}
```

其中：

- function 是关键字，一个函数必须由 function 关键字开始。
- 函数名用来调用时使用，命名必须符合有关标识符的命名规定。
- 一个函数可以没有参数，但括号必须保留，函数也可以有一到多个参数，声明参数不必明确类型。
- 大括号界定了函数的函数体，属于函数的语句只能出现在大括号内。

注意：不能在其他语句或其自身中嵌套 function 语句，也就是说，每个函数声明都是独立的。

【例 11.7】函数的应用举例。

代码如下：

```
<html>
<head>
<title>乘法计算机器</title>
<script type="text/javascript">
function compute(form){
   var a=form.one.value;    //获取第一个文本框的值
   var b=form.two.value;    //获取第二个文本框的值
   form.result.value=a*b;   //将两者相乘的结果赋值给第三个文本框
}
</script>
</head>
<body>
<form>
<input  type="text"id="one"name="one">  *  <input  type=
"text"id="two"name="two">  <inputname="btu"type="button"value="="onc
lick="compute(this.form)">  
<input  type="text" id="result" name="result">
```

```
</form>
</body>
</html>
```

页面效果如图 11.5 所示。

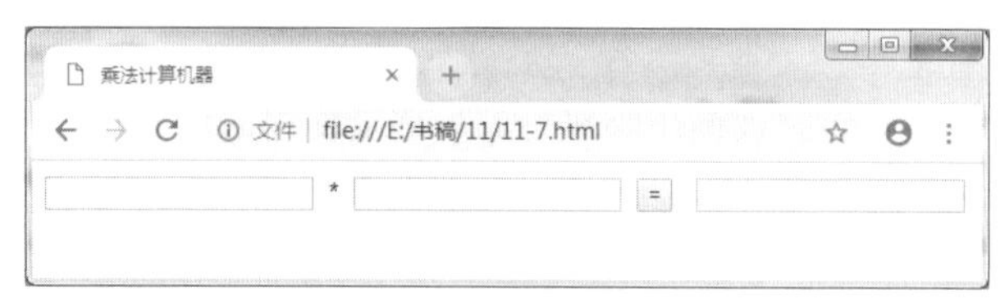

图11.5　函数的应用效果

注意：在程序 11.7 中，使用 this.form 来引用当前 form，关键字 this 用来引用当前对象，此处即指 button 对象，于是 this.form 结构被用来引用包含此 button 的 form。程序 11.7 中 onClick 事件处理程序是以 this.form（当前 form）为参数调用 compute()函数。

2. 函数声明时的参数

在程序 11.7 中定义的函数是这样声明的：

```
function compute(form)
```

这里的 form 就是参数变量，也被称为“形参”。参数变量的作用就是用来接收函数调用者传递过来的参数。因为在编写函数时，程序员并不知道调用者会传递过来什么样的值，因此只能用一个变量来表示在具体执行时所获得的值。所以，声明函数的形式参数时应该事先明确每个参数在函数体中的作用。

3. 调用函数

函数必须被调用才能发挥作用，前面的多个程序已经展示了函数的调用过程。具体调用规则如下：

（1）函数必须通过名字加上括号才能调用，如程序 11.7 的 compute( )括号必不可少。

（2）在函数调用时，应当满足参数传递的要求，保证传递实参时的参数类型、顺序和个数（不是必须）与形式参数的声明一致。

程序员在使用一个函数时应当了解这个函数的参数声明，确定应当在调用时传递给函数具体的参数值。例如：

```
onclick="compute(this.form)"
```

其中：onclick 定义了单击按钮事件发生时要执行的 JavaScript 代码。在此该按钮单击事件绑定要执行的动作是调用一个 compute( )函数，其中 this.form 表示传给函数的参数，也被称为“实参”，实参应当对应于函数声明时的形参。

具体来讲，JavaScript 函数的参数是可选的，它有下面几个特点：

（1）Javascript 本身是弱类型，所以，它的函数参数也没有类型检查和类型限定，一切都要靠编程者自己去进行检查。

（2）一般情况下，实参和形参要一一对应，表现在类型、顺序、数量和内容上要一致。

（3）实参的个数可以和形参的个数不匹配，因为 JavaScript 仅通过函数名来区别函数，并不考虑参数的异同，这和大多数语言是不一致的。

关于实参和形参不匹配的情况，在编程上并不鼓励使用，因为可能会导致程序理解上的混乱和执行时的错误。例如，函数在执行时发现参数不够的情况，不够的参数被设置为 undefined 类型，如果程序对此情况没有加以处理，直接使用可能会导致程序不能正常执行。

4. 用 return 返回函数的计算结果

函数可以在执行后返回一个值来代表执行后的结果，当然有些函数基于功能的需要并不需要返回任何值。

【例 11.8】用 return 返回函数的计算结果举例。

代码如下：

```
<html>
<head>
<script type="text/javascript">
//这里声明了一个全局变量pi,供函数计算面积使用
var pi=3.14;
 /* 参数: name接收半径; 描述: 根据半径计算一个园的面积;  返回: 圆的面积  */
function compute(radius){
    var area=0;
    area=pi*radius*radius;
    return area;}
/* 描述: 将计算出的面积显示在面积文本框中*/
function show(){
//利用document对象, 获得页面中半径文本框中的输入值
var radius=document.getElementById('radius').value;
var area=compute(radius);       //调用compute()函数计算对应的面积
//将计算出的面积值显示到面积文本框中
document.getElementById('area').value=area;
    return;  //此句可以不要
}
</script>
<title>用return返回函数运行结果</title>
</head>
<body>
<form>
输入半径: <input type="text" name="radius" id="radius">
<input type="button" value="计算!" onclick="show()"/>  <br>
圆的面积: <input type="text" name="area" id="area" readonly>
</form>
</body>
</html>
```

页面效果如图 11.6 所示。

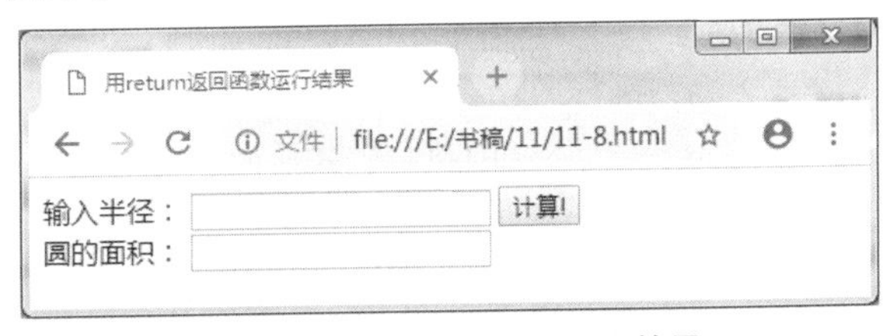

图11.6　计算圆的面积显示效果

在输入半径后单击“计算”按钮，触发按钮的 onclick 事件，调用方法 show( )。在 show( )方法的第 2 行语句“var area=compute(radius);”调用了另一个函数 compute( )，根据函数 compute( )的定义，再调用 compute( )时需要传递一个半径值，compute( )函数计算完面积后将面积值返回，保存在变量 area 中，show( )函数将收到的面积显示到指定的面积文本框中。

函数返回一个值非常简单，一般在一个函数代码的最后一行是 return 语句。return 的作用有

两点：

（1）结束程序的执行，也就是说 return 之后的语句就不会再执行。

（2）利用 return 可以返回而且只能返回一个结果，如 compute()函数的 return area。return 语句后可以跟上一个具体的值，也可以是简单的变量，还可以是一个复杂的表达式。

当然，一个函数也可以没有返回值，但并不妨碍最后添加一条 return 语句，以明确表示函数执行结束，如 show( )函数一样。

5. 函数变量的作用域

当代码在函数内声明了一个变量后，就只能在该函数中访问该变量，称为“局部变量”。当退出该函数后，这个变量会被撤销。可以在不同的函数中使用名称相同的局部变量而互不影响，这是因为一个函数能够识别它自己内部定义的每个变量。

如果程序在函数之外声明了一个变量，则页面上的所有函数都可以访问该变量，称为“全局变量”。这些变量的生存期从声明它们之后开始，在页面关闭时结束。

程序 11.8 说明了全局变量和局部变量的区别，它们的访问关系如图 11.7 所示。变量 pi 被声明在所有函数之外，是一个全局变量，因此函数 compute( )可以找到并正常使用。函数 compute( )和 show( )分别定义了 area 和 radius 两个变量，它们互不影响，只能在所属的各自函数中起作用。

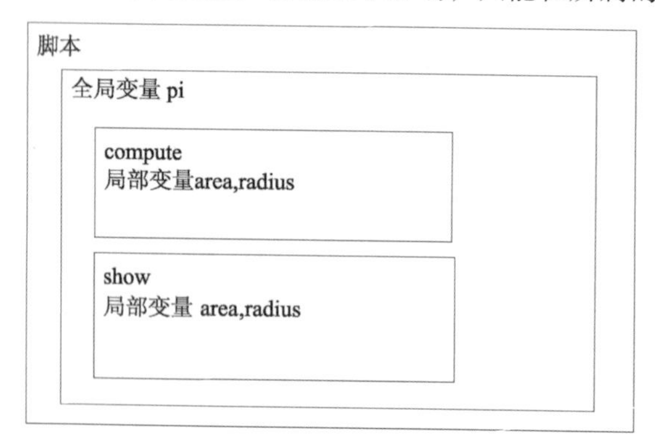

图11.7　变量生存期示意图

11.2.3 常用系统函数

JavaScript 中的系统函数又称内部方法，它与任何对象无关，使用这些函数不需要创建任何实例，可直接使用。

1. 返回字符串表达式中的值

方法名：eval（字符串表达式）

例如：result=eval(" 8+9+5/2 ")；执行后，result 的值为 19.5。其中 eval( )接收一个字符串类型的参数，将这个字符串作为代码在上下文环境中执行，并返回执行的结果。在使用 eval( )函数时需要注意以下几点：

（1）它是有返回值的，如果参数字符串是一个表达式，就会返回表达式的值。如果参数字符串不是表达式，没有值，则返回 undefined。

（2）参数字符串作为代码执行时，是和调用 eval( )函数的上下文相关的，即其中出现的变量或函数调用必须在调用 eval 的上下文环境中可用。

2. 返回字符的编码

方法名：escape（字符串）

这里的参数，字符串是以 ISO-Latin-1 字符集书写的字符串。escape( )函数将参数字符串中的特定字符进行编码，并返回一个编码后的字符串。它可以对空格、标点符号及其他不位于 ASCII 字母表的字符进行编码，除了以下字符："* @ - _ + . / "。例如：

```
result=escape("&");
```

上句中 result 的结果是"%26"。

```
result=escape("my name is 张华");
```

上句中 result 的结果是"my%20name%20is%20%u5F20%u534E"，20 是空格的十六进制编码，%u5F20%u534E 是汉字"张华"的 Unicode 编码。

3. 返回字符串 ASCII 码

方法名：unescape (string)

与 escape()函数相反，这里的参数 string 是一个包含形如%xx 的字符的字符串，此处 xx 为两位十六进制数值。unescape()函数返回的字符串是一系列 ISO-Latin-1 字符集的字符。例如：

```
result =unescape("%26");
```

result 的结果是"&"。

```
result=unescape("my%20name%20is%20%u5F20%u534E");
```

result 的结果是"my name is 张华"。

4. 返回实数

方法名：parseFloat(string);

parseFloat 将把其参数（一个字符串）处理后返回浮点数值。如果遇到了不是符号"+、-、数码(0～9)、小数点"，也不是指数的字符，就会停止处理，忽略该字符及其以后的所有字符。

如果第一个字符就不能转换为数值，parseFloat 将返回 NaN。

下面的例子都将返回 3.14：

```
parseFloat("3.14");  parseFloat("314e-2");   parseFloat("0.0314E+2")
parseFloat("3.14ab");  var x="3.14"   parseFloat(x)
```

下面的例子将返回 NaN：

```
parseFloat("FF2")
```

5. 返回不同进制的数

方法名：parseInt(numbestring , radix);

parseInt( )函数返回参数 numbestring 的第一组连续数字。其中 radix 是数的进制：如 16 表示十六进制，10 表示十进制，8 表示八进制，2 表示二进制；numbestring 则是一个数值字符串，允许该字符串包含空格。

例如，下面的例子都返回 15：

```
parseInt("F",16); parseInt("17", 8);  parseInt(15.99, 10);
parseInt("1111", 2); parseInt("15*3", 10);
```

在解析时，如果字符串的第一个字符不能被转换成数字，将返回 NaN。例如，parseInt("Hello", 8)，就返回 NaN。

如果没有指定转换基数 radix 这个参数，parseInt 将依照下列规则进行：（1）如果字符串以 0x 开始，视为十六进制；（2）如果字符串以 0 开始，视为八进制；（3）其他的视为十进制。

6. 判断是否为数值

方法名：isNaN(testValue);

该方法对参数值是否为非数值类型进行判断，如果是"NaN"则返回 true，否则返回 false。

例如：

```
isNaN("h78");    //结果为true;
isNaN(78);       //结果为false;
```

```
isNaN("78");    //结果为false;
```

11.2.4 消息对话框

1. alert()

```
Alert("文本");
```

实现了一个简单的信息告知功能，但 alert()语句只有一种操作，功能非常单一。

2. confirm()

方法：`confirm("文本");`

确认框是一个带有显示信息和“ok/确认”及“cancel/取消”两个按钮对话框，用于使用户可以验证或者接收某些信息。当确认框出现后，用户需要单击“确定”或者“取消”按钮才能继续进行操作。如果用户单击“确定”按钮，那么返回值为 true；如果用户单击“取消”按钮，那么返回值为 false。

3. Prompt()

方法名：`prompt("文本","默认值");`

提示框经常用于提示用户在进入页面前输入某个值。当提示框出现后，用户需要输入某个值，然后单击“ok/确认”或“cancel/取消”按钮才能继续操作。如果用户单击“确定”按钮，那么返回值为输入的值；如果用户单击“取消”按钮，那么返回值为 null。

11.3 标识符和变量

11.3.1 关于命名的规定

1. 标识符

标识符是计算机语言关于命名的规定。例如程序 11.8 中函数名 show，变量名 radius 和 area，这些名字都是标识符的实例。JavaScript 关于标识符的规定有：

（1）必须使用字母或者下画线开始。

（2）必须使用英文字母、数字、下画线组成，不能出现空格或制表符。

（3）不能使用 JavaScript 关键词与 JavaScript 保留字。

（4）不能使用 JavaScript 语言内部的单词，比如 Infinity,NaN,undefined。

（5）大小写敏感，也就是说 x 和 X 是不一样的两个标识符。

总的来讲，标识符的确定应该做到“见名知意”，如程序 11.8 中函数名 show，show 表示动作，代表函数的功能是用于显示，而函数 compute( )则是用来计算的，变量名 radius 和 area 则表示圆的半径和面积。

2. 关键字

关键字对于 JavaScript 程序有着特别的含义，它们可标识程序的结构和功能，所以，在编写代码时，不能用它们作为自定义的变量名或者函数名。JavaScript 的关键字有 break、case、catch、continue、default、delete、do、else、finally、for、function、if、in、instanceof、new、return、switch、this、throw、try、typeof、var、void、while、with 等。

3. 保留字

除了关键字，JavaScript 还有一些可能未来扩展时使用的保留字，同样不能用于标识符的定义。JavaScript 的保留字有 abstract、boolean、byte、char、class、const、debugger、double、enum、export、extends、final、float、goto、implements、import、int、interface、long、native、package、private、 protected、public、short、static、super、synchronized、throws、transient、volatile 等。

11.3.2 JavaScript的数据类型

虽然 JavaScript 变量表面上没有类型，但是 JavaScript 内部还是会为变量赋予相应的类型，在将来的版本会增加变量类型。

JavaScript 有 6 种数据类型。主要的类型有 Number（数字）、String（字符串）、Boolean（布尔值）、Null（空值）、Undefined（未定义）和 Object（对象）。

1. Number 类型

在 JavaScript 中使用 Number 类型表示数字，其数字可以是 32 位以内的整数或 64 位以内的浮点数。下面是一些关于数的表示。

（1）正数：如 1982、37、36.5。

（2）负数：如–12、–60、–32.7。

（3）有理数：0、正数、负数统称为有理数。

（4）指数：2e3 表示 2*10*10*10，5.1e4 表示 5.1*10*10*10*10。

（5）八进制数：以 0 开头的数，如 070 代表十进制的 56。

（6）十六进制数：以 0x 开头的数，如 0x1f 代表 10 进制的 31。

（7）Infinity：表示无穷大，这是一个特殊的 Number 类型。

（8）NaN：表示非数（Not a Number），这是一个特殊的 Number 类型。

2. String 类型

在 JavaScript 中 String 类型用于存储文本内容，又称字符串类型。在为变量进行字符串赋值时需要使用引号（单引号或双引号均可）括住文本内容。例如：

```
var country='China';或var country="China";
```

如果字符串内容本身也需要带上引号，则用于包围字符串的引号不可以和文本内容中的引号相同。如果字符串本身带有双引号，则使用单引号包围字符串，反之亦然。例如：

```
var dialog='Today is a gift, that is why it is called "Present".';
```

或者

```
var dialog="Today is a gift, that is why it is called 'Present'. ";
```

在字符串中每一个字符都有固定的位置，其位置从左向右进行分配。这里以单词 HELLO 为例，其位置规则如图 11.8 所示。

首字符 H 从位置 0 开始，第 2 个字符 L 是位置 1，依此类推，直到最后一个字符 O 的位置是字符串的总长度减 1。

	H	E	L	L	O
位置序号	0	1	2	3	4

图11.8 字符位置对照图

3. Boolean 类型

布尔值（Boolean）在很多程序语言中用于进行条件判断，其值只有两种——true（真）和 false（假）。

布尔类型的值可以直接使用单词 true 或 false，也可以使用表达式。例如：

```
var answer=true;  var answer=false;
var answer=(1>2);
```

其中，1>2 的表达式不成立，因此返回结果为 false（假）。

4. Null 类型

null 值表示变量的内容为空，可用于初始化变量，或者清空已经赋值的变量。例如：

```
var x=99;  x=null;  alert(x);   //此时返回的值是null 而不是99
```

5. Undefined 类型

所有 Undefined 类型的输出值都是 undefined。若需要输出的变量从未声明过，或者使用关键字 var 声明过但是从未进行赋值，此时会显示 undefined 字样。例如：

```
alert(y); //返回值为undefined，因为变量y 之前从未使用关键字var 进行声明
var x; alert(x); //返回值也是undefined，因为未给变量x赋值
```

6. Object 类型

除了上面提到的各种常用类型外，Object 类型也是 JavaScript 中数据类型的重要组成部分，这部分内容将在后面进行介绍。

11.3.3 变量

正如代数一样，JavaScript 变量用于保存值或表达式。可以给变量起一个简短名称（如 x），或者更有描述性的名称（如 name）。例如：

```
var area=0;  area=3.14*radius*radius;
```

变量的每一个值都被保存在计算机的一块内存中（若干个字节里），而通过变量名可以获得这个特定的值。var 的作用就是声明（创建）变量，如“var area=0”就表示声明一个名为 area 的变量，该变量的初始值为 0。

1. 变量的声明

虽然 JavaScript 中并不要求一定在使用之前声明变量，但是作为一个良好的编码习惯，每个程序员在使用一个变量之前，要做的一个重要的事情就是要事先声明一下这个变量，然后在后面的程序中使用。

基本语法：var 变量名 [=初值][,变量名[=初值] …]

其中：

（1）var 是关键字，声明变量时至少要有一个变量，每个变量要起一个合适的名字。

（2）变量的起名应该符合标识符的规定，好的名字应该做到见名知意。

（3）可以同时声明多个变量。

（4）可以在声明变量的同时，直接给变量赋予一个合适的初值。

```
var x;  var area=0;  var name="张三";  var status=true;   var a,b,c;
```

JavaScript 是一种对数据类型变量要求不太严格的语言，所以在声明变量时可以不必考虑变量类型，根据需要直接赋值即可。

2. 向变量赋值

在前面已经多次出现向变量赋值的语句。例如，上面在声明 area 变量时直接赋了初值 0。具体在为变量赋值时，需要注意：

（1）变量名在赋值运算符“=”符号的左侧，而需要向变量赋的值在“=”的右侧。

（2）一个变量在声明后，可以多次被赋值或使用。

（3）可以向一个变量随时赋值，而且可以赋予不同类型的值。

以下是变量声明的实例。

```
var  test;                      //定义一个变量test;
var area=0;                     //定义一个数字类型的变量area
var name="张三";                //定义一个字符串类型的变量name
var str=new string("张三");     //定义一个字符串类型的变量name
var status=true;                //定义一个逻辑类型的变量status
area=3.14*radius*radius;        //将一个表达式的计算结果赋值给变量area
```

```
//用一条 var 语句定义两个或多个变量，它们的类型不必一定相同
var area=0, name="张三";
```

注意： 虽然一个变量在一个代码段中可以被赋予不同类型的值，但实际中要杜绝这样赋值，因为容易导致对代码理解上的混乱。

3. 向未声明的变量赋值

如果在赋值时所赋值的变量还未进行过声明，该变量会自动声明。例如：

```
area=0;  name="张三";
```

等价于：

```
var area=0; var name="张三";
```

这种事先没有赋值却直接使用的情况，并不是一个优秀程序员的习惯。作为一种良好的编码规则，所有的程序员都认为，任何变量都要“先声明，后使用”。

11.3.4 转义字符

向一个变量赋一个字符串，需要将该字符串用双引号或者单引号括起来，如果需要在字符串中包含一个双引号或者单引号作为字符串的一个字符，又该如何处理？使用这种不能在文字中直接出现的字符就需要使用转义字符。表 11.1 列出了主要的转义字符表示。“\”（反斜杠）在 JavaScript 字符串中表示转义字符，转义字符就是在字符串中无法直接表示的一种字符表示方式。例如：

（1）\u 后面加 4 个十六进制数字可以表示一个字符，如\u03c6 表示 Φ。

（2）\r 表示回车，而\n 表示换行，\t 表示光标移到下一个输出位。

（3）如果 var s = "Hello,\ "Mike\""; ，则变量 s 的值是“Hello, "Mike"”。

表 11.1 转义字符

转义字符	含　义	转义字符	含　义
\n	换行	\\	反斜杠
\t	空一个 Tab 格，相当于 4 个空格	\'	单引号
\b	空格符	\"	双引号
\r	回车符	\u	编码转换
\f	换页符		

11.4 运算符和表达式

JavaScript 运算符包括算术运算符、赋值运算符、自增、自减运算符、逗号运算符、关系运算符、逻辑运算符、条件运算符、位运算符，也可以根据运算符需要操作数的个数，把运算符分为一元运算符、二元运算符或者三元运算符。

由操作数（变量、常量、函数调用等）和运算符结合在一起构成的式子称为“表达式”。对应的表达式包括：算术表达式、赋值表达式、自增、自减表达式、逗号表达式、关系表达式、逻辑表达式、条件表达式、位表达式。

11.4.1 算术运算符和表达式

JavaScript 算术运算符主要负责算术运算，如表 11.2 所示。用算术运算符和运算对象（操作数）连接起来符合规则的式子，称为算术表达式。

表 11.2 算术运算符的常见用法

运 算 符	解 释	示 例	变量 result 的返回值
+	加号，将两端的数值相加求和	var x=3, y=2; var result = x + y;	5
-	减号，将两端的数值相减求差	var x=3, y=2; var result = x−y;	1
*	乘号，将两端的数值相乘求积	var x=3, y=2; var result = x * y;	6
/	除号，将两端的数值相除求商	var x=4, y=2; var result = x / y;	2
%	求余符号，将两端的数值相除求余数	var x=3, y=2; var result = x % y;	1

++	自增符号，数字自增 1	var x=3;
		x++;
		var result = x;
			4

--	自减符号，数字自减 1	var x=3;
		x--;
		var result = x;
			2

基本语法：

双元运算符：`op1 operator op2`

单元运算符：`op operator`

`operator op`

算术运算符是一类常见的运算符，对于它的运算规则大家都非常熟悉，但作为语言，还有一些特殊的地方需要注意。

1. 模运算符（求余运算符）

模运算符由百分号（%）表示，模运算符的操作数一般为整数。其使用方法如下：

```
var a=82%9;   //结果为1
```

2. 加法表达式中的字符串

如果两个操作数都是字符串，把第二个字符串连接到第一个字符串后面。如果只有一个操作数是字符串，把另一个操作数转换成字符串，结果是由两个字符串连接而成的字符串。例如：

```
var result1=5+5;        //两个数字相加，结果为10
var result2=5+"5";      //一个数字和一个字符串连接，结果为55
var result3=5+5+"5";    //两个数字和与一个字符串连接，结果为105
```

3. 前增量/前减量运算符

所谓前增量运算符就是在数值上加 1，形式是在变量前放两个加号（++）。例如：

```
var a=10;
var b=++a;
```

第二行代码相当于下面两行代码：

```
a=a+1;
var b=a;
```

“++ a”的含义就是先将变量 a 自身的值加 1 之后再进行运算，同样，“--a”中的“--”是一个前减量运算符，其含义是先将变量 a 的值减 1 之后再进行运算。

4. 后增量/后减量运算符

所谓后减量运算符就是在数值上减 1，形式是在变量后放两个减号（--）。例如：

```
var a=10;
var b=a--;
```

第二行代码相当于下面两行代码：

```
var b=a;
a=a-1;
```

“a--”的含义就是先将变量 a 的值进行运算然后再自身减 1。同样，“a++”中的“++”是一个后增量运算符，其含义是先将变量 a 的值进行运算，然后再自身加 1。

5. 超出范围的运算

某个运算数是 NaN，那么结果为 NaN。如果结果太大或太小，则生成的结果是 Infinity。

11.4.2　赋值运算符和表达式

简单的赋值运算符由等号（=）实现，只是把等号右边的值赋予等号左边的变量。

基本语法：

（1）简单赋值运算：<变量> = <变量> operator <表达式>

（2）复合赋值运算：<变量> operator = <表达式>

说明：赋值运算是最常用的一种运算符，通过赋值，可以把一个值用一个变量名来表示。例如：

```
area = 3.14 * radius * radius;
```

复合赋值运算是由算术运算符或位移运算符加等号（=）实现的，如表 11.3 所示。这些赋值运算符是下列常见情况的缩写形式。

```
var a=10;
a=a+10;
```

可以使用复合赋值运算简化上面的第二行代码：

```
a+=10;
```

需要注意的是，等号右侧的表达式在复合赋值表达式中被认为是一个整体。例如：

```
var a=10, b=5;
a*=10+b;
```

第二行代码可以用标准的赋值改写，注意右侧作为一个整体参与运算。

```
a=a*(10+b);  //而不是a=a*10+b
```

表 11.3　赋值运算符

运算符	解释	示例	结果
=	赋值	a=2	a=2
+=	a=2	a+=1	a=3
-=	减法赋值	a-=1	a=1
*=	乘法赋值	a*=2	a=4
/=	除法赋值	a/=2	a=1
%=	取模赋值	a%=2	a=0
<<=	左移赋值	a<<=1	a=4
>>=	有符号右移赋值	a>>=1	a=1
>>>=	无符号右移赋值	a>>>=1	a=1

11.4.3　关系运算符和表达式

关系运算符负责判断两个值是否符合给定的条件，包括的运算符如表 11.4 所示。用关系运算符和运算对象（操作数）连接起来，符合规则的式子，称为“关系表达式”关系表达式，返回的结果为 true 或 false，分别代表符合或者不符合给定的条件。

基本语法：`op1 operator op2`

表 11.4　关系运算符

运算符	解释	示例	结果	判断内容
>	大于	6>5	true	数值
<	小于	7<6	false	数值
>=	大于或等于	8>=7	true	数值
<=	小于或等于	9<=8	false	数值
!=	不等于	7!=8	true	数值
= =	相等	3==2	false	数值
= = =	恒等于	7=== “7”	false	数值与类型
! = =	不恒等于	7!== “7”	true	数值与类型

1. 不同类型间的比较

当两个操作数的类型不同进行比较时，遵循以下规则：

（1）无论何时比较一个数字和一个字符串，都会把字符串转换成数字，然后按照数字顺序比较它们，如果字符串不能转换成数字，则比较结果为 false。

（2）如果一个运算数是 Boolean 值，在检查相等性之前，把它转换成数字值。false 转换成 0，true 为 1。

（3）如果一个运算数是对象，另一个是字符串，在检查相等性之前，要尝试把对象转换成字符串。

（4）如果一个运算数是对象，另一个是数字，在检查相等性之前，要尝试把对象转换成数字。

2. “=” 与 “= =” 的区别

“=”是赋值运算符，用来把一个值赋予一个变量，如 var i=5。

“= =”是相等运算符，用来判断两个操作数是否相等，并且会返回 true 或 false，如“a==b”。

3. “= = =” 与 “!= =”

“= = =”代表恒等于，不仅判断数值，而且判断类型。例如：

```
var a=5, b="5";
var result1=(a==b);    //结果是true
var result2=(a===b);   //结果是false
```

这里，a 是数值类型，b 是字符串类型，虽然数值相等但是类型不等，同样的“!==”代表恒不等于，也是要判断数值与类型。

4. 相等性判断的特殊情况

相等性判断的特殊情况如表 11.5 所示。

表 11.5　相等性判断的特殊情况

表达式	值	表达式	值	表达式	值
null== undefined	true	"NaN" == NaN	false	false == 0	truc
null == 0	false	NaN != NaN	true	true == 1	true
undefined == 0	false	NaN == NaN	false	true == 2	false
5 == NaN	false	"5" == 5	true		

关系表达式一般用于分支和循环控制语句中，根据逻辑值的真假来决定程序的执行流向，一

个简单的判断最大值的例子见程序 11.9。

【**例 11.9**】关系表达式的应用举例。

代码如下：

```
<html>
<head>
<script type="text/javascript">
   /* 描述：将判断出的最大值显示在最大值文本框中*/
   function showMax(form){
   /*利用form，分别获得页面文本框中的两个待比较的输入值，
    parseFloat()函数可以将一个数值字符串解析为数值*/
   var v1=parseFloat(form.v1.value);
   var v2=parseFloat(form.v2.value);
   if(v1>v2)
      form.max.value=v1;
   else
      form.max.value=v2;
   }
</script>
<title>关系表达式</title>
</head>
<body>
<form>
输入第一个数值：<input type="text" name="v1" id="v1"><br>
输入第二个数值：<input type="text" name="v2" id="v2">
<input type="button" value="计算最大值!" onclick="showMax(this.form)" ><br>
最大值是：<input type="text" name="max" id="max" readonly>
</form>
</body>
</html>
```

页面效果如图 11.9 所示。

图11.9　关系表达式的应用效果

关系表达式也经常与逻辑表达式结合使用来构造更为复杂的逻辑控制程序。

11.4.4　逻辑运算符和表达式

基本语法：

（1）双元运算符：`boolean_expression operator boolean_expression`

（2）逻辑非运算符：`! boolean_expression`

说明：逻辑运算符包括两个双元运算符逻辑或（||）和逻辑与（&&），要求两端的操作数类型均为逻辑值，逻辑非“!”则是一个单元运算符，它们的运算结果还是逻辑值，其使用的场合和关系表达式类似，一般都用于控制程序的流向，如分支条件、循环条件等。表 11.6 是对逻辑运算符

的总结。

表 11.6 逻辑运算符

a	b	!a	a||b	a&&b
true	true	false	true	true
true	false	false	true	false
false	true	true	true	false
false	false	true	false	false

由表 11.6 可见，在条件 1（a）和条件 2（b）本身均为布尔值的前提下，只有当两个条件均为假（false）时，逻辑或的返回值才为假（false），只要有一个条件为真（true），逻辑或的返回值就为真（true）。

11.4.5 条件运算符和表达式

条件运算符是一个 3 元运算符，也就是该运算涉及 3 个操作数。

基本语法：变量=布尔表达式条件 ? 结果 1 : 结果 2;

说明：该格式使用问号（?）标记前面的内容为条件表达式，返回值以布尔值的形式出现。问号后面是两种不同的选择结果，使用冒号（:）将其隔开，如果条件为真则把结果 1 赋给变量，否则把结果 2 赋给变量。

例如，使用条件运算符进行数字大小比较，代码如下：

```
var x1=5, x2=9;
var result=(x1>x2)? x1: x2;
```

本例中变量 result 将被赋予变量 x1 和 x2 中的最大值。表达式判断 x1 是否大于 x2，如果为真则把 x1 值赋给 result，否则把 x2 值赋给 result。显然，x1>x2 的返回值是 false，因此变量 result 最终会被赋成 x2 的值，最终答案为 9。

11.4.6 其他运算符和表达式

1. 逗号运算符

逗号运算符负责连接多个 JavaScript 表达式，允许在一条语句中执行多个表达式。例如：

```
var x=1, y=2, z=3;
x=y+z, y=x+z;
```

2. 一元加法和一元减法

一元加法和一元减法和数学上的用法是一致的。例如：

```
var x=10;
x=+10;          //x的值还是10，没有影响
x=-10;          //x的值是-10，对值求反
```

但是当操作数是字符串时，其功能却有一些特别之处。例如：

```
var s="20";
var x=+s;      //这条语句把字符串s转换成了数值类型，赋值给变量x
var y=-s;      //这条语句把字符串s转换成了数值类型，赋值给变量y，其值为-20
```

3. 位运算符

位运算是在数的二进制位的基础上进行的操作，具体的位运算符如表 11.7 所示。

表 11.7　位运算符

运 算 符	含　义	运 算 符	含　义
~	位非	<<	左移
&	位与	>>	有符号右移
|	位或	>>>	无符号右移
^	位异或		

11.5　JavaScript程序控制结构

从形式上看，程序就是为了达到某种目的而将若干条语句组合在一起的指令集。JavaScript 程序的主要特点是解决人机交互问题。编写任何程序首先应该弄明白要解决的问题是什么，为了解决问题，需要对什么样的数据进行处理，这些数据是如何在程序中出现的（也就是如何获得它们），又该用什么样的语句（也就是算法）来处理它们，最后达到预期的目的。JavaScript 程序设计分为两种方式：面向过程程序设计与面向对象程序设计。每种方法都是对数据结构与算法的描述。数据结构包括前面介绍的各种数据类型以及后面将要介绍的更复杂的引用类型，而算法则比较简单，任何算法都可以由最基本的顺序、分支和循环 3 种结构组成。

11.5.1　顺序程序

顺序程序是最基本的程序设计思路。顺序程序执行是按照语句出现的顺序逐步从上到下运行，直到最后一条语句。从总体上看，任何程序都是按照语句出现的先后顺序，被逐句执行。例如，程序 11.8 中的 show( )函数被调用后的具体执行过程如图 11.10 所示。

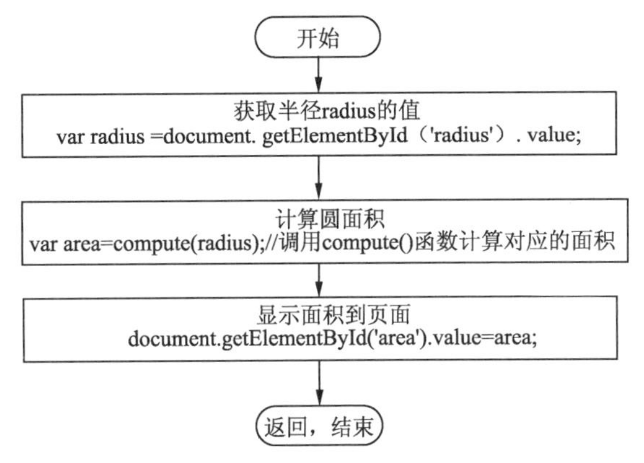

图11.10　程序11.8中的show( )函数的执行过程

11.5.2　分支程序

在编写代码时，经常需要根据不同的条件完成不同的行为。可以在代码中使用条件语句来完成这个任务。在 JavaScript 中，可以使用下面几种条件语句：

（1）if 语句：在一个指定的条件成立时执行代码。

（2）if...else 语句：在指定的条件成立时执行代码，当条件不成立时执行另外的代码。

（3）if...else if....else 语句：使用这个语句可以选择执行若干块代码中的一个。

（4）switch 语句：使用这个语句可以选择执行若干块代码中的一个。

1. if 语句

如果希望指定的条件成立时执行代码，就可以使用这种语句。

基本语法：if （条件）{条件成立时执行代码；}

说明：假如条件成立，即条件的值为 true，则执行大括号里面的语句，如果不成立，则跳过括号里面的语句，继续执行大括号后面的其他语句。这里的条件可以是一个关系表达式，如 a>b，也可以是一个逻辑表达式，如 a>b&&a<c，或其他能够表示为真的表达式或值。

注意：如果条件成立后的执行代码只有一条语句，可以不要前后的大括号，但为了阅读和维护时清晰和准确，建议在任何情况下 if 后的语句都要加上大括号，其他控制语句也要如此。

【例 11.10】单分支的应用举例。

代码如下：

```
<html>
<head>
<title>判定成绩等级</title>
<script type="text/javascript">
   function showGrade(form){
      var num=parseFloat(form.txt1.value);//获取第一个文本框的输入值，并转换成浮点型
      if(num<60){
         form.txt2.value="不及格"; //将判定结果在第二个文本框中显示出来
      }
   }
</script>
</head>
<body>
<form>
<p>成绩：<input type="text" name="txt1" id="txt1"></p>
<p><input type="button" onclick="showGrade(this.form)" value="显示">
<input name="x22" type="submit" value="重置">    
<p>等级：<input type="text"  name="txt2" id="txt2"></p>
</form>
</body>
</html>
```

页面效果如图 11.11 所示。

图11.11　单分支的应用效果

掌握分支结构需要了解两个问题，首先是弄清楚分支的条件，例如程序 11.10 中如果成绩小于 60，则条件成立；其次是理解分支语句影响的范围，如果分支条件后没有紧跟大括号，则只影响一条语句，否则大括号中的所有语句视为一个复合体，都受该分支条件的影响。

2. if...else 语句

程序 11.10 是一个单分支的情况，在很多时候并不是只有一种情况。例如，程序 11.10 中判断成绩大于 60 的情况就需要用到双分支语句。

基本语法：

```
if (条件){
条件成立时执行此代码;
}else{
条件不成立时执行此代码;
}
```

说明：假如条件成立，即条件的值为 true，则执行其后大括号里面的语句；如果不成立，则执行 else 大括号中的语句。

【例 11.11】 双分支的应用举例。

代码如下：

```
<html>
<head>
<title>判定成绩等级</title>
<script type="text/javascript">
  function showGrade(form){
    var num=parseFloat(form.txt1.value);//获取第一个文本框的输入值,并转换成浮点型
    if(num<60){
     form.txt2.value="不及格"; //将判定结果在第二个文本框中显示出来
    }else{
      form.txt2.value="及格";
   }
  }
</script>
</head>
<body>
<form>
<p>成绩: <input type="text" name="txt1" id="txt1"></p>
<p><input type="button" onclick="showGrade(this.form)" value="显示">
<input name="x22" type="submit" value="重置">    
<p>等级: <input type="text"  name="txt2" id="txt2"></p>
</form>
</body>
</html>
```

页面效果如图 11.12 所示。

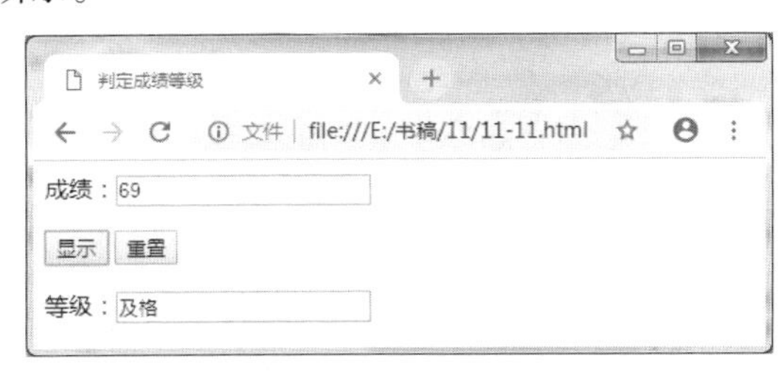

图11.12　双分支的应用效果

3. 多重 if...else 语句

虽然程序 11.11 比程序 11.10 更进了一步，但是并没有对更多的成绩等级情况做出判断，例如成绩大于 70、成绩大于 80 等，这时，两种情况的判断语句显然已经不够用了，此时可以使用多重

的 if...else 语句来完成。

```
if (条件1){
条件1成立时执行代码;
} else if (条件2){
条件2成立时执行代码;
}
…
else if(条件x){
条件x成立时执行代码;
}else{
所有条件均不成立时执行代码;
}
```

现假定成绩处于 0~60（不包括 60）之间，成绩等级为“不及格”；处于 60~70 之间，成绩等级为“及格”；处于 70~80 之间，成绩等级为“中等”；处于 80~90 之间，成绩等级为“良好”；处于 90~100 之间，成绩等级为“优秀”。

【例 11.12】多分支的应用举例。

代码如下：

```
<html>
<head>
<title>判定成绩等级</title>
<script type="text/javascript">
   function showGrade(form){
      var num=parseFloat(form.txt1.value);//获取第一个文本框的输入值,并转换成浮点型
      if(num<60){
         form.txt2.value="不及格"; //将判定结果在第二个文本框中显示出来
      }else if(num<70){
         form.txt2.value="及格";
      }else if(num<80){
         form.txt2.value="中等";
      }else if(num<90){
         form.txt2.value="良好";
      }else{
         form.txt2.value="优秀";
      }
   }
</script>
</head>
<body>
<form>
<p>成绩: <input type="text" name="txt1" id="txt1"></p>
<p><input type="button" onclick="showGrade(this.form)" value="显示">
<input name="x22" type="submit" value="重置">    
<p>等级: <input type="text"  name="txt2" id="txt2"></p>
</form>
</body>
</html>
```

页面效果如图 11.13 所示。

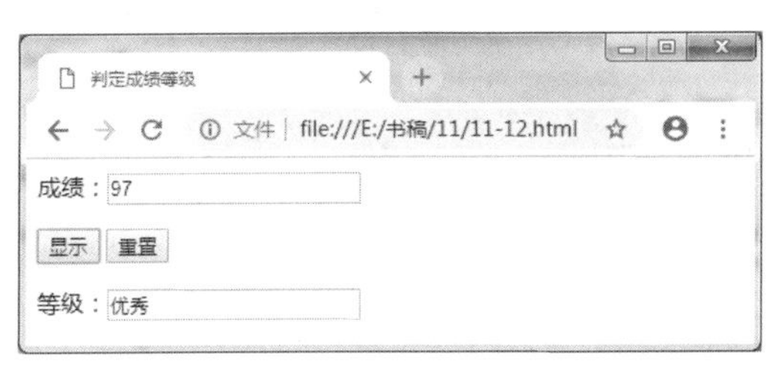

图11.13　多分支的应用效果

4. 嵌套的 if...else 语句

有时候，在一种判断条件下的语句中，根据情况可以继续使用 if 语句，这种情况称为 if 的嵌套。

基本语法：

```
if(条件1){
    if(条件2){语句1;}
    else{语句2;}
} else{   //隐含的条件3
    if(条件4) {
    语句4;
    } else{
    语句5;
    }
}
```

说明：这种嵌套的 if...else 语句可以根据情况使用，在使用时需要注意嵌套的条件是层层满足的，如果执行条件 2 的语句，必须先满足条件 1。

5. switch 语句

switch 语句也是用于分支的语句，和 if 语句不同的是，它是用于对多种可能相等情况的判断，解决了 if...else 语句使用过多，逻辑不清的弊端。

基本语法：

```
switch(变量、常量或表达式){
    case 常量或表达式1:
        {  语句块1;  }
        break;
        ...
    case常量或表达式2:
        {  语句块2;  }
        break;
    default:
        {  语句块n;   }
}
```

说明：在执行 switch 语句时，各个 case 判断后需要执行的语句都应该放在紧随的一对大括号内，当 switch 的“变量、常量或表达式”的值与某个 case 后面的常量或表达式相等时，就执行常量后面的语句，遇到“break”之后跳出 switch 分支选择语句，当所有的 case 后面的常量或表达式都不符合条件表达式时，执行 default 后面的语句 *n*。

【例 11.13】 switch 语句应用举例。

代码如下：

```
<html>
<head>
```

```
<title>判定成绩等级</title>
<script type="text/javascript">
   function showGrade(form){
      var num=parseFloat(form.txt1.value);//获取第一个文本框的输入值，并转换成浮点型
      switch(true){
         case num>=90:
            form.txt2.value="优秀";
            break;
         case num>=80:
            form.txt2.value="良好";
            break;
         case num >=70:
            form.txt2.value="中等";
            break;
         case num >=60:
            form.txt2.value="及格";
            break;
         default:
            form.txt2.value="不及格";
      }
   }
</script>
</head>
<body>
<form>
<p>成绩: <input type="text" name="txt1" id="txt1"></p>
<p><input type="button" onclick="showGrade(this.form)" value="显示">
<input name="x22" type="submit" value="重置">    
<p>等级: <input type="text"  name="txt2" id="txt2"></p>
</form>
</body>
</html>
```

页面效果和图 11.12 的效果相同。

在具体使用 switch 语句时还需要注意以下几点：

（1.）顺序执行 case 后面的每条语句，最后执行 default 下面的语句 *n*。

（2）每条 case 后面的语句可以是一条，也可以是多条，在大多数情况下，可以用{ }包括起来，构成一个语句块。

（3）每条 case 后面的值必须互不相同。

（4）关键字 break 会使代码结束一个 case 后的语句块的执行跳出 switch 语句。如果没有关键字 break，代码执行就会继续进入下一条 case，并且不会再对照条件进行判断，依次执行后续所有 case 的语句，直到 switch 语句结束，或者碰到一条 break 语句。

（5）default 语句并不是不可缺少的，而且 default 语句也不必总在最后，但建议放在最后。default 语句表示其他情况都不匹配后默认执行的语句。

11.5.3 循环程序

通过对前面分支结构的学习，读者已经掌握了一些程序的概念，编写分支程序是因为程序运行中需要根据不同情况选择做什么整改。在实际中还有一种情况要重复执行一组语句，直到达到目标为止，例如显示一个集合内的所有元素到页面上，程序不可能把输出元素的代码重复写很多

遍，而且可能并不知道会有多少元素输出，遇到这种情况，通常会用循环结构来完成任务。JavaScript提供了 for、while、do while 和 for...in 共 4 种循环结构满足不同的循环情况。

1. for 循环

```
for (初始化表达式;判断表达式;循环表达式){
   需循环执行的代码;
}
```

说明：

（1）初始化表达式在循环开始前执行，一般用来定义循环变量。

（2）判断表达式就是循环的条件，当表达式结果为 true 时，循环继续执行，否则，结束循环，跳至循环后的语句继续执行程序。

（3）循环表达式在每次循环执行后都将被执行，然后再进行判断表达式的计算，来决定是否进行下次循环。

（4）当循环体只有一条语句时，可以不用大括号括起来（建议使用），但有一条以上时，必须用大括号括起来，以表示一个完整的循环体。

for 循环的执行流程如图 11.14 所示，

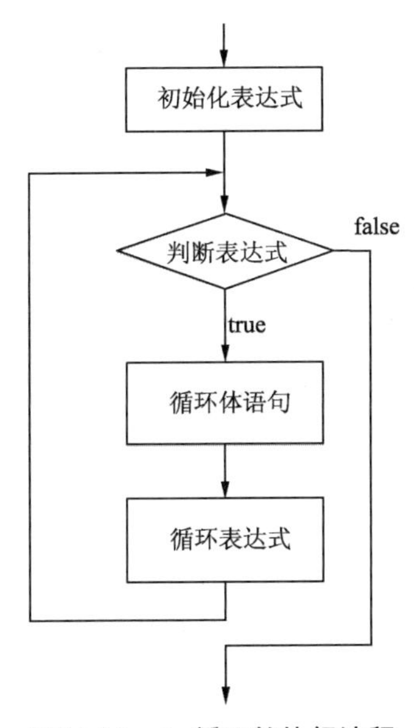

图11.14　for循环的执行流程

假定在页面上显示 30 个小工具图标供用户浏览，在页面上显示一个图片很简单，使用 img 标签即可。此时，并不需要连续写 30 个 img 标签，通过把文件名称按照一定的规律来命名就可以用循环的方式来处理。

【例 11.14】 for 循环的应用举例。

代码如下：

```
<html>
<head>
<title>for循环实例</title>
<style>
 div#endpagecol{
    width: 660px;
    margin: 0px 10px 0px 0px;
    padding: 0px 0px 0px 0px;
```

```
        float: left;
        overflow: hidden;}
    </style>
    </head>
    <body>
    <div id="endpagecol">
    <script type=text/javascript>
      var fname="";
      for (var i=1;i<=30;i++){
        fname="images/gif_0"+((i<10)?"0"+i:i)+".gif";
        document.write("<img  src=\""+fname+"\"/>");
      }
    </script>
    </div>
    </body>
    </html>
```

页面效果如图 11.15 所示。

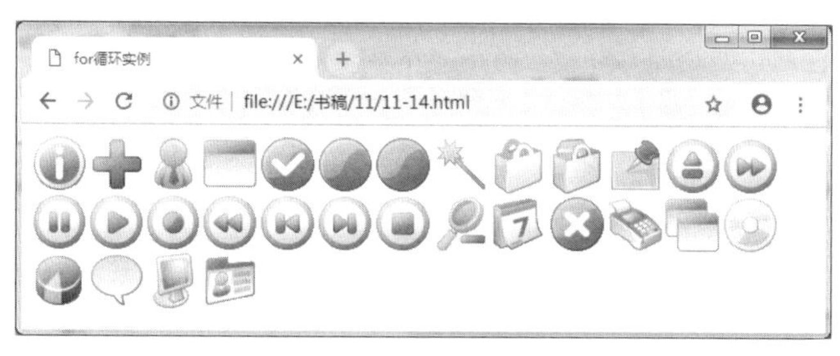

图11.15　for循环的应用效果

程序 11.14 中的 for 循环就是一个典型的应用。由于文件名从 gif_001.gif 一直变化到 gif_030.gif，存在一定的规律，所以在这个程序中用了一个 for 循环，每次产生一个文件名，并利用 document.write 输出语句向页面输出一个<img>标记，这样就避免了重复写 30 个 img 标记的工作。

程序 11.14 中的 for 循环体：

（1）初始化表达式是“var i=1”，定义了一个循环变量。

（2）判断表达式是“i<=30”，每次循环开始时都要检查 i 的值是否小于等于 30，当表达式结果为 true 时循环继续执行，否则结束循环，跳至循环后面的语句继续执行程序。

（3）循环表达式是“i++”，每次循环执行后都将变量 i 的值增加 1，然后进行判断表达式的计算来决定是否进行下一次循环。

（4）循环体有两条语句，放在一对大括号中。第一条语句生成规定的文件名；第二条语句用于向页面输出一个<img>标记，显示指定的图片。

在使用 for 循环语句时需要注意以下几点：

（1）for 循环一般用于循环次数一定的循环情况。

（2）循环体的语句应该使用大括号{}包含起来，哪怕只有一条语句也最好使用大括号。

（3）初始化表达式可以包含多个表达式，循环表达式也可以包含多个表达式。例如：

```
for( var i=1,s=0;i<=100;i++){
  s=s+i;}
```

（4）初始化表达式、判断表达式、循环表达式都可以省略的，但程序需要在其他位置完成类似的工作。例如，下面的代码省略了循环表达式部分，但在循环体中改变了循环变量 i 的值，以便达到结束循环的条件。

```
for(var i=1;i<=30;){
   fname="gif/gif_0"+((i<10)?"0"+i:i)+".gif";
   document.write("<img  src=\""+fname+"\"/>");
   i++;  //循环表达式的作用在这里体现出来了
}
```

2. while 循环

while 循环用于在指定条件为 true 时循环执行代码。

基本语法：

```
while(表达式){
   需执行的代码;}
```

说明：while 为不确定性循环，当表达式的结果为真时，执行循环中的语句；表达式为假时不执行循环，跳至循环语句后，继续执行其他语句，其执行流程如图 11.16 所示。

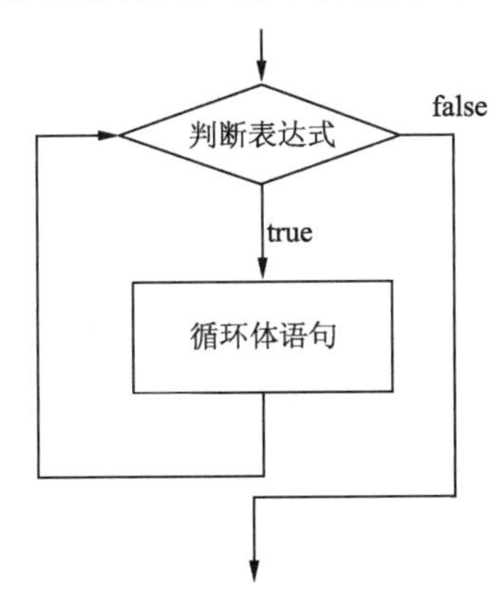

图11.16 while循环的执行流程

【例 11.15】 用 while 循环实现程序 11.14。

代码如下：

```
<html>
<head>
<title>while循环实例</title>
<style>
 div#endpagecol{
   width: 660px;
   margin: 0px 10px 0px 0px;
   padding: 0px 0px 0px 0px;
   float: left;
   overflow: hidden;}
</style>
</head>
<body>
<div id="endpagecol">
<script type=text/javascript>
  var fname="";
  var i=1;
  while(i<=30){
     fname="gif/gif_0"+((i<10)?"0"+i:i)+".gif";
     document.write("<img  src=\""+fname+"\"/>");
     i++;
  }
```

```
</script>
</div>
</body>
</html>
```

页面效果和图 11.15 的效果相同。

由于在 while 结构中只能是一个循环条件表达式，不像 for 结构中比较齐全，所以完成同样的工作需要想办法在其他地方处理，例如将变量初始化部分移到 while 循环开始之前；其次将循环表达式的工作改放在循环体内部执行。经过修改，这里用 while 语句完成了 for 语句可以完成的工作，可以看出它们之间某些情况下是能够互相替换的。

在使用 while 语句时需要注意以下两点：

（1）应该使用大括号{ }将循环体语句包含起来（一条语句也建议使用大括号）。

（2）在循环体中应该包含使用循环退出的语句，例如，程序 11.15 中的“i++”（否则循环将无休止地运行）。

3. do...while 循环

do...while 循环是 while 循环的变种。该循环程序在初次运行时会首先执行一遍其中的代码，然后当指定的条件为 true 时，它会继续这个循环，其执行流程如图 11.17 所示。

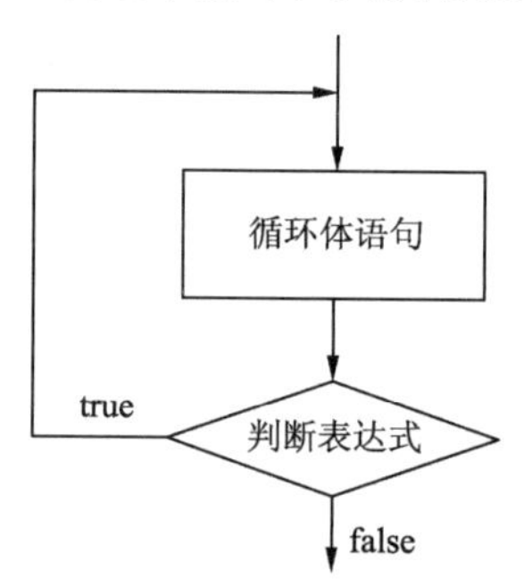

图11.17　do...while循环的执行流程

基本语法：

```
do{
   需执行的代码;
}while(表达式)
```

同 while 一样，在利用 do...while 构建循环时，需要注意以下两点：

（1）应该使用大括号{ }将循环体语句包含起来（一条语句也建议使用大括号）。

（2）在循环体中应该包含使循环退出的语句，如上例的 i++（否则循环将无休止地运行）。

根据 do...while 循环的特点，程序 11.14 用 do...while 循环实现如下。

【例 11.16】 do...while 循环的应用举例。

代码如下：

```
<html>
<head>
<title>do…while循环实例</title>
<style>
 div#endpagecol{
    width: 660px;
    margin: 0px 10px 0px 0px;
    padding: 0px 0px 0px 0px;
    float: left;
```

```
    overflow: hidden;}
</style>
</head>
<body>
<div id="endpagecol">
<script type=text/javascript>
  var fname="";
  var i=1;
  do{
    fname="gif/gif_0"+((i<10)?"0"+i:i)+".gif";
    document.write("<img  src=\""+fname+"\"/>");
    i++;
  }while(i<=30)
</script>
</div>
</body>
</html>
```

页面效果和图 11.15 的效果相同。

4. break 和 continue 的作用

前面介绍了 3 种类型的循环，每次循环都是从头执行到尾，然而情况并不都是如此，有时在循环中，可能遇到一些需要提前中止循环的情况，或者放弃某次循环的情况，程序 11.17，综合显示了 break 和 continue 的作用。

【例 11.17】 break 和 continue 的作用举例。

代码如下：

```
<html>
<head>
<title>break和continue应用实例</title>
<script type="text/javascript">
 function searchFirst(){
  var str=document.getElementById('str').value;
  var ch=document.getElementById('ch').value.charAt(0);//charAt()获取字符串中
                                                        //指定位置的字符
  var pos=-1;    //记录首次出现的位置
    for(var i=0;i<str.length;i++){
      if(str.charAt(i)==ch){
        pos=i;
        break;   //假如发现了该字符，立即退出循环，执行循环后语句
    }
  }
  if(pos>=0){
    document.getElementById('fp').value=pos;
  }else{
    document.getElementById('fp').value="没有发现！";
  }
 }
 function total(){
  var str=document.getElementById('str').value;
  var ch=document.getElementById('ch').value.charAt(0);
  var amount=0;  //记录出现的次数
  for(var i=0;i<str.length;i++){
```

```
        if(str.charAt(i)!=ch){
            continue;  //当不等于查找字符时，本次循环剩余语句不再执行，开始下一次
        }
        amount++;
      }
      document.getElementById('tp').value=amount;
    }
</script>
</head>
<body>
<form>
 请输入字符串：<input type="text" name="str" id="str">  <br>
 输入查找字符：<input type="text" name="ch" id="ch">  <br>
 第一次出现在：<input type="text" name="fp" id="fp" readonly>
<input type="button" value="开始查找!" onclick="searchFirst()">  <br>
 字符总共出现：<input type="text" name="tp" id="tp" readonly>
<input type="button" value="开始统计!" onclick="total()">
</form>
</body>
</html>
```

页面效果如图 11.18 所示。

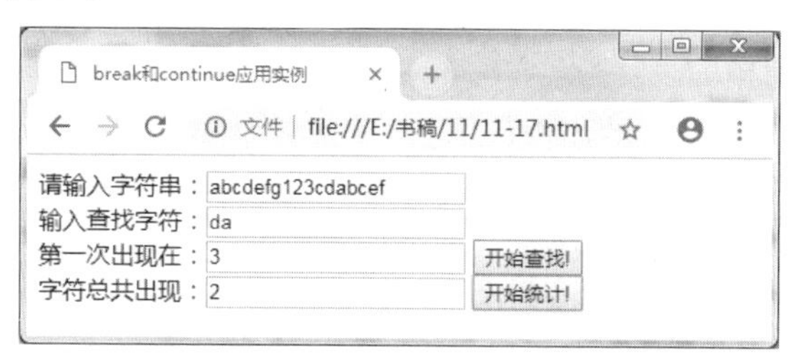

图11.18 break和continue的应用效果

在函数 searchFirst()中，可以看到在循环中一旦遇到 break 语句，无论循环还有多少次，都不会再执行，break 语句的作用就是立即结束循环，转到循环后的语句继续执行。而在 total()函数，continue 语句的作用则是本次循环结束，后面的语句本次不再执行，开始下一次的循环（如果还有）。

5. for...in 循环

for...in 循环是另外一种特殊用途的循环。

基本语法：

```
for (变量 in 对象){
   执行代码;
}
```

说明：该循环用来对数组或者对象的属性进行操作。

例如，程序 11.18 的代码逐个将 window 对象的每个属性进行了输出。

【例 11.18】 for...in 循环的应用举例。

代码如下：

```
<html>
<head>
<title>for…in循环的例子</title>
</head>
<body>
<script type="text/javascript">
```

```
    for(var prop in window){
        document.write(prop);
        document.write("<br>");
    }
</script>
</body>
</html>
```

页面效果如图 11.19 所示。

图11.19 for-in循环的应用效果

6. 循环的嵌套

一个循环内又包含着另一个完整的循环结构，称为循环的嵌套。内嵌的循环中还可以继续嵌套循环，这就是多层循环。程序 11.19，通过双重循环在页面上输出了一个九九乘法表。

【例 11.19】循环嵌套的应用举例。

代码如下：

```
<html>
<head>
<title>循环嵌套</title>
</head>
<body>
<script type="text/javascript">
  for(var row=1;row<=9;row++){
    for(var col=1;col<=row;col++){
      document.write(col+"*"+row+"="+(row*col)+"\t");
```

```
    }
    document.write("<br>");
  }
</script>
</body>
</html>
```

页面效果如图 11.20 所示。

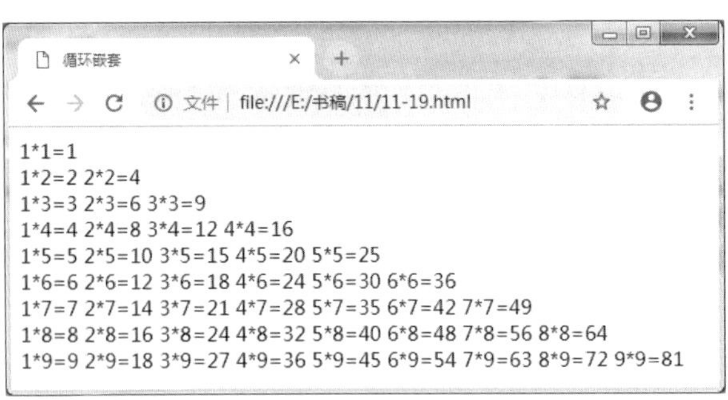

图11.20　循环嵌套的应用效果

11.6　对象

JavaScript 既支持传统的结构化编程，同时也支持面向对象的编程（OOP），用户在编程时可以定义自己的对象类型。本节将重点介绍内建的 JavaScript 对象，使用浏览器的内部对象系统，可实现与 HTML 文档乃至浏览器本身进行交互。

11.6.1　对象简介

建立对象的目的是将围绕对象的属性和方法封装在一起提供给程序设计人员使用，从而减轻编程人员的劳动，提高设计 Web 页面的能力。例如，通过 document 对象，可以获得页面表单内的输入内容，也可以直接用程序更改一个表格的显示样式。

1. JavaScript 的对象类型

简单地分，JavaScript 的对象类型可以分为四类：

（1）JavaScript 本地对象：本身提供的类型，如 Math 等，这种对象无须具体定义，直接就可以通过名称引用它们的属性和方法，如 Math.Random( )。

（2）JavaScript 的内建对象：如 Array、String 等。这些对象独立于宿主环境，在 JavaScript 程序内由程序员定义具体对象，并可以通过对象名来使用。

（3）宿主对象：被浏览器支持，目的是为了能和被浏览的文档乃至浏览器环境交互，如 document, window 和 frames 等。

（4）自定义对象，是程序员基于需要自己定义的对象类型。

2. 访问对象的属性和方法

访问一个对象的属性和方法都可以通过下面的方式进行。

基本语法：

```
对象名称.属性名
对象名称.方法名( )
```

说明：

（1）访问一个对象的属性和方法时，一定要指明是哪一个对象，通过圆点运算符来访问。

（2）访问对象的方法时，括号是必须有的，无论是否需要提供参数值。

例如：var s = "Welcome to you! "; 这条语句创建了一个字符串对象，通过变量名 s 来引用它。如果要想知道它的字符个数，可以用 var len = s.length;语句；如果希望获得一个字符串某个位置的字符，可以用 var ch = s.charAt(3);语句；通过调用 s 和 charAt()方法，根据给定的位置数字 3 得到第 4 个字符“c”。再如，利用宿主对象 documentr 的 write( )方法可以直接向浏览器输出显示内容，利用 getElementById( )则可以得到指定的页面元素进行操作。

11.6.2 核心对象

JavaScript 的核心对象包括 Array、Boolean、Date、Function、Math、Number、Object 和 String 等。这些对象同时在客户端和服务器端的 JavaScript 中使用。

1. Array

数组对象用来在单独的变量名中存储一系列的值，避免了同时声明很多变量使得程序结构变得复杂，导致难于理解和维护。

数组一般用在需要对一批同类的数据逐个进行一样的处理中。通过声明一个数组，将相关的数据存入数组，使用循环等结构对数组中的每个元素进行操作（使用循环体的语句体）。

（1）定义数组并直接初始化数组元素：

```
var course = new Array ("Web系统开发与设计","Java程序设计","HTML开发基础","数据库原理","计算机网络");
```

或者

```
var course = ["Web系统开发与设计","Java程序设计","HTML开发基础","数据库原理","计算机网络"];
```

以上两种形式都可以用来声明并且同时创建一个数组元素已经初始化好的元素对象，这里 course 是数组对象的名字，在代码中可以通过它来访问里面的每个元素。

（2）先定义数组，后初始化数组元素。

```
var course=new Array();
course[0]="Web系统开发与设计";  course[1]="Java程序设计";
course[2]="HTML开发基础";  course[3]="数据库原理";
course[4]="计算机网络";
```

（3）数组的长度。前面在定义数组时，并没有规定数组的长度，也就是说没有规定这个数组可以容纳多少个元素。JavaScript 语言是一种弱类型的语言，对数组长度没有特别的限制，可以根据需要随时增加或减少。在使用中，可以通过“数组名.length”来获得指定数组的实际长度，例如在上面例子中的 course.length 的返回值就是 5。

（4）数组的元素。一般而言，数组中存放的应该都是同类型的数据，例如，字符串、整数、实数、同样类型的对象等，但由于 JavaScript 语言是一个弱类型的语言，JavaScript 同样不检查存入数组的每个元素的类型是否一致，也就是说，可以不一样。例如：

```
course[5]=99;
```

注意：作为一种良好的编程习惯，应该在程序中保证数组中存放的元素的数据类型是一致的。

（5）访问/修改数组元素。访问数组的元素可以通过下标（也就是元素在数组中存放的顺序）来访问。

- 数组的下标总是从 0 开始，也就是说，数组的第一个元素放在下标为 0 的位置，访问第一个元素的代码可以这样写：

```
var cn = course[0];
```

同样，访问第三个元素的代码可以是：

```
var cn = course[2];
```

- 最大的数组元素下标总是“数组长度数-1”，通常可以用类似下面的方式获得：

```
var last_position=course.length-1;
```

- 下标可以用变量替代，例如：

```
var i=3;
var cn=course[i];
```

- 如果指定的下标超出了数组的边界，则返回值为 undefined。
- 可以用再赋值的方式来修改数组对应位置的元素。例如：

```
course[3] = "数据库原理与应用";
```

（6）使用数组对象的属性和方法。length 就是数组对象的一个属性，通过它可以获得一个数组的长度。除此之外，数组对象还有其他的属性和方法可以提供给程序员使用。下面逐一介绍几个最常用的属性和方法。

- join（separator）：把数组各个项用某个字符（串）连接起来，但并不修改原来的数组，如果省略了分隔符，默认用逗号分隔。例如：

```
var cn=course.join('-');  //这里用一个短横线作为分隔符
```

则变量 cn 获得的值是“Web 系统开发与设计-Java 程序设计-HTML 开发基础-数据库原理-计算机网络”。

- pop()：删除并返回数组的最后一个元素。例如：

```
var cn=course.pop();
```

则变量 cn 获得的值是“计算机网络”。

- push（newelement1,newelement2,…,newelementX）：可向数组的末尾添加一个或多个元素，并返回新的长度。例如：

```
var length=course.push("软件工程","人工智能");
```

则变量 length 获得的值 7。

- shift()和 unshift()：在数组的第一个元素之前删除和插入元素。

2. Date

Date 对象用来处理和日期时间相关的事情。例如，两个日期间的前后比较等。

（1）定义日期对象。有下面几种定义日期对象的方法：

```
new Date()
new Date("month day, year hours:minutes:seconds")
new Date(yr_num, mo_num, day_num)
new Date(yr_num, mo_num, day_num, hr_num, min_num, sec_num)
```

具体应用如下：

```
var today=new Date();  //自动使用当前的日期和时间作为其初始值
var birthday=new Date( “December 17, 1991 03:24:00” ); //按照日期字符串设置对象
birthday=new Date(1991,11,17); //根据指定的年月日设置对象
birthday=new Date(1991,11,17,3,24,0); //根据指定的年月日时分秒设置对象
```

（2）获得日期对象的各个时间元素。根据定义对象的方法，可以看出日期对象包括年月日时分秒等各种信息，Date 对象提供了获得这些内容的方法。例如：

- getDate()：从 Date 对象返回一个月中的某一天（1 ~ 31）。
- getDay()：从 Date 对象返回一周中的某一天（0 ~ 6）。
- getMonth()：从 Date 对象返回月份（0 ~ 11）。
- getFullYear()：从 Date 对象以四位数字返回年份。

- getHours()：返回 Date 对象的小时（0～23）。
- getMinutes()：返回 Date 对象的分钟（0～59）。
- getSeconds()：返回 Date 对象的秒数（0～59）。
- getMilliseconds()：返回 Date 对象的毫秒（0～999）。

例如，下面的语句分别获得当前日期对象的年、月和日三项值。

```
var today=new Data( );
var year=today.getFullYear( );
var month=today.getMonth( );
var day=today.getDate( );
```

需要注意以下两点：

- 日期的 1 月到 12 月用数字 0～11 对应。
- 每周的星期日到星期六用数字 0～6 表示。

（3）两个日期对象的比较

用户可以使用关系运算符来比较两个日期对象的时间先后。例如：

```
var today=new Date();
var oneDay=new Date(2017,11,4);
if(today>oneDay){
   document.write("today is after 2017-11-4");
}else{
   document.write("today is before 2017-11-4");
}
```

（4）调整日期对象的日期和时间。虽然在创建时可以指定日期对象的具体值，但依然可以单独调整其中的一项或者几项。例如：

```
var today=new Date();
today.setDate(today.getDate()+5);  //将日期调整到5天以后，如果碰到跨年月，自动调整
today.setFullYear(2017,11,4);  //调整today对象到2017-11-4，月和日期参数可以省略
```

3. Math

Math 对象提供多种算数常量和函数，执行普通的算数任务。使用 Math 对象无须像数组和日期对象一样要首先定义一个变量，可以直接通过 Math 名来使用它提供的属性和方法。

（1）可以使用的 Math 常量，如 Math.PI，具体如表 11.8 所示。

表11.8 Math常量

常　量	说　明
Math.E	常量 e，自然对数的底数（约等于 2.718）
Math.LN2	返回 2 的自然对数（约等于 0.693）
Math.LN10	返回 10 的自然对数（约等于 2.302）
Math.LOG2E	返回以 2 为底的 e 的对数（约等于 1.414）
Math.LOG10E	返回以 10 为底的 e 的对数（约等于 0.343）
Math.PI	返回圆周率（约等于 3.14159）
Math.SQRT1_2	返回 2 的平方根除 2（约等于 0.707）
Math.SQRT2	返回 2 的平方根（约等于 1.414）

例如，在计算一个圆的面积时，圆周率可以用 Math.PI 来代替。

```
var radius=10;
var area=Math.PI*radius*radius;
```

（2）生成随机数。random()方法生成介于 0.0～1.0 之间的一个伪随机数。例如：

```
var r=Math.random();
```

（3）平方根函数。sqrt( )方法可返回一个数的平方根，如果给定的值小于 0，则返回 NaN。例如：

```
var x = Math.sqrt(100);                //返回10
```

（4）最大值与最小值函数。max ( )和 min( )函数返回给定参数之间的最大值或者最小值，待比较的参数个数可以是 0 到多个。如果没有参数，则返回-Infinity。例如：

```
var max=Math.max (99,2017,11,4)    // 结果是2017
var max=Math.min (99,2017,11,4)    // 结果是4
```

（5）取整函数。

- ceil(x)函数返回大于等于 x 且与它最接近的整数。例如:

```
var a=Math.ceil(10.5)                  // a的结果是11
```

- floor(x)函数返回小于或等于 x 且与它最接近的整数。例如:

```
var a=Math.floor(10.5)                 // a的结果是10
```

- round( )函数返回一个数字舍入为最接近的整数。例如：

```
var x=Math.round(10.5)                 // x的结果是11
var x=Math.round(10.2)                 // x的结果是10
var x=Math.round(-10.9)                // x的结果是-11
var x=Math.round(-10.2)                // x的结果是-10
```

（6）指数、对数和幂函数。

- exp( )：返回 e 的指数。
- log( )：返回数的自然对数（底为 e）。
- pw( )：返回 x 的 y 次幂。

（7）其他数学函数。除了上述函数之外，Math 对象还包括系列三角函数、求绝对值函数 abs( )等。

4. Number

Number 用来表示数值对象，JavaScript 会自动在原始数据和对象之间转换，在编程时无须考虑创建数值对象，直接使用数值变量即可。

（1）toString( )表示按照指定的进制将数值转化为字符串，默认情况下，JavaScript 数字为十进制显示。例如：

```
var x=10;
var s=x.toString(2)                    //返回结果是二进制的1010
s=x.toString( )                        //返回结果是默认的十进制的10
```

（2）toFixed()可以把 Number 四舍五入为指定小数位数的数字，如果有必要，多余的小数位被抛掉，或者在不足的情况下后面补 0。例如：

```
var x=10.15;
var s=x.toFixed(1)                     //保留一位小数，返回结果是10.2
s=x.toFixed(3)                         //保留三位小数，返回结果是10.150
```

5. String

字符串是 JavaScript 程序中使用非常普遍的一种类型。JavaScript 为 String 提供丰富的属性和方法，来完成各种各样的要求。

（1）两种不同的定义字符串对象的方式

```
var  s1="Welcome to you!";
var  s2=new String("Welcome to you!");
```

（2）获取字符串的长度。每个字符串都有一个 length 属性来说明该字符串的字符个数。例如：

```
var  s1="Welcome to you!";
var  len=s1.length;    // s1.length返回15，也就是s1所指向的字符串中有15个字符
```

（3）获取字符串中指定位置的字符。通过 charAt( )方法可以获得一个字符串指定位置上的字符，例如，要想获得"Welcome to you!"这个字符串中第四个字符 c，可以这样：

```
var ch=s1. charAt(3);
```

之所以取第四个字符，却给 charAt( )方法传递了 3 这样的数值，是因为字符串的字符位置是从 0 开始的。

（4）字符串查找。字符串对象提供了在字符串内查找一个字串是否存在的方法，它们是：

- indexOf(searchvalue,fromindex)：返回某个指定的字符串值在字符串中首次出现的位置，在一个字符串中的指定位置从前向后搜索，如果没有发现，返回-1。
- lastIndexOf( )：可返回一个指定的字符串值最后出现的位置，在一个字符串中的指定位置从后向前搜索，如果没有发现，返回-1。

【例 11.20】 indexOf()方法的应用举例。

代码如下：

```
<html>
<head>
<title>字符串查找的应用</title>
</head>
<body>
<script type="text/javascript">
  var s1="Welcome to you!";
  var pos = s1.indexOf("com");  //也可以用s1.lastIndexOf("com")
  if(pos==-1){
    document.write("没有找到！");
  }else{
     document.write("找到了，起始位置在"+pos);
  }
</script>
</body>
</html>
```

页面效果如图 11.21 所示。

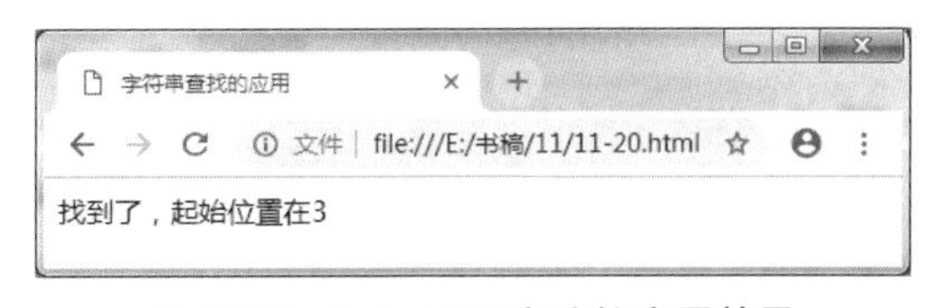

图11.21　indexOf()方法的应用效果

（5）字符串的分割。split( )方法用于把一个字符串分割成字符串数组。例如，"Welcome to you!"中的 3 个单词之间都用空格间隔，就可以把这个字符串按照空格分成 3 个字符串。

【例 11.21】 split( )方法的应用举例。

代码如下：

```
<html>
<head>
<title>字符串分割的应用</title>
</head>
<body>
```

```
<script type="text/javascript">
   var s1="Welcome to you!";
   var sub=s1.split(" ");  //得到的sub是一个数组
   for(var i=0;i<sub.length;i++){
     document.write(sub[i]);
     document.write("<br>");
   }
</script>
</body>
</html>
```

页面效果如图 11.22 所示。

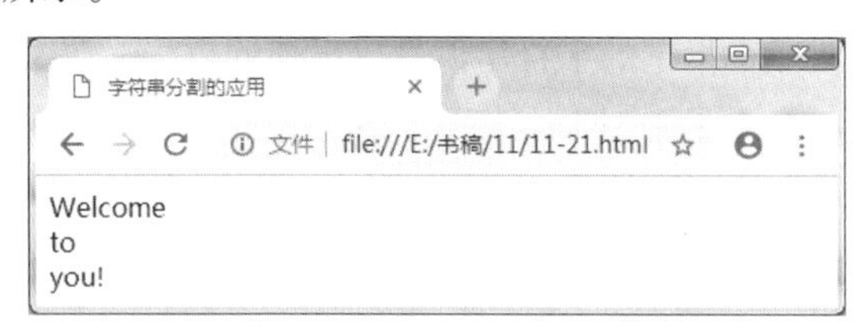

图11.22　split( )方法的应用效果

split( )方法的返回值是一个字符串数组，要利用数组的方法来访问，像上例那样。除了上面按照空格拆分之外，还可以按照其他指定的分割方式来分割字符串。例如：

```
var sub=s1.split(" ");    //把字符串按照字符分割，返回数组["w", "e", "l"…]
var sub=s1.split("o");//把字符串按照字符o分割，返回数组["welc", "met", "y", "u!"]
```

（6）字符串的显示风格。除了上述的方法和属性之外，字符串对象还有很多其他的方法，其中一类重要的方法就是修改字符串在 Web 页面中的显示风格。程序 11.22 中使用了几个该类的方法。

【例 11.22】字符串显示风格的应用举例。

代码如下：

```
<html>
<head>
<title>字符串显示风格的应用</title>
</head>
<body>
<font size="4">
<script type=text/javascript>
   var s1="Welcome to you!";
   document.write(s1.big());     //比当前字号大一号输出
   document.write("<br>");
   document.write(s1.small()); //比当前字号小一号输出
   document.write("<br>");
   document.write(s1.bold());   //以粗体输出
</script>
</font>
</body>
</html>
```

页面效果如图 11.23 所示。

（7）内容匹配。match( )函数用来查找字符串中特定的字符，并且如果找到，则返回这个字符。例如：

```
var str="Hello world!";
```

```
document.write(str.match("world")+"<br>");  //输出world
document.write(str.match("World")+"<br>");  //输出null
document.write(str.match("world!"));        //输出world!
```

图11.23　字符串显示风格的应用效果

（8）大小写转换。另外，字符串还提供了字符串中的字符大小写互相转换的方法。

① toLocaleLowerCase()：根据本地主机的语言环境把字符串转换为小写。

② toLocaleUpperCase()：根据本地主机的语言环境把字符串转换为大写。

③ toLowerCase()：把字符串转换为小写。

④ toUpperCase()：把字符串转换为大写。

11.6.3　文档（Document）对象

文档对象模型（Document Object Model，DOM），是W3C组织推荐的处理可扩展标志语言的标准编程接口。在网页上，组织页面（或文档）的对象被组织在一个树形结构中，用来表示文档中对象的标准模型就称为DOM。

DOM操作与事件是JavaScript最为核心的组件部分之一，它们赋予了页面无限的想象空间。JavaScript可以通过一个Document对象访问这个模型中的所有元素，包括style等。Document对象是Window对象的一个部分，虽然可通过window.document属性来访问，但编程中可以直接使用Document名称来访问页面元素。

页面就是按照规则由一系列如<html>、<body>、<form>和<input>等各种标签组成的规范文档，这些标签之间存在着一定的关系，例如<body>被<html>所包含，而<form>标签又被包含在<body>内，这些页面元素的关系好像倒垂的一棵树一样，而顶端就是<html>，页面上的每个元素都是这棵树的一个结点（Node），每个结点有着包含自己的父结点、自己包含的子结点以及同属于一个父结点的兄弟结点等。图11.24所示的文档树就是对程序11.23的结构说明。

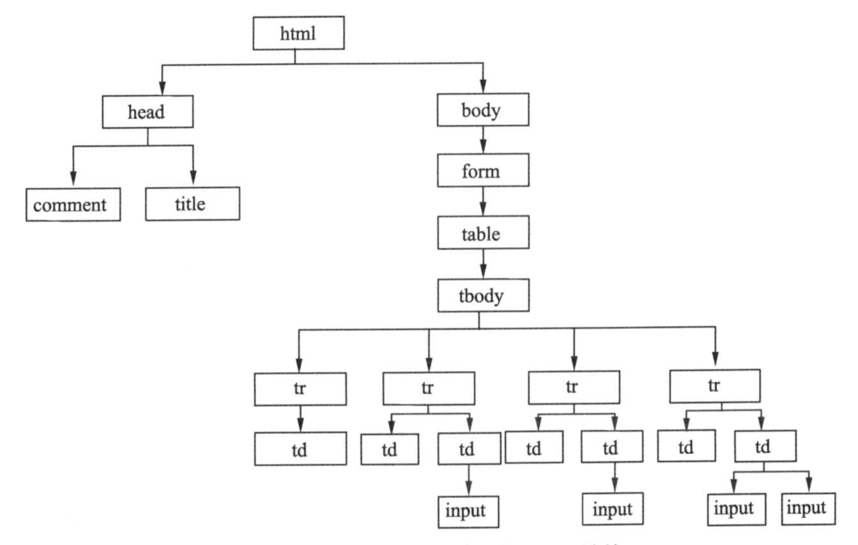

图11.24　程序11.23建立的DOM结构

【例 11.23】 Document 对象的应用举例。

代码如下：

```
<html>
<head>
<title>Document对象示例</title>
<script type="text/javascript">
   function login(){
     var userName=document.getElementById("userName").value;
     var pwd=document.getElementById("pwd").value;
     document.write("用户名: "+userName);
     document.write("<br>");
     document.write("密码: "+pwd);
   }
   function changeTableColor(){
     var  newColor=prompt("请在#后连续输入6个十六进制数字，表示新颜色","#87ceeb");
     var tbl=document.getElementById("loginArea"); //获得表格对象
     tbl.style.backgroundColor=newColor; //用获得的颜色值更新表格的背景色
   }
</script>
</head>
<body>
<form name="loginForm">
<table id="loginArea" bgcolor="#87ceeb" width="230" cellspacing="0"
cellpadding="0" border="0" align="left" valign="top">
<tr><td class="table-title" colspan="2" align="center">用户登录</td></tr>
<tr><td width="80" height="28" align="right">用户名</td>
<td><input id="userName" name="userName" type="text" class="input"></td></tr>
<tr><td width="80" height="28" align="right">密  码</td>
<td><input id="pwd" name="pwd" type="password" class="input"></td></tr>
<tr><td width="80" height="28" align="right"></td>
<td><input type="button" value="登录" onClick="login()">
<input type="button" name="change" value="改变背景颜色"
onClick="changeTableColor()"></td></tr>
</table>
</form>
</body>
</html>
```

程序 11.23 页面效果如图 11.25 所示。

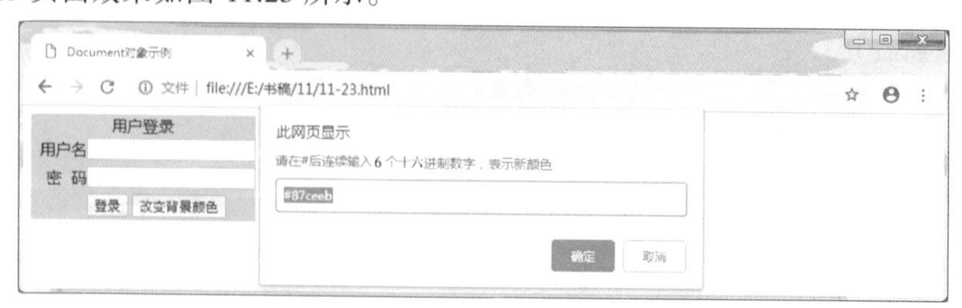

图11.25　Document对象的应用效果

1. 理解结点

通过对程序 11.23 和图 11.24 的分析结果可以看出，Document 对象实际上就是该页面上所有页面元素对象的集合，它们的关系好像是一棵倒置的树。可以理解 Document 对象就是一个具体的

HTML 页面的对象表示，通过它可以遍历访问所有元素。

DOM 树上的每个结点都是一个对象，代表了该页面上的某个元素。每个结点都知道自己与其他那些与自己直接相邻的结点之间的关系，而且还包含着关于自身的大量信息。

（1）根结点。一个网页最外层的标记是<HTML>，实际上它也是页面中所有元素的根，通过 Document 对象的 document.getElement 属性可以得到。例如：

```
var root=document.getElement;
```

（2）子结点。任何结点都可以通过集合（数组）属性 childNodes 获得自己的子结点。根结点包含两个子结点：Head 和 Body（事实上可以通过 document.body 直接获得）。例如：

```
var aNodeList = root .childNodes;
```

一个结点的子结点还可以通过结点的 firstChild 和 lastChild 属性获得它的第一个和最后一个子结点。

（3）父结点。DOM 规定一个页面中只有一个根结点，根结点是没有父结点的。除此之外，其他结点都可以通过 parentNode 属性获得自己的父结点。

```
var parentNode=aNode.parentNode;  //aNode是一个结点的引用
```

（4）兄弟结点。一个结点如果有父结点，那么这个父结点下的子结点之间就称为“兄弟结点”，一个子结点的前一个结点可以用属性 previousSibling 获得，对应的后一个结点可以用 nextSibling 属性获得，如果没有前结点或后结点则返回 null。

```
var prevNode=aNode.previousSibling;  //返回aNode结点的前一个结点的引用
var nextNode=aNode.nextSibling;      //返回aNode结点的后一个结点的引用
```

结点对象在 DOM 中定义为 Node 对象，Node 对象定义了一些属性和方法，表 11.9 中列出了这些属性和方法。

表 11.9 Node 对象的常用属性和方法

属性/方法	返回类型	具体描述
innerHTML	String	表示当前结点的内部标签
innerText	String	表示当前结点的文字内容
length	Number	返回 NodeList 中的结点数
nodeName	String	结点名称，根据结点的类型而定义
nodeValue	String	结点的值，根据结点的类型而定义
nodeType	Number	结点的类型常量值之一
first	Node	指向在 childNodes 结点集合中的第一个结点
lastChild	Node	指向在 childNodes 结点集合中的最后一个结点
parentNode	Node	指向所在结点的父结点
childNodes	NodeList	所有子结点的集合
previousSibling	Node	指向前一个兄弟结点，如果当前结点本身就是第一个兄弟结点，则返回 null
nextSibling	Node	指向后一个兄弟结点，如果当前结点本身就是最后一个兄弟结点，则返回 null
has ( )	Boolean	是否包含一个或多个子结点
AppendChild(node)	Node	将 node 添加到 childNodes 的末尾
removeChild(node)	Node	从 childNodes 中删除 node
replaceChild(newnode,oldnode)	Node	将 childNodes 中 oldnode 替换成 newnode
insertBefore(newnode,refnode)	Node	在 childNodes 中，在 refnode 之前插入 newnode
cloneNode(deep)	Node	deep 为 true 是深复制，复制当前结点以及子结点，为 false 是浅复制，只复制当前结点

2. 通过 ID 访问页面元素

程序 11.23 是一个用户登录的页面，当用户单击“登录”按钮后触发该按钮上绑定的单击事件对应的函数 login()，函数 login()的主要功能是获取用户在两个文本框输入的用户名和密码，并在浏览器中显示出来。那么 login()函数中是怎样获得用户的输入数据呢？Document 对象的 getElementById( )函数可以用来完成这一功能。

语法：`document.getElementById(id)`

参数：id 是必选项，为字符串(String)。

返回值：对象，返回相同 id 对象中的第一个，如果无符合条件的对象，则返回 null。

例如：

```
var userName=document.getElementById("userName").value;
var pwd=document.getElementById("pwd").value;
```

在使用 getElementById( )函数时必须指定一个目标元素的 id 作为参数，例如在程序 11.23 中，用户名输入框的 id 是 userName，而密码输入框的 id 是 pwd。在函数 login()中，要想得到用户输入的用户名，首先要调用 getElementById("userName")，返回该 id 指向的页面元素对象（这里是<input>输入框），然后由于输入框对象有一个名为 value 的属性保存有用户输入的文本。

使用该方法需要注意以下几点：

（1）在进行 Web 页面开发时，最好给每一个需要交互的元素设置一个唯一的 id 便于查找。

（2）getElementById( )返回的是对一个页面元素的引用，例如在图 11.24 中出现的所有元素都可以通过它来获得。

（3）如果页面上出现了不同元素使用了同一个 id，则该方法返回的只是第一个找到的页面元素。

（4）如果给定的 id 没有找到对应的元素，则返回值为 null。

3. 通过 Name 访问页面元素

除了通过一个页面元素的 id 可以得到该对象的引用之外，程序也可以通过名字来访问页面元素。

语法：`document.getElementsByName(name)`

参数：name 是必选项，为字符串(String)。

返回值：数组对象，如果无符合条件的对象，则返回空数组。

由于该方法的返回值是一个数组，所以可以通过位置下标来获得页面元素。例如：

```
var userNameInput=document.getElementsByName("userName");
var userName=userNameInput[0].value;
```

使用该方法需要注意以下几点：

（1）即使一个名字指定的页面元素只有一个，该方法也返回一个数组，所以在上面的代码段中，用位置下标 0 来获得“用户名输入框”元素，如 userNameInput[0]。

（2）如果指定名字，在页面中没有对应的元素存在，则返回一个长度为 0 的数组，程序中可以通过判断数组的 length 属性值是否为 0 来判断是否找到了对应的元素。

4. 通过标签名访问页面元素

除了通过 id 和 name 可以获得对应的元素外，还可以通过指定的标签名称来获得页面上所有这一类型的元素，如 input 元素。

语法：`document.getElementsByTagName(tagname)`

参数：tagname 必选项为字符串(String)。

返回值：数组对象，如果无符合条件的对象，则返回空数组。

```
var inputs=document.getElementsByTagName("input");
alert(input.length);     //显示结果为4
```

很明显，在程序 11.23 中，有 4 个<input >类型的元素，分别是两个文本输入框和两个按钮。

5. 获得当前页面所有的 Form 对象

Form 元素是 HTML 程序提供的向系统提供输入的重要对象，里面一般会包含文本输入框、各种选项按钮等元素。通过获得一个 Form 对象，最主要的是利用 Form 的几个方法。

语法：document.forms

参数：无。

返回值：数组对象，如果无符合条件的对象（Form 对象），则返回空数组。

例如，下面的代码段显示了如何获得程序 11.23 页面中的 Form 对象。

```
var frms=document.forms;  //先获得数组对象，注意不是方法，而是属性
var loginfrm=forms[0];
```

当然，除了可以利用 forms 属性来获得这个 Form 对象外，也可以用前面的 getElementById( ) 和 getElementsByName( ) 等方法来获得。

6. 获得对象之后能做什么

前面已经介绍了几种获得 Web 页面内指定元素的方法，但得到之后如何使用呢？这主要取决于程序规定要实现哪些功能。例如，在程序 11.23 中，如果单击“改变背景颜色”按钮，则触发 changeTableColor()函数，从而达到修改登录表格的背景颜色。

触发 changeTableColor()函数后，页面弹出一个对话框，提示用户输入新的颜色值，语句如下：

```
var newColor=prompt("请在#后连续输入六个16进制数字，表示新颜色","#87ceeb");
```

然后，根据 table 的 id 来获得 Table 对象，语句如下：

```
var tbl=document.getElementById("loginArea"); //获得表格对象
```

最后，修改 Table 对象的颜色属性值，程序中利用了 Table 本身具有的 style 对象，语句如下：

```
tbl.style.backgroundColor=newColor; //用获得的颜色值更新表格的背景色
```

除了修改一个对象的属性值之外，例如用结点的 removeNode( )方法可以将结点从前页面中删除，还可以利用 attachEvent( )方法（此方法只能在 IE 中使用，在其他浏览器则使用 addEventListener( ) 方法）动态地设置一个页面元素的事件处理器等。

7. 判断页面中是否存在一个指定的对象

在一些特殊情况下，通过变量所引用的对象可能并不存在，如果不进行检查，直接通过一个名字去使用一个不存在的对象，就会引发错误，所以在程序 11.23 中的 changeTableColor()函数中增加了验证对象是否存在的功能代码。

```
function changeTableColor(){
  var  newColor=prompt("请在#后连续输入6个十六进制数字，表示新颜色","#87ceeb");
  var tbl=document.getElementById("loginArea"); //获得表格对象
  if(tb1!=null){
     tb1.style.backgroundColor=newColor; //用获得的颜色值更新表格的背景色
  }else{
    alert("目标对象不存在！");
  }
}
```

这里根据获得的对象引用是否为 null 值为判断对象是否存在，如果等于 null 值，则表示指定的对象并不存在，这样后续施加在该对象上的操作就不能进行了。

11.6.4 窗口（Window）

Window 对象是 JavaScript 层级中的顶层对象，这个对象会在一个页面中<body>或<frameset>出现时被自动创建，也就是一个浏览器中显示的网页会自动拥有相关的 Window 对象。

Window 对象表示一个浏览器窗口或一个框架。在客户端 JavaScript 中，Window 对象是全局对

象，所有的表达式都在当前的环境中计算。也就是说，要引用当前窗口根本不需要特殊的语法，可以把那个窗口的属性作为全局变量来使用。例如，可以只写 document，而不必写 window.document。同样，可以把当前窗口对象的方法当作函数来使用，如只写 alert( )，而不必写 Window.alert( )。除了上面列出的属性和方法，Window 对象还实现了核心 JavaScript 所定义的所有全局属性和方法。

1. 框架程序中的 Window 对象的应用

【例 11.24】Window 对象的应用举例。

代码如下：

```
<html>
<head>
<title>Window对象实例</title>
</head>
<frameset rows="80,*" frameborder="yes"  framespacing="1" border=1>
<frame src="10.24-title.html" name="titleFrame" scrolling="No" noresize="noresize">
<frameset cols="200,*" frameborder="yes" framespacing="1">
<framesrc="10.24-left.html" name="menuFrame" scrolling="No" noresize="noresize">
<frame src="10.24-right.html" name="workFrame">
</frameset>
</frameset>
</html>
```

程序 11.24 是一个框架示例程序，介绍了有关窗口应用的主要特征，页面效果如图 11.26 所示。

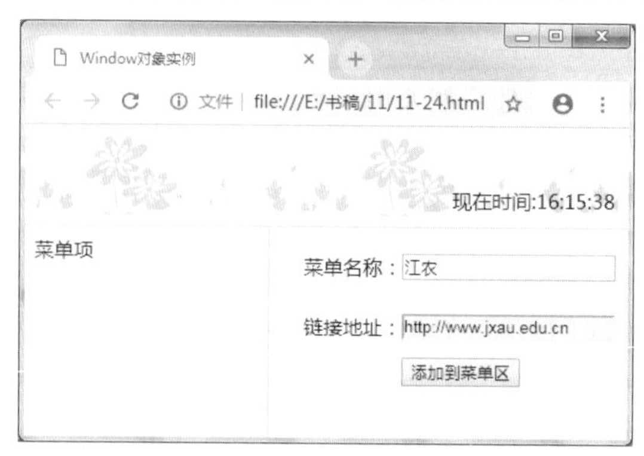

图11.26　Window对象的应用效果

组成上述框架的页面一共有 4 个，即一个框架集主页面（11.24.html）、3 个子框架页面（11.24-title.html、11.24-left.html 和 11.24-right.html）。上方的子框架页面显示了一个不断变化的时钟；左边的子框架页面显示一个菜单列表窗口，其内容是通过右边子框架页面输入的菜单名称和链接地址，是由 JavaScript 程序控制添加过来的；右边子框架显示一个表单，包括两个文本输入框和一个按钮。这里每一个子框架都有一个自己的名字，分别是 titleFrame、menuFrame 和 workFrame，对应的程序代码如程序 11.24-title、程序 11.24-left 和程序 11.24-right 所示。

```
<!--程序11.24-title  -->
<html>
<head>
<script type="text/javascript">
   function start(){
      var now=new Date();   //得到当前时间对象
      var hr=now.getHours(); //得到当前时间的小时数，0~23
      var min=now.getMinutes(); //得到当前时间的分钟数，0~59
```

```
        var sec=now.getSeconds(); //当前时间的秒数，0~59
        var clocktext="现在时间:"+hr + ":" + min + ":" + sec; //定义一个显示时间字符串
        var timeTD=document.getElementById("timeArea");//获得时间字符串准备放置的单
                                                      //元格
        timeTD.innerText=clocktext; //将时间字符串作为单元格的显示文本内容
    }
    window.setInterval("start()", 1000); //设置每1000 ms执行一次start()方法，重新
                                                                      //刷新时间
</script>
</head>
<body>
<table  width="100%" height="100%" background="images/bj.gif">
<tr width="100%" height="100%" >
<td></td>
<td id="timeArea" align="right" valign="bottom"></td>
</tr>
</table>
</body>
</html>
```

程序 11.24-title 的文件名要和 frameset 中指定的文件名保持一致，其作用是在上方窗口中显示一个连续变化的时钟。innerText 属性可以获取或者设置指定元素的文本内容。setInterval( )方法用于指定一个精确的间隔时间，定时执行参数中定义的方法，这里是指 start( )，这个方法是 Window 对象的一个方法。另外，还有一个类似但时间并不精确的方法 setTimeout( )也可以使用。

```
<!--程序11.24-left -->
<html>
<head></head>
<body>
<div >
<dl id="menuList">  //dl为用户自定义列表
<dt>菜单项</dt>
</dl>
</div>
</body>
</html>
```

程序 11.24-left 在左边的子框架中显示的只是一个简单的、空的列表，其内容等待插入。注意<dl>标签，页面设置了它的 id 等于 menuList，在右边的子框架页面将通过这个 id 获得<dl>元素，并将新的菜单项作为一个<dd>元素插入到<dl>中。

```
<!--程序11.24-right -->
<html>
<head>
<script type="text/javascript">
    function add(){
      var oNewNode=parent.menuFrame.document.createElement("dd");
      oNewNode.innerHTML="<a href='"+document.getElementById("loc").value
+"' target='workFrame'>"+document.getElementById("menuName").value+"</a>";
      var menu=parent.menuFrame.document.getElementById("menuList");
      menu.appendChild(oNewNode);
      document.getElementById("menuName").value="";
      document.getElementById("loc").value="";
    }
```

```
</script>
</head>
<body>
<form name="menuedit">
<table id="menutTble" width="100%" cellspacing="0" cellpadding="0" border="0"
align="left" valign="top">
<tr>
<td width="100" height="48" align="right">菜单名称：</td>
<td><input id="menuName" name="menuName" type="text" class="input"/></td>
</tr>
<tr>
<td width="100" height="48" align="right">链接地址：</td>
<td><input id="loc" name="loc" type="text" class="input"></td>
</tr>
<tr>
<td  align="right"></td>
<td><input type="button" value="添加到菜单区" onClick="add()">
</tr>
</table>
</form>
</body>
</html>
```

程序 11.24-right 在右边的子框架中显示，主要提供给用户输入新的菜单项和链接地址。具体来讲，这里对在一个子框架中如何访问另外一个子框架内的页面元素问题需要注意。

```
var oNewNode=parent.menuFrame.document.createElement("dd");
```

在这条语句中，parent 是 Window 对象的一个属性，代表当前窗口对象（也就是右边窗口，名为 workFrame）的父窗口，这里表示整个窗口，也就是指顶层窗口，也可以用 top 来直接表示顶层窗口。parent.menuFrame 表示父窗口下的左边子窗口对象（用左边窗口的名字做了表示），parent.menuFrame.document 表示是左边窗口对象所拥有的文档对象（也就是页面）。整条语句的含义就是在窗口中创建一个新的元素，其类型是<dd>。

然后，利用 document 对象的 getElementById()方法获得了输入的菜单名称和链接地址，并组合成一个文本串，作为上述创建的<dd>元素的 HTML 文本，并赋值给刚创建的<dd>元素的 innerHTML 属性（oNewNode.innerHTML），innerHTML 属性可以设置或者返回指定元素的 HTML 内容。

```
var menu=parent.menuFrame.document.getElementById("menuList");
```

这条语句获得了左边窗口文档对象所包含的<dl>元素，然后利用<dl>元素对象的方法 appendChild( )将刚刚创建的<dd>元素追加进来。

```
document.getElementById("menuName").value="";
document.getElementById("loc").value="";
```

这两条语句的功能就是把右边窗口中的两个文本输入框中所输入的内容清空。

2. Window 对象中的主要属性

除了 screenLeft（或是 screenX）、screenTop（或是 screenY）和 name 等这些用来表示窗口状态的基本属性之外，Window 对象还拥有一些重要的属性，例如在前面的程序中频繁出现的 Document 对象就属于 Window 对象所有。

（1）History：该对象记录了一系列用户访问的网址，可以通过 History 对象的 back( )、forward( ) 和 go( )方法来重复执行以前的访问。

（2）Location：Window 对象的 location 表示本窗口中当前显示文档的 Web 地址，如果把一个含有 URL 的字符串赋予 location 对象或它的 href 属性，浏览器就会把新的 URL 所指的文档装载进来，并显示在当前窗口。例如：

```
Window.location="/index.html";
```

（3）navigato：是一个包含有关客户机浏览器信息的对象。例如：

```
var browser=navigator.appName;  //IE浏览器返回Microsoft Intrenet Explorer
```

不同的浏览器以及同一个浏览器的不同版本支持 JavaScript 的程序和范围有所不同，如果 JavaScript 程序希望更好地兼容不同的环境，就需要在程序中考虑浏览器产品和版本的问题。

（4）screen：每个 Window 对象的 screen 属性都引用一个 Screen 对象。Screen 对象中存放着有关显示浏览器屏幕的信息。JavaScript 的程序将利用这些信息来优化它们的输出，以达到用户的显示要求。

一个程序可以根据显示器的尺寸选择使用大图像还是使用小图像，另外，JavaScript 程序还能根据有关屏幕尺寸的信息将窗口定位在屏幕中间。

【例 11.25】 使用 screen 定位窗口显示位置的应用举例。

代码如下：

```
<html>
<head> <title>使用screen定位窗口显示位置</title> </head>
<body>
<script type="text/javascript">
   window.resizeTo(500,300);   //设置当前窗口的显示大小
   var top=((window.screen.availHeight-300)/2); //计算窗口居中后左上角的垂直坐标
   var left=((window.screen.availWidth-500)/2); //计算窗口居中后左上角的水平坐标
   window.moveTo(left, top);  //调整当前窗口左上角的显示坐标位置
</script>
</body>
</html>
```

（5）parent：获得当前窗口的父窗口对象引用。

（6）top：窗口可以层层嵌套，典型的如框架。top 表示最高层的窗口对象引用。

（7）self：返回对当前窗口的引用，等价于 Window 属性。由于 Window 对象属于一个顶级对象，所以引用窗口的属性和方法可以省略对象名，例如前面频繁使用的 document.write( )方法，实际上是 Window.document.write()方法，但是 Window 名字完全可以省略，调用 Window 的方法也是如此，如前面介绍的对话框方法 alert( )、prompt( )等。

3. Window 对象中的主要方法

前面在介绍 Window 对象时，陆陆续续地已经介绍了很多属于 Window 对象的方法，例如 3 种类型的对话框、设置按时间重复执行某个功能的 setInterval( )、移动窗口位置的 moveTo( )等。除此之外，Window 对象还有一些主要的方法可供使用。例如：

（1）close( ):关闭浏览器窗口。

（2）createPopup( ):创建一个右键弹出窗口。

（3）open( )：打开一个新的浏览器窗口或查找一个已命名的窗口。

（4）window.resizeTo()：调整当前窗口的尺寸。

11.7 事件编程

事件编程是 JavaScript 中最吸引人的地方，因为它提供了一种让浏览器响应用户操作的机制，

可以开发出更具交互性的 Web 页面，使得 Web 页面的交互效果不逊于传统桌面应用程序。

11.7.1 事件简介

事件是可以被浏览器侦测到的行为，HTML 对一些页面元素规定了可以响应的事件。例如，在程序 11.24-right 中，当用户单击“添加到菜单区”按钮时，就会产生一个 Click 事件，而且根据 input 标记的定义，当 Click 事件发生时调用 add( )函数。

了解事件编程，首先应该清楚页面元素（事件源）会产生哪些事件（Event），其次当事件发生时，该元素提供了什么样的事件句柄（Event Handler）可以让开发人员利用对页面元素进行控制，最后就是编写对应的事件处理代码。

1. 网页访问中常见的事件

根据触发的来源不同，事件可以分为鼠标事件、键盘事件和浏览器事件 3 种主要类型。

（1）鼠标事件：

- 鼠标单击。例如，单击 button、选中 checkbox 和 radio 等元素时产生 Click 事件。
- 鼠标进入、悬浮或退出页面的某个热点：例如，鼠标进入、移动或退出一个图片、按钮、表格的范围时分别触发 MouseOver、MouseMove 和 MouseOut 这样的事件。

（2）键盘事件：在页面操作键盘时，常用的事件包括 KeyDown、KeyUp 或 KeyPress 等。

（3）浏览器事件：例如，当一个页面或图像载入时会产生 Load 事件，在浏览前加载另一个网页时，当前网页上会产生一个 UnLoad 事件，当准备提交表单的内容时会产生 Submit 事件，在表单中改变输入框中文本的内容会产生 Change 事件等。

当事件发生时，浏览器会创建一个名为 event 和 Event 对象供该事件的事件处理程序使用，通过这个对象可以了解到事件类型、事件发生时光标的位置、键盘各个键的状态、鼠标上各个按钮的状态等。

2. 主要事件句柄

当事件发生时，浏览器会自动查询当前页面上是否指定了对应的事件处理函数。如果没有指定，则什么也不会发生；如果指定了，则会调用执行对应的事件代码，完成一个事件的响应。通过设置页面元素的事件处理句柄可以将一段事件处理代码和该页面元素的特定事件关联起来。表 11.10 列出了典型的事件和事件句柄的对照关系。

表 11.10 事件和事件句柄的对照关系

事件分类	事件	事件句柄
窗口事件	当文档被载入时执行脚本	onload
	当文档被卸载时执行脚本	onunload
表单元素事件	当元素被改变时执行脚本	onchange
	当表单被提交时执行脚本	onsubmit
	当表单被重置时执行脚本	onreset
	当元素被选取时执行脚本	onselect
	当元素失去焦点时执行脚本	onblur
	当元素获得焦点时执行脚本	onfocus
鼠标事件	当鼠标被单击时执行脚本	onclick
	当鼠标被双击时执行脚本	ondbclick
	当鼠标按钮被按下时执行脚本	onmousedown
	当鼠标指针移动时执行脚本	onmousemove

续表

事件分类	事 件	事件句柄
鼠标事件	当鼠标指针移出某元素时执行脚本	onmouseout
	当鼠标指针悬停于某元素时执行脚本	onmouseover
	当鼠标按钮被松开时执行脚本	onmouseup
键盘事件	当键盘被按下时执行脚本	onkeydown
	当键盘被按下后又松开时执行脚本	onkeypress
	当键盘被松开时执行脚本	onkeyup

3. 指定事件处理程序

当一个事件发生时，如果需要截获并处理该事件，只需要定义该事件的事件句柄所关联的事件处理函数或者语句集。具体关联方法有以下两种：

（1）直接在HTML标记中指定。基本语法：

```
<标记 ... 事件 = "事件处理程序" [事件="事件处理程序" ...]>
```

说明：这是一种静态的指定方式，可以为一个页面元素同时指定一到多个事件处理程序。事件处理程序既可以是<script>标记中的自定义函数，还可以直接将事件处理代码写在此位置。例如：

```
<input type="button" onclick="createOrder( )" value="发送教材选购单">
```

当鼠标单击按钮事件onclick发生时指定事件处理程序是函数createOrder( )。

```
<body onload="alert('网页读取完成！')" onunload="alert('再见！')">
```

当页面加载和关闭该页面时均会弹出一个警告框。这里直接利用一条JavaScript语句关联对应的事件，当然也可以用多条语句来关联，语句间用分号隔开。

（2）在JavaScript中动态指定。基本语法：

```
<事件对象>.<事件>=<事件处理程序>;
```

语法说明：在这种用法中，“事件处理程序”是真正的代码，而不是字符串形式的代码。如果事件处理程序是一个自定义函数，如果没有使用参数的需要，就不要加“()”。例如：

【例11.26】 指定事件处理程序的应用举例。

代码如下：

```
<html>
<head>
<title>指定事件处理程序</title>
<script type="text/javascript">
    function m(){
       alert("再见");}
    window.onload=function(){
        alert("网页读取完成");}
    window.onunload=m;  //这里制定了页面加载时，执行函数m
</script>
</head>
<body>
</body>
</html>
```

页面效果如图11.27所示。

当页面加载后，根据window.onload的定义执行其后关联的function( )中的语句，注意这个函数并没有明确的名称，因此无法在其他地方共享；而window.onload的定义表示当浏览器跳转到新的页面时，当前页面要执行一个名为m( )的函数。

除了上述两种指定事件处理函数的方法外，还有其他的方法，例如在IE浏览器中使用

attachEvent 方法为一个页面元素动态添加事件处理方法，而在 Firefox、Mozilla 等系列浏览器中是通过使用页面元素的 addEventListener 方法为页面元素动态添加事件处理机制。

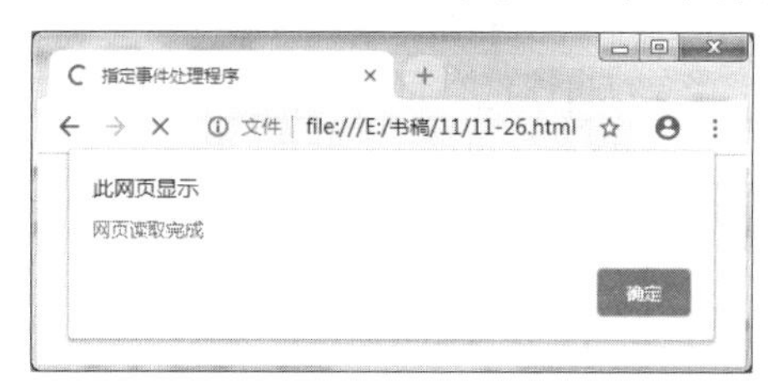

图11.27　事件处理程序的应用效果

11.7.2　表单事件

Form 表单是 Web 页面设计中的一种重要的和用户进行交互的工具,它用于搜集不同类型的用户输入。一般来讲，在浏览器端对用户输入的内容进行有效性检查是非常有必要的（如必填项是否都有输入，输入的内容是否符合格式要求等），因为它可以减少服务器端的某些工作压力，同时也能充分利用浏览器端的计算能力，避免了由于服务器进行验证导致客户端提交以后响应时间延长。

Form 表单本身支持很多事件，典型事件的有两个：一个是 Submit 事件，另一个是 Reset 事件。程序 11.27 模拟了一个登录过程，当用户单击“登录”按钮触发 Submit 事件时，执行 login( )函数，如果验证合法，进入程序 11.24 的框架页面，否则继续保持登录页面。

【例 11.27】表单事件的应用举例。

代码如下：

```
<html>
<head>
<title>Form事件的例子</title>
<script type="text/javascript">
  function login(){
      var userName=document.getElementById("userName").value;
      var pwd=document.getElementById("pwd").value;
      var matchResult=true;
      if(userName==""||pwd==""){
        alert("请确认用户名和登录密码输入正确! ");
        matchResult=false;
      }
      return matchResult;
  }
</script>
</head>
<body>
<form name="loginForm" action="10.24.html" onsubmit="return login()" method=
"post">
<table bgcolor="#87ceeb" width="230" cellspacing="0" cellpadding="0" border="0"
align="left" valign="top">
<tr> <td class="table-title" colspan="2" align="center" bgcolor="#4682b4">
用户登录</td>
</tr>
<tr> <td width="80" height="28" align="right">用户名</td>
<td><input id="userName" name="userName" type="text" class="input"></td>
</tr>
```

```
<tr> <td width="80" height="28" align="right">密  码</td>
<td><input id="pwd" name="pwd" type="password" class="input"></td> </tr>
<tr> <td width="80" height="28" align="right"></td>
<td><input type="submit" value="登录">
<input type="button" value="取消" onClick="reset()"></td> </tr>
</table>
</form>
</body>
</html>
```

页面效果如图 11.28 所示。

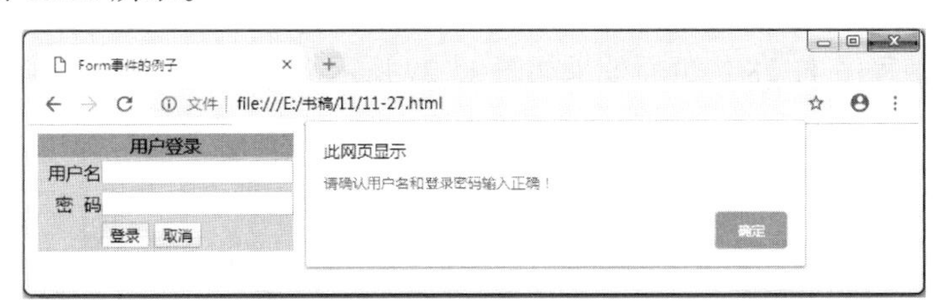

图11.28　表单事件的应用效果

理解上述事件处理程序需要注意以下两点：

（1）确定事件源。“登录”按钮的类型是 submit，单击按钮，触发 form 的 Submit 事件，对于 button 类型的 input，捕获单击事件只能依赖于定义 onClick 事件句柄。

（2）注册处理器。<form>标签定义中需要指定 Submit 事件触发时的动作，一般是指定一个处理函数。在此程序中规定事件触发时执行 login()函数，如果 login()函数的返回值为 true，则执行下步动作，即进入 action 指定的下一个页面 11.24.html，如果 login()函数的返回值为 false，则保持当前页面。

11.7.3　鼠标事件

鼠标事件除了最典型的 Click 事件之外，还有鼠标进入页面元素 MouseOver 事件、退出页面元素 MouseOut 事件和鼠标按键检测 MouseDown 事件等，程序 11.28 演示了鼠标事件的简单应用。

【例 11.28】鼠标事件的应用举例。

代码如下：

```
<html>
<html>
<head>
<script type="text/javascript">
   function mouseOver(){
     document.mouse.src="images/mouse_over.jpg"
   }
   function mouseOut() {
    document. mouse.src ="images/mouse_out.jpg"
   }
   function mousePressd(){
    if (event.button==2){
    alert("您单击了鼠标右键! ")
    }else{
      alert("您单击了鼠标左键! ")
  }
}
</script>
```

```
</head>
<body onmousedown="mousePressd()">
<img border="0" src="images/mouse_out.jpg" name="mouse"
onmouseover="mouseOver()" onmouseout="mouseOut()">
</body>
</html>
```

程序11.28实现了当将鼠标移向图片时触发MouseOver事件，调用函数mouseOver( )执行，程序更换为新的图片，当将鼠标移出这个图片时触发MouseOut事件，调用函数mouseOut( )执行，程序恢复成为原来的图片；另外，当按下鼠标按键时触发body的MouseDown事件，调用函数mousePressd( )，这里利用了浏览器创建的事件对象event所包含的事件状态信息中的鼠标键的状态弹出不同的警告框。程序11.28的页面效果如图11.29所示。

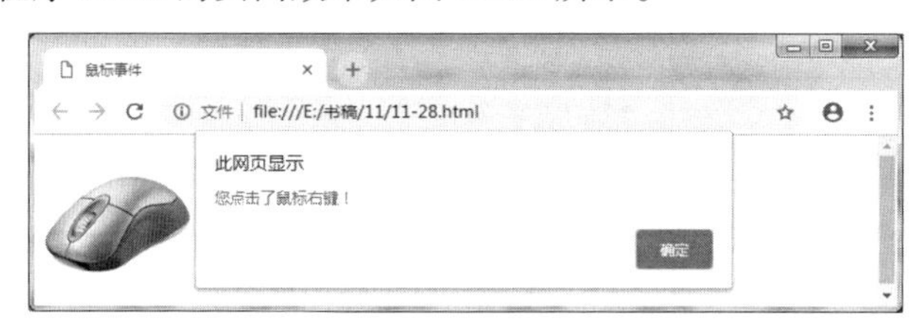

图11.29　鼠标事件的应用效果

11.7.4　键盘事件

键盘事件共有三类，分别用来检测键盘按下、按下松开以及松开这些动作，按键的信息被包含在事件发生时所创建的事件对象event中，用event.keyCode可以获得。例如：

```
<input id="stuName" type=" text" class=" font-hui14" value="请在此输入学生姓
名" size=" 28" onkeypress=" if(event.keyCode==13){Javascript:onSubmit()}" >
```

这里当键盘按下时触发KeyPress事件，执行检查后，如果刚按下的是【Enter】键（【Enter】键的代码是13），则执行大括号中的语句集。

```
<input id="IDCARD" type="text"value="请在此输入身份证号"size="28"
 onkeypress="if (event.keyCode < 45 || event.keyCode > 57) event.returnValue
=false;">
```

上面的代码则是当事件触发时，检查按下的键是否为数字，如果不是，则输入框不接收，这样就实现了只允许输入框输入数字。

【例11.29】键盘事件的应用举例。

代码如下：

```
<html>
<head>
<title>键盘事件</title>
<script type="text/javascript">
   window.onload=function(){
     window.onkeypress=function(e){
        //alert(e.key)  //弹出按键对应的字母
        //alert(e.keyCode)
        if (e.charCode==103){
        alert("G键被单击");
        }
      }
    }
</script>
```

```
    </head>
    <body>
    </body>
    </html>
```

程序 11.29 的页面效果图如图 11.30 所示。

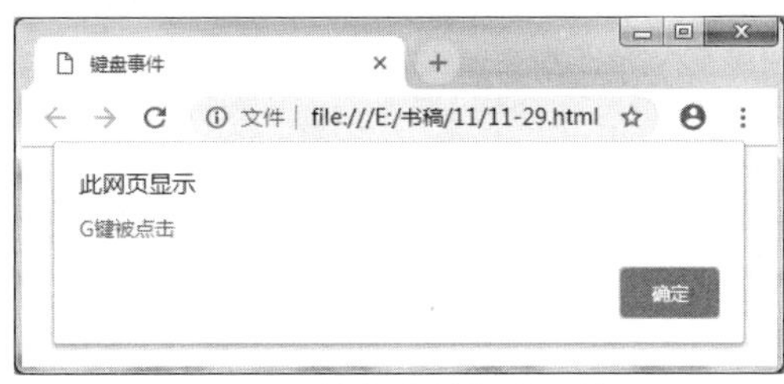

图11.30　键盘事件的应用效果

11.7.5　页面的载入和离开

如果希望在页面加载或者转换到其他页面时做些工作，就可以利用 Load 和 Unload 两个事件。这两个事件和<body>及<frameset>两个页面元素有关，例如：

```
    <body onload ="javascript:alert('enter');" onunload="javascript:alert('exit');">
</body>
```

这里只是简单的实例，实际中完全可以根据任务的需要在这两个特殊的时间点上做一些更为复杂的工作。例如，当进入网站时向服务器报告，这样服务器可以对访问的用户进行有关的检查，也可以利用 Load 事件来检测访问者的浏览器类型和版本，然后根据这些信息载入特定版本的网页。

Load 和 Unload 事件也常被用来处理用户进入或离开页面时所建立的 cookies。例如，当某用户第一次进入页面时，可以使用消息框来询问用户的姓名。姓名会保存在 cookies 中。当用户再次进入这个页面时，可以使用另一个消息框和这个用户打招呼：“Welcome Mandy!”。

11.8　上机练习

电子商务网站的重要功能之一就是在线订购，例如在当当网上采购图书。程序 11.30 就是在某个电子商务网站上实现在线提交图书购买订单的功能，运行效果如图 11.31 所示。

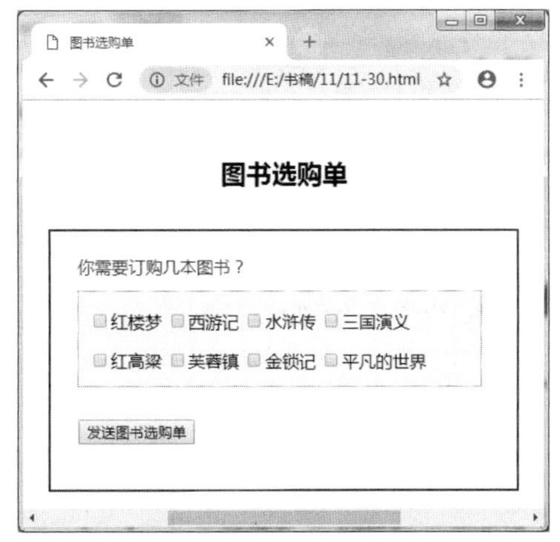

图11.31　图书选购订单效果

【例 11.30】综合应用举例。

代码如下：

```
<html>
<head>
<title>图书选购单</title>
<style type="text/css">
body/*基本信息*/ {margin:0px auto;line-height:15px;}
    #Container/*页面层容器*/ {width:1024px;
        margin: 0px auto; /*设置整个容器在浏览器中水平居中*/}
    #Header/*页面头部信息*/ {width:800px; padding-top:40px; margin:0 auto;
        height:80px;}
    #PageBody/*页面主体部分*/ {width:1024px;  }
   #ContentBody/*主体内容*/{margin: 0 auto; border:2px solid purple;
   width:420px; height:220px; padding:10px;}
    #title{color:#aa0000; padding:15px; float:left;}
    #diankuang/*图书目录背景为灰，边为点线*/{
background-color:#f7f7f7; border:1px dotted #808080;
width:380px; height:80px; padding-top:8px;
    margin-left:15px;  float:left;}
   #div_height/*单行的div*/{margin-left:10px; margin-top:10px;
      padding-bottom:8px;}
   #fasong/*发送div样式*/{background-color:#ffffff; width:400px; height:60px;
      margin-top:10px; padding-top:10px; padding-bottom:15px; float:left;
        margin-left:6px;}
</style>
<script type="text/javascript">
    function createOrder(){
       var num=0;  //用来保存用户选择了几本书
       var textbooks=document.forms[0].textbook; //获得页面中textbook元素的数组
       var txtTitles=""; //用来保存用户选择的图书的名称，
       var textIsbns=""; //用来保存用户选择的图书的ISBN
       for (i=0;i<textbooks.length;++ i){
          if (textbooks[i].checked){ //如果对应图书的checkbox框被选中
             txtTitles=txtTitles+"《"+textbooks[i].nextSibling.nodeValue+"》\r\n";
             textIsbns=textIsbns + textbooks[i].value + ",";
             num++;
          }
       }
       //将选择的教材信息输出到文本框中，如果没有选中，清空文本框
       if(num>0){
           alert("您订购的教材有"+num+"本，分别是:\r\n"+txtTitles);
       }else{
     alert("你尚未选择任何教材！");
       }
    }
</script>
</head>
```

```
<body>
<div id="Container"><!--页面层容器-->
<div id="Header"><!--页面头部信息-->
<h2 align="center">图书选购单</h2>
</div>
<div id="PageBody"><!--页面主体部分-->
<div id="ContentBody"><!--主体内容-->
<div id="title">你需要订购几本图书？</div>
<form>
<div id="diankuang">
<div id="div_height">
<input type="checkbox" name="textbook" value="9787020002207">红楼梦
<input type="checkbox" name="textbook" value="9787020137329">西游记
<input type="checkbox" name="textbook" value="9787020137336">水浒传
<input type="checkbox" name="textbook" value="9787513922135">三国演义
</div>
<div id="div_height">
<input type="checkbox" name="textbook" value="9787533946722">红高粱
<input type="checkbox" name="textbook" value="9787540488208">芙蓉镇
<input type="checkbox" name="textbook" value="9787806990346">金锁记
<input type="checkbox" name="textbook" value="9787530216781">平凡的世界
</div>
</div>
<div id="fasong">
<div id="div_height">
<input type="button" value="发送图书选购单" onclick="createOrder()">
</div>
</div>
</div>
</form>
</div>
</div>
</div>
</body>
</html>
```

程序 11.30 的功能就是当顾客选择所需要购买的图书并单击“发送图书选购单”按钮之后，程序提取并选择到所选图书的 ISBN 编号和名称，统计出选择的图书数量。

在程序 11.30 中需要说明的几个问题：

（1）每本图书的信息是如何表示的。程序 11.30 用 checkbox 表示。每个 checkbox 的 value 值设置的是对应图书的 ISBN 编号，但在页面上是不可见的，图书名紧跟在 checkbox 的后面，在实际向服务器提交用户选中的图书信息时，往往使用目标对象可以区别的信息。例如，每本图书都有唯一的 ISBN，所以服务器根据收到的 ISBN 号码就可以明确地知道用户订了哪几本图书，但提交图书名则达不到这种效果。

（2）程序 11.30 中用 document.forms[0].textbook 来获得页面中 checkbox 元素的数组，使用这一方式要确保页面中确实存在两个或两个以上的同名元素。

（3）通过检测 textbooks[i].checked 的状态得到一个逻辑值，如果为真，表示一本图书已经被选中。

（4）textbooks[i].nextSibling.nodeValue 中的 nextSibling 表示当前对象的后续下一个对象，这里是一个选项框 checkbox 的后续对象，也就是表示图书名的一个文本对象。

（5）注意程序 11.30 中获得 checkbox 元素的 value 值和后续文本的方法。

习题

一、填空题

1. 如何在警告框中写入“Hello World”__________。
2. 26%5 的结果等于__________。
3. Document 对象最主要的方法是__________。
4. __________循环语句至少循环次。
5. 在 JavaScript 中，用于声明确认框的函数是__________。
6. 在 JavaScript 中，利用下标访问一个数组时，最小下标是从__________开始的。

二、选择题

1. 以下（　　）HTML 元素中放置 JavaScript 代码。

   A. <script>　　B. <javascript>　　C. <js>　　D. <scripting>

2. 引用名为“1982.js”的外部脚本的正确语法是（　　）。

   A. <script src="1982.js">　　B. <script href="1982.js">

   C. <script name="1982.js">　　D. <script url="1982.js">

3. 在 JavaScript 中，有（　　）不同类型的循环。

   A. 两种。for 循环和 while 循环

   B. 四种。for 循环、while 循环、do...while 循环以及 for...in 循环

   C. 一种。for 循环

   D. 三种。for 循环、while 循环、do...while 循环

4. 通过（　　）创建名为 myFunction 的函数。

   A. function:myFunction( )　　B. function myFunction( )

   C. function=myFunction( )　　D. function，myFunction( )

5. 通过（　　）编写当 i 等于 5 时执行某些语句的条件语句。

   A. if (i==5)　　B. if i=5 then　　C. if i=5　　D. if i==5 then

6. 下面（　　）for 循环是正确的。

   A. for(i<=5;i++)　　B. for(i=0;i<= 5)　　C. for(i=0;i<=5;i++)　　D. for i = 1 to 5

7. 通过（　　）把 7.25 四舍五入为最接近的整数。

   A. round(7.25)　　B. rnd(7.25)　　C. Math.round(7.25)　　D. Math.rnd(7.25)

8. 下列属于鼠标双击事件的是（　　）。

   A. onDbclick 事件　　B. onMouseUp 事件

   C. onMouseMove 事件　　D. onMouseDown 事件

9. 以下（　　）不属于 JavaScript 语言中的逻辑运算符。

   A. &&　　B. ||　　C. !　　D. +

10. 可插入多行注释的 JavaScript 语法是？（　　）

    A. /*This comment has more than one line*/

    B. //This comment has more than one line//

C. <!--This comment has more than one line-->

D. ///This comment has more than one line///

三、问答题

1. 如何在警告框中写入“Hello World”？
2. JavaScript 的基本数据类型有哪些？
3. 试举出 5 种水果的名称，并使用 Array 数组对象进行存储。
4. 如何 Date 对象获取今天的年月日？
5. 已知“var msg = "Merry Christmas";”，请分别解答以下内容。

（1）试获取字符串长度。

（2）试获取字符串中的第 5 个字符。

（3）试分别使用 indexOf()和 exec()方法判断字符串中是否包含字母 a。

6. 写出下列内容中变量 x 的运算结果。

（1）var x = 9+9;

（2）var x = 9+"9";

（3）var x = "9"+"9";

7. 写出下列数据类型转换的结果。

（1）parseInt("100plus101")

（2）parseInt("010")

（3）parseInt("3.99")

（4）parseFloat("3.14.15.926")

（5）parseFloat("A",16)

8. 写出下列布尔表达式的返回值。

（1）("100" > "99") && ("100" > 99)

（2）("100" == 100) && ("100" === 100)

（3）(!0) && (!100)

（4）("hello" > "javascript") || ("hello" > "HELLO")

9. 转义字符\n 的作用是什么？怎样使用转义字符输出双引号？

四、操作题

1. 用 HTML 和 JavaScript 相结合编程实现如图 11.32 所示的网页效果。要求：（1）用户输入三条边，单击“显示”按钮之后，即能够在结果文本框中显示以这三条边所构成三角形的面积。（2）如果用户输入不合法，弹出“用户输入不合法”的提示框。

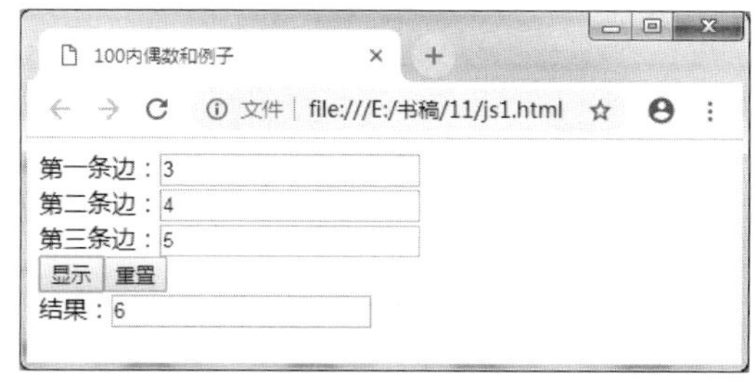

图11.32　求三角形面积的应用效果

2. 用 JavaScript 与 HTML 相结合编程实现如图 11.33 所示的效果。要求：用户在单击 “点我有惊喜!”按钮之后，弹出消息对话框。

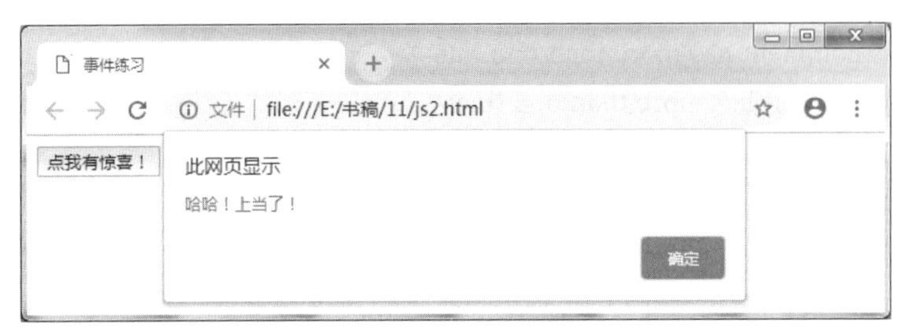

图11.33　消息对话框的应用效果

3. 利用 HTML 和 JavaScript 相结合编程实现加、减、乘和除四则运算，网页效果如图 11.34 所示。

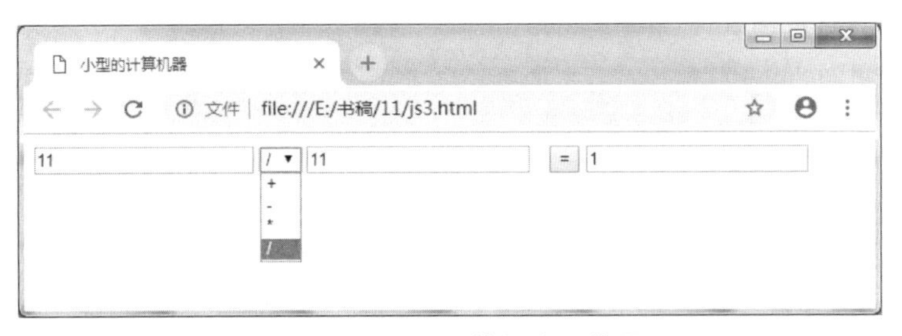

图11.34　四则运算的应用效果

第 12 章

综合网站制作实例

本章重点

本章通过一个花卉协会网站的建设过程描述了如何将本书所介绍的创建网页的知识应用于实际项目中。

学习目标：

- 网站规划；
- 网站设计；
- 网页设计与制作。

12.1　网站开发流程

优秀网站的开发需要有一个好的开发流程，在制作网站的过程中，通常遵循以下流程：网站规划、网站设计、网站开发、网站发布和网站维护，此流程不是简单的单项流动，而是一个循环的过程，如图 12.1 所示。

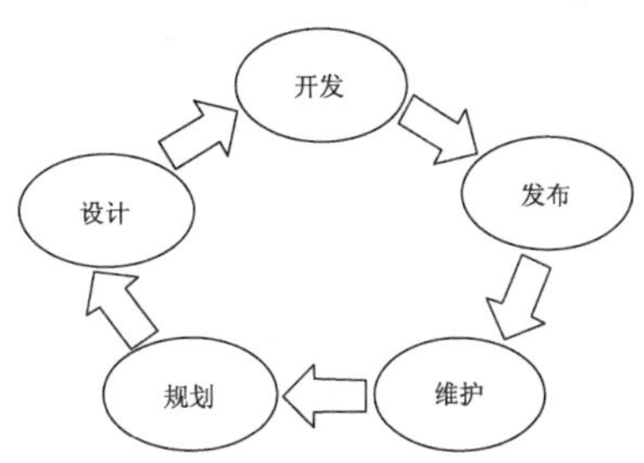

图12.1　网站开发流程

12.1.1　网站规划

网站规划也称网站策划，是指在网站建设前对市场进行分析、确定网站的目的和功能，并根据需要对网站建设中的技术、内容、费用、测试、维护等做出规划。网站规划对网站建设起到计划和指导的作用，对网站的内容和维护起到定位作用。一般而言网站规划包括：

1. 确定网站主题

网站的主题也就是网站的题材和所要表达的中心思想，在做网站之前就要确定好网站的主题。网站的主题可以很大众，也可以抓住某一块小众市场，前提是不能违反互联网法律法规。网站主题要从自己的产品和自己兴趣出发，因为后期网站上的所有的内容都是围绕网站主题来展开的。

2. 需求分析

不同的客户群体对于一个网站可能有不同的需求，这种需要是建设网站的基础。确定网站的需求分析一般以用户体验的角度去看问题，分析潜在的用户目标，了解用户的需求是什么，了解用户想要从网站得到什么信息等。

3. 确定网站的风格

网站的整体风格主要取决于网站标志、色彩、文字是否与网站功能相协调，是否站在用户角度，满足用户需求。其中色彩是建立网站形象的要素之一，如何掌握色彩搭配原理，在网页设计前对网站的风格进行定位，要明白色彩搭配原理的几个特征：

（1）色彩的鲜明性。网站的页面色彩鲜艳会更加吸人眼球，相反如果采用的颜色较为单一或者色彩比较暗沉，则“吸睛”效果会没有那么良好。

（2）色彩的独特性。尽量采用别具一格的色彩，避免千篇一律，让自己的网站形象脱颖而出。

（3）色彩的合适性。网站建设时便要考虑色彩与表达内容之间相协调，如儿童产品的站点，色彩应该要比较斑斓缤纷；女性站点的色彩就可以相对偏粉色一些。

（4）色彩的联想性。不同色彩也代表着不同氛围效果，要根据不同的色彩表达效果来定网站的整体基调，比如红色通常代表热情奔放、黑色通常代表神秘莫测等。

4. 网站技术问题

在制作网页之前还必须考虑网络速度的问题，影响网页显示速度的最主要因素就是图像的数量和大小，要想加快页面显示的速度，最有效的办法就是减少页面中图像的大小和数量。

12.1.2 网站设计

网站设计，要能充分吸引访问者的注意力，让访问者产生视觉上的愉悦感。因此，在创作网页时必须将网站的整体设计与网页设计的相关原理紧密结合起来。网站设计是将策划案中的内容、网站的主题模式，以及结合自己的认识通过艺术的手法表现出来；而网页制作通常就是将网页设计师所设计出来的设计稿，按照W3C规范用HTML将其制作成网页格式。

12.1.3 网站开发

网站开发是网页设计的最重要阶段，前期的规划和设计都是为网站开发服务的，需要将收集的资料进行整理和合理的布局，添加网页中需要用到的元素，在网页制作开发阶段常常需要为网页添加交互性，以便更好地吸引用户并为用户提供更好的服务。网站开发是制作一些专业性强的网页，如ASP、PHP、JSP网页。而且网站开发一般是原创，网站制作可以用别人的模板。网站开发字面意思比网站制作有更深层次的进步，它不仅仅是网站美工和内容，还可能涉及域名注册查询、网站的一些功能开发。对于较大的组织和企业，网站开发团队可以由数以百计的人（Web开发者）组成。规模较小的企业可能只需要一个永久的或收缩的网站管理员，或相关的工作职位，如一个平面设计师和/或信息系统技术人员的二次分配。Web开发可能是一个部门，而不是域指定的部门之间的协作努力。

12.1.4 网站发布

网站制作完成后，需要进行发布，但是在发布网站之前必须先进行网站的测试。

（1）在测试网站时，除了需要对所有影响页面显示的细节元素进行测试外，关键是要检测页面中的链接是否正常跳转，以及改变文件的路径是否显示正常。

（2）测试完成后，如果测试都正常，就可以将网页发布到Internet上，可以让所有的用户进行浏览。

12.1.5 网站维护

网站维护即更新网站的信息，从用户的角度进一步完善网站信息，同时也是跳转到网站开发的第一步：网站规划，从而使网站的运行更加稳定。

网站维护包括：网站策划、网页设计、网站推广、网站评估、网站运营、网站整体优化。网站建设的目的是通过网站达到开展网上营销，实现电子商务的目的。网站建设首先由网络营销顾问提出低成本回报的网络营销策划方案。通过洞悉项目目标客群的网络营销策略，引发、借力企业与网民，通过网民与网民之间的互动，使企业以最小的营销投入，超越竞争对手，获得更高效的市场回报。网站前期策划作为网络营销的起点，规划的严谨性、实用性将直接影响到企业网络营销目标的实现。网站建设商以客户需求和网络营销为导向，结合自身的专业策划经验，协助不同类型的企业，在满足企业不同阶段的战略目标和战术要求的基础上，为企业制定阶段性的网站规划方案。

营销网站建设实施信息港依托自身多年的网站建设、开发经验，为企业内部之间、企业与其外部之间搭建良好的信息沟通桥梁，在前期规划基础上，建立起以网站用户体验为核心的网站信息组织、个性化的网站视觉设计、量身定制的网站功能定义及高效的网站系统整合。

网站推广计划制订与实施是否能够达到预期的营销性商业目标，除了严谨的网站规划、完善的网站建设之外，还有赖于周密的网站推广计划的制订和实施。依托自身多年的网站推广及搜索引擎优化经验，帮助客户充分利用互联网优势，通过各种网站推广策略的组合，以期获得更多的商业机会。

12.2　花卉协会网站的设计与制作

12.2.1　页面布局

江西农业大学花卉协会网站传递给访问者的第一感觉应该是简洁、明快和充满活力。因为客户群体主要为年轻的大学生，所以在配色设计上，应该选择以明快为主基调的色彩。页面的整体使用淡蓝色的色调，凸显出一种朝气蓬勃的良好氛围，再配合白色形成大气的感觉。

在布局上，考虑大多数访问者的浏览习惯，采用横向版式、上中下的格局来布局，并且将网站标志放在最佳的视觉区域，通常为左上角。版面设计可以运用多种元素的组合，版式设计简洁明快，并配合色彩风格形成独特的视觉效果。

首页采用简单的布局，将网站的名称和内容直观地展示给访问者，顶部的Banner使用鲜花环绕着学校的特色建筑图片，在体现网站主题的同时也增添了不少青春的活力。通过经常更新的插花作品、花卉课堂、花协那些事儿和特色活动等突出班级主题，其效果如图12.2所示。

图12.2　网站首页效果

在拿到设计图时要首先分析网页的布局结构，了解各组成部分的尺寸大小。效果图中网页的布局采用的是常见的分栏式结构，整体划分为上、中、下三部分，其中上部区域主要为网站LOGO、导航和Banner三块内容；中部区域内容最多，为重要的信息栏目；下部区域主要包含底部版权信息。在不同的页面中，该区域可以根据需要进行布局的划分。其整体布局如图12.3所示。

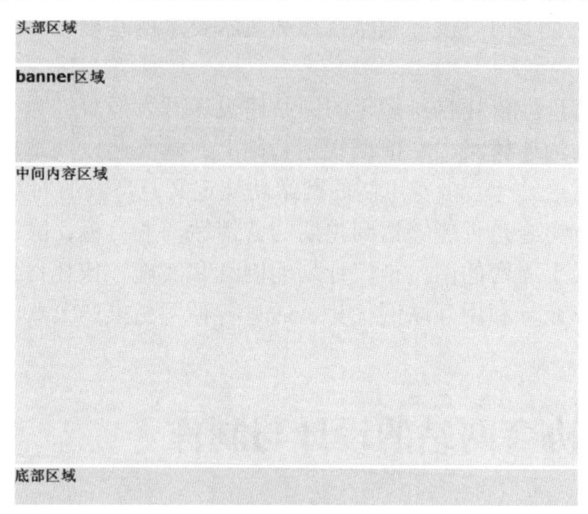

图12.3　首页布局效果图

在布局页面时，遵循自顶向下、从左到右的原则。对于图12.3的布局图排版的顺序应该是头部区域、Banner区域、中间内容区域和底部区域。对于这种结构的布局，可以使用div层搭建主体结构。主体代码如下：

```
<div class="container">
<div class="header">头部区域</div>
<div class="banner">banner区域</div>
<div class="mainContent">中间内容区域</div>
<div class="footer">底部区域</div>
</div>
```

12.2.2　全局CSS定义

在对页面的布局进行分割之后，整个页面被分成了头部、Banner、内容和底部4个区域。除了内容区域之外，其他三部分都属于相对固定的区域，将会出现在网站的每个页面上。在进行网站设计时，为保持站点的一致性，应当将应用于神经质样式独立出来，定义为全局的CSS，以保证风格的统一，并减少了程序员的工作量。

下面的代码对江西农业大学花卉协会网站全局的页面元素进行了统一的定义，文件名为style.css，以方便每个页面的引用。

```
img{border:0px;}
.clear{clear:both;}
h1, h2, h3, h4{line-height:normal;}
h2{color:#0a356d;font-weight:bold;display:block;padding-bottom:20px;font-size:13px;}
a{color:#0a356d;text-decoration:none;}
a:hover a:active{text-decoration:none;}
```

上述代码是对整个网站全局共用的一些元素进行定义，这些元素在整个页面中的任何地方出现都会保持风格一致。例如，对所有图片定义无边框、对各级标题风格的定义、对超链接格式的定义，已经由.clear定义的清除浮动效果。接下来就是对全局div层的格式定义。

```
*{margin:0px;padding:0px;}
body{font-family:Verdana; font-size:14px; margin:0;}
.container {margin:0 auto; width:900px;}
.header{height:70px; background:#FFCC99; margin-bottom:5px;}
.banner{height: 214px; background:#FFCC99; margin-bottom:5px;}
.mainContent{height:470px; margin-bottom:5px;background:#9ff;}
.footer{background-color:#B9DCF0;width:900px; height:40px;margin:0 auto;}
```

在这个CSS文件中，主要是对各部分div层的高度、宽度和上下边距等进行定义。从代码中可以看出，CSS文件首页定义了全局元素。

```
*{margin:0px;padding:0px;}
```

这个定义称为CSS Reset技术，即重新设置了浏览器的样式。在各种浏览器中都会对CSS的选择默认一些数值，例如，当h1没有被设置数值时显示一定的大小。但并不是所有的浏览器都使用一样的数值，所以有了CSS Reset技术，可以让网页的样式在各个浏览器中表现一致。这一代码让容器不会有对外的空隙及对内的空隙。然后定义文档主体body的默认显示字体、字号等基本属性，还可以看到在header和mainContent之间都留出了用margin-bottom控制的5 px的间隔。

12.2.3 制作首页

1. 制作头部

从图12.2所示的效果图中可以看出，主页的头部分为两部分：左边为花卉协会网站的LOGO，右边为网站的主要内容，可以使用嵌套在header层中的两个div层分别控制LOGO和导航条区域。在HTML文件中的div结构代码如下：

```
<div class="header">头部区域
  <div class="logo">LOGO的位置</div>
<div class="floatr">导航条的位置</div>
</div>
```

对这两个div层进行CSS的控制，定义其CSS代码如下：

```
.logo{float:left; }
.floatr{float:right; }
```

可以看出，CSS样式中定义了左、右两部分分别向左、右浮动，以便两部分内容分别位于头部区域的左边和右边。

继续细化头部的制作，首先将logo图片加入到logo层中。

```
<div class ="logo"><img src="images/logo.png"></div>
```

设置logo层的CSS控制信息，默认图片位于层的左上边侧，因此使用padding属性调整其内边距，并使其向左浮动。

```
.logo{padding-top:20px;padding-left:10px; float:left; }
```

接下来制作导航条部分，导航区域使用了标准的横向导航栏，采用通用的列表方式实现。在HTML导航div中利用列表标记加入项目名称作为导航内容。

```
<--导航开始-->
<div class="floatr">
<ul><li><a href="index.html">首页</a></li>
<li><a href="classblog.html">各大部门</a></li>
<li><a href="classphoto.html">特色活动</a></li>
<li><a href="personpage.html">时光印记</a></li>
<li><a href="message.html">对外交流</a></li>
```

```
<li><a href="about.html">花房风光</a></li></ul>
</div>
<!--导航结束-->
```

此时预览，列表项目竖向排列，看不到横向效果。在 CSS 文件中对列表进行控制，首先在 CSS 文件中加入如下代码：

```
.floatr ul{list-style:none;margin:0px;}
.floatr ul li{float:left;}
```

这两句分别取消了列表项前面的小黑点、删除了<ul>的缩进。float:left 表示使用了浮动属性，让列表项的内容在同一行显示。页面预览效果如图 12.4 所示。

图12.4　导航中间制件过程的效果图（一）

目前看到整个列表内容紧密排列在一行并紧贴在右边窗口的上边界。在“.floatr ul li { }”中加入代码“padding:0 20px;”，其作用是让列表项内容之间产生一个 20 px 的距离，这样列表项内容之间就有了一定的间隙，这个间隙的间距读者可以根据实际情况加以调整。同时在“.floatr ul {}”中加入代码“padding-top:22px;”，使其距离上边距 22 px。具体如下：

```
.floatr ul{list-style:none;margin:0px; padding-top:22px;}
.floatr ul li{float:left;padding:0 20px;}
```

现在再进行预览，如图 12.5 所示，发现头部的基本雏形已经出来了，但与效果图还存在一定的差距，主要存在的还有导航间无间隔线、链接颜色、导航字体效果、文字垂直居中显示等问题。

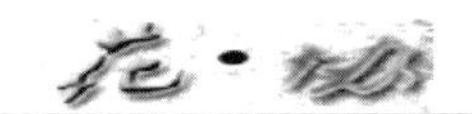

图12.5　导航中间制件过程的效果图（二）

继续在 CSS 文件中写入以下代码：

```
.floatr ul li{float:left;padding:0 20px; color:#272727;background:url
(images/li-seperator.gif) top right no-repeat;font-weight:bold;line-height:20px;}
```

在该代码中，对导航栏目元素使用了插入分割线图片 li-seperator.gif，并且不允许做平铺的效果，“line-height:20px;”使得文字垂直居中显示。

```
.floatr a:link{text-decoration:none;color:#272727;font-weight:bold;}
.floatr a:hover{color:#517208}
.floatr a:active{color:#517208}
```

该部分代码对导航超链接的样式进行了定义，预览之后的效果如图 12.6 所示。

图12.6　导航栏的效果图

2. 制作 Banner

花卉协会网站的 Banner 栏目使用了一张已经制作好的背景图片显示。在主体结构中使用了一个 div 层进行控制，并设置了层的 CSS 样式。现在把这张图片加入为背景图片，并且不做填充，因为图片本身的大小已经处理好了，要求和层的高度和宽度匹配。

```
.banner{background:url(images/header-bg.gif) bottom left no-repeat; height:
214px ;}
```

浏览后的显示效果如图 12.7 所示。

图12.7　Banner栏的效果图

3. 制作内容部分

首页中间部分的布局是将中间主体内容分为左、右两个部分。其中左边部分作为主要区域，又分为上、下两个区域，上部区域为网站欢迎内容，下部区域又分为对等宽度的左、右两个板块，分别放置“插花作品”和“花卉课堂”。右边部分作为侧边栏，分为上、下两部分，上部分放置“花协那些事儿”，包含动态滚动网站的有关信息，下部分放置日历表。中间区域布局的划分要使用嵌套 div 的形式。有关代码如下：

```
<div class="mainContent">中间内容区域
  <div class="content_left">
  <div class="con_welcome">欢迎区</div>
  <div class="con_bott">
  <div class="con_activity">插花作品</div>
  <div class="con_classNews">花卉课堂</div>
  </div>
  </div>
  <div class="content_right">
     <div class="blackboard">花协那些事儿</div>
     <div class="schedule">2019年8月</div>
  </div>
</div>
```

进行相应的 CSS 样式设置，这部分代码主要是对各区域的高度、宽度、边距、字体和背景等方面进行设置。其中，左侧区域的 3 个版块内容（即网站欢迎内容、插花作品、花卉课堂）都应该进行向左浮动属性的设置。

```
.mainContent{height:470px; margin-bottom:5px;background:#9ff;}
.content_left{width:700px; height:470px; float:left; background:#ffbb00;}
.con_welcome{width:700px;height:200px; background-color:#666699; margin-top:5px;}
.con_bott{width:700px; height:260px; background-color:#660099; margin-top:5px;}
.con_activity{width:335px;  height:250px;  background:#ACF47B;  float:left; margin:5px 5px;}
.con_classNews{width:335px;height:250px;background:#EACEB7;float:left;margin:5px 5px;}
.content_right{ width:300px; height:470px; float:right; background:#ff0000;}
.rig_blackboard {width:300px; height:300px; background:#E7B5EE; margin-top:5px;}
.rig_schedule {width:300px; height:160px; background:#DBCEFF; margin-top:5px;}
```

接下来进一步细化中间部分的内容。首先制作左边上面栏目区域的网站欢迎内容，网站欢迎内容区域主要由文字组成。在这个区域的设计中应该重点关注文字的排版，例如标题栏的字体、颜色和字号的处理，内容栏字体、字号和行间距等方面的处理。标题可以采用一些字体类型的变形，以突出效果。在HTML文件中写入以下代码：

```
<div class="con_welcome">
<h1>欢迎您访问江西农业大学花卉协会网站</h1>
<p>170位来自各个院系学子，因有共同的兴趣爱好在这里相聚。</p>
</div>
```

对于这部分内容，读者可以根据自己的实际情况来设计风格，主要是针对CSS文件中con_welcome{ }的内容进行编辑和调整。

“插花作品”区域主要由版块标题和图片组成。4张花卉图片的展示方式可以有多种方法加以实现。例如，可以使用嵌套在这个div层的两行两列的表格实现，或者在该div层中继续嵌套div层。其具体实现代码如下：

```
<div class="con_activity">
<h1>插花作品</h1>
<a href="#"><img src="images/01.png" width="100px" height="100px"></a>
<a href="#"><img src="images/02.png" width="100px" height="100px"></a>
<a href="#"><img src="images/03.png" width="100px" height="100px"></a>
<a href="#"><img src="images/04.png" width="100px" height="100px"></a>
</div>
```

对这部分CSS样式的控制最主要的就是对图片位置进行控制。

```
.con_activity img {padding-right: 10px;padding-bottom: 10px;}
```

设置图片的右边距的填充为10 px、下边距的填充为10 px，这个属性使得图片之间右边、下边都有了间距。同时，由于设置了该层的宽度是255 px，而图片本身的大小是100×100像素，实现图片的2行2列的显示效果。预览的效果如图12.8所示。

图12.8　插花作品区域的效果图

“花卉课堂”区域主要是定期展现一些花卉的有关知识，如插花技艺、花卉护理等。通常来说，“花卉课堂”以纯文字的超链接信息为主，一般采用列表的方式实现。但从本列的效果图上来看，该区域为配合整体页面的美观布局，采用了以“标题”作为超链接的实现方式，因此在实现上采用了更灵活的形式。其HTML代码具体如下：

```
<div class="flowerClassroom ">
<h1>花卉课堂</h1>
<span class="news-title"><b><a href="#" target="_blank">怎么判断植物缺水</a>
</b></span>
<span class="news-title"><b><a href="#" target="_blank">植物出现病虫害了，该怎么办！</a></b></span>
<span class="news-title"><b><a href="#" target="_blank">冬季花卉异常落叶该怎么办？</a></b></span>
<span class="news-title"><b><a href="#" target="_blank">百合的栽培技术</a>
</b></span>
<span class="news-title"><b><a href="#" target="_blank">韩式小桌花制作</a></b></span>
<span class="news-title"><b><a href="#" target="_blank">彼岸花</a></b>
</span>
<span class="news-title"><b><a href="#" target="_blank">藏红花(番红花)</a>
</b></span>
<span class="news-title"><b><a href="#" target="_blank">芙蓉花</a></b>
</span>
```

```
</div>
```

CSS 的样式设置分别对栏目标题做了不同的样式定义。其具体内容也较为简单，读者可以参照前面的内容自行实现。

中间内容部分的右侧简单地分为上、下两部分，上面部分为滚动公告，主要显示“花协那些事儿”；下面部分显示日历信息。

网站滚动公告主要是日常通知信息的显示。从整体布局的美观性来看，左边区域主要使用了白色作为背景，依赖版块与版块之间的留白区域进行版块的分割，这样达到的效果是简单、明了且干净。但如果右边区域仍然使用这种手法，内容区域的大面积空白又会使整体显得单调和空洞。所以，在公告栏中使用了一个带背景底色的区域框来展示动态的公告信息，从表现形式上进行了改变。其 HTML 代码如下：

```
<div class="rig_top">
<h1>花协那些事儿</h1>
<marquee direction="up" height="160" onmouseover="this.stop()"
onmouseout="this.start()">
<div class="right-title"><b><a href="1.html">"醉美江农，青春绽放"插花大赛报名
</a></b></div>
<div class="right-title"><b><a href="0.html">多肉展举办成功</a></b></div>
<div class="right-title"><b><a href="2.html">协会代表参加江西科技师范大学插花大赛
</a></b></div>
<div class="right-title"><b><a href="3.html">社团星级评比情况</a></b></div>
</marquee>
</div>
```

在这部分代码中，首先注意到使用了<marquee>标签以及 direction 属性实现了从下向上的滚动显示。为了实现鼠标指向时流动信息会停下来以方便访问者查看，使用了 onmouseover 和 onmouseout 所定义的两个鼠标事件。

日历表采用标准的 table 表格标签实现，其实现原理比较简单，需要关注的问题主要在于表格中文字应当居中显示。表格背景颜色的设置应该和整体页面布局的色彩相协调。在本例中，调整表格的背景与公告栏的背景一致，对外边框进行加粗并显示灰色边框，用于进行区域版块的分割。具体代码参考本书实例代码，读者也可以根据实际需要来自行调整，以便使其更加美观。

4. 制作底部版权栏

底部区域只包含版权信息的声明部分，采用标准的 table 表格标签实现，背景颜色使用 #B9DCF0。其 HTML 代码如下：

```
<div class="footer">
<table width="900" border="0" cellspacing="0" cellpadding="0"
bgcolor="#B9DCF0">
<tr>
<td align="center" valign="middle" height="40">Copyright &copy; 2017-2019 江
西农业大学花卉协会 All rights reserve</td>
</tr>
</table>
</div>
```

12.2.4　制作二级页面

按照逻辑结构来分，网站首页被视为网站结构中的第一级，与其他从属关系的页面则称为网站结构中的第二级，一般称其为二级页面。二级页面的内容应该和一级页面存在从属关系。例如，

一个叫“花卉课堂”的二级页面上所列的文章内容都应该是跟“花卉课堂”这个主题相关的。二级页面在经过合理优化后带来的用户又可以通过二级页面本身的内容、导航分流引导到其他版块的二级页面或者首页（也称之为一级页面），最终形成网站的链接结构。

“特色活动”二级页面是访问者在主页导航条上单击“特色活动”超链接之后的页面，内容应该是一些特色活动的列表，效果如图 12.9 所示。

图12.9 “特色活动”二级页面的效果图

任何一个网站的整体风格都是统一的，一级页面、二级页面和其他的页面会有一部分是相同的内容，因此可以把这些相同的内容做成一个文件（或者模板），例如 Banner 和导航条，每个页面都是一样的，可以做成一个 top.html 文件；在内容区域右侧，每个页面也都存在这部分内容，可以把这部分内容做成一个 right.html 文件；底部的版权信息栏在每个页面上也是相同的，可以把这部分内容做成一个 bottom.html 文件。做好这些文件之后，再做其他页面时就不需要重新布局，而是在动态页面中用 include 包含即可。使用 include 包含文件的方法更有利于网站后期的维护，例如导航栏要增加或减少一个栏目，只需要修改 top.html 文件即可，而不用修改每个文件的导航，大大地节省了技术成本。

“特色活动”这个二级页面和主页相比，顶部的导航栏、Banner 和底部的版权信息都是一样的，不同的就是内容区域。主页的内容区域是两列式排版，各列又使用 div 划分了不同的版块内容。而“特色活动”二级页面是简单的两列式排版，左侧为“特色活动”列式区域，右侧为“花协那些事儿”和日历列表。“特色活动”主要内容区域框架 HTML 代码如下：

```
<div class="mainContent">中间内容区域
<div class="content_left">
<div class="con_list">特色活动</div>
</div>
<div class ="content_right">
  <div class ="blackboard">花协那些事儿</div>
  <div class ="schedule">2019年8月</div>
</div>
```

```
</div>
```

其中，左侧“特色活动”中包括标题和内容简介两部分，为了保证其各条“特色活动”新闻的宽度、高度和间距的精确控制，该例中通过嵌套多个 div 层进行布局。部分代码如下：

```
<div class="con_list">
<div class="row">
<span class="right-title"><b><a href="#">认植物活动</a></b></span>
<p>花协带领你认识校园内植物，体会花卉的美丽，走进花卉世界！</p>
</div>
<div class="clear"></div>
…
</div>
```

在该段代码中对每条“特色活动”新闻使用了一个子 div 层，并定义了名为 row 的 class 类的 CSS 样式用于控制单条“特色活动”新闻的排版，同时在其他新闻条目中可以直接引用这个选择符实现统一风格的控制。这部分的 CSS 的样式定义主要是从内、外边距及行高等方面进行控制。

```
.row{margin-bottom:20px;border-bottom:1pxdashed#D7D7D7;padding-top:10px;
padding-bottom:10px;line-height:22px;}
.row p{line-height:16px;margin:5px 0;}
```

对于其他版块的二级页面，读者可以参考以上页面内容自行设计与开发，在制作二级页面时，应当注意和主页的风格保持一致。

12.2.5　制作内容页面

“特色活动”这个二级页面仅仅显示每条新闻的标题和内容简介，单击新闻的标题进入特定的新闻的详细内容，该页面一般称为内容页面。内容页面的导航栏、Banner 和底部的版权信息等仍然和主页的布局风格相同，其他内容区域可以根据需要灵活布局。内容页面主要展示新闻标题、新闻内容和新闻照片，提供新闻作者、浏览次数和上传次数的地方。文字的修饰效果在 style.css 文件中。新闻内容页面如图 12.10 所示。

图12.10　“特色活动”内容页面的效果

由于此页面的代码较为简单，在此就不再赘述，其他二级页面和内容页面读者可以参考本文内容自行编写。

12.3 上机练习

根据本章所讲述的内容和方法，模拟实现江西农业大学官方网站主页面、部分二级页面和内容页面的内容。参考网址：http://www.jxau.edu.cn/。

习题

1. 简述网站的开发流程。
2. 一般而言网站规划包括几个步骤？
3. 什么叫作网站设计？
4. 阐述网站开发的过程。
5. 叙述网站发布的过程。
6. 网站维护包括哪些方面？

参考文献

[1] 郑娅峰，张永强．网页设计与开发：HTML、CSS、JavaScript 实例教程[M]．3 版．北京：清华大学出版社，2016.

[2] HTML/CSS/JavaScript 标准教程实例版编委会.HTML/CSS/JavaScript 标准教程实例版[M].5 版．北京：电子工业出版社，2014.

[3] 张晓景.Div+CSS 3.0 网页布局案例精粹：升级版[M]．北京：电子工业出版社，2019.

[4] 储久良.Web 前端开发技术：HTML、CSS、JavaScript[M]．2 版．北京：清华大学出版社，2016.

[5] 华英，李金祥．网页设计与制作：HTML5+CSS3+JavaScript 基础教程[M]．北京：电子工业出版社，2020.

[6] 瓦格纳. iOS Web 开发入门经典：使用 HTML、CSS、JavaScript 和 Ajax[M]．黄俊伟，译.北京：清华大学出版社，2013.

[7] 刘万辉，常村红．网页设计与制作(HTML+CSS+JavaScript) [M]．2 版．北京：高等教育出版社，2018.

[8] 任长权，李可强，闫鹏飞．静态网页制作技术教程:HTML/CSS/JavaScript[M].北京:中国铁道出版社，2017.

[9] 李舒亮．Web 前端技术:HTML5+CSS3+响应式设计[M]．北京：机械工业出版社，2020.

[10] 罗剑，尹薇婷，廖春琼，等. Web 前端开发技术[M]. 北京：中国铁道出版社，2020.